高等职业教育产教融合特色系列教材

异形零件数控铣削加工
（活页式教材）

主　编　刘　玲　成图雅　关海英

副主编　苏　月　梁振威　王晓奇

　　　　雷　彪　周丽娜

主　审　赵卫国

北京理工大学出版社

BEIJING INSTITUTE OF TECHNOLOGY PRESS

内 容 简 介

本教材以"重视理论基础，提高动手能力"为宗旨，以计算机辅助设计/制造、数控机床加工工艺、编程与操作实践为核心内容，基于目前学校和企业中广泛使用的 CAD/CAM 软件及数控系统，详细讲解了计算机三维建模、数控加工工艺方案设计、数控加工工艺参数选择、数控加工程序编制、加工过程软件仿真、数控机床基本操作等内容。本教材将编程与加工紧密结合，强调内容的实用性和先进性，对操作过程进行了必要、详细、清晰的讲解，便于学生理解和学习。本教材根据高技能人才培养的需要和科学技术的发展，着重实际操作能力的培养。本教材文字语言通俗，层次逻辑清晰，实例选择典型，实例全部来自一线实践、技能竞赛历年真题和 1+X 证书考题，经抽取典型要素，根据由简单到复杂的顺序重构后编排，有很强的实用性、指导性和可操作性。即使是初学者，也可以迅速上手和进一步提高，实现从入门到精通的技术飞跃。本教材还介绍了编者在生产和教学实践中积累的诸多数控加工工艺诀窍、实用的数控编程技巧和数控机床操作技巧。本教材每个项目前设有学习目标，便于读者学习和掌握重难点；每个项目后设有引导问题，便于读者归纳、总结与巩固。

图书在版编目（CIP）数据

异形零件数控铣削加工 / 刘玲，成图雅，关海英主编. -- 北京：北京理工大学出版社，2024.7.
ISBN 978-7-5763-4386-1

Ⅰ. TH13；TG547.06

中国国家版本馆 CIP 数据核字第 2024XA2002 号

责任编辑：赵　岩　　　文案编辑：孙富国
责任校对：周瑞红　　　责任印制：李志强

出版发行 / 北京理工大学出版社有限责任公司	
社　　址 / 北京市丰台区四合庄路 6 号	
邮　　编 / 100070	
电　　话 / （010）68914026（教材售后服务热线）	
	（010）63726648（课件资源服务热线）	
网　　址 / http://www.bitpress.com.cn	

版 印 次 / 2024 年 7 月第 1 版第 1 次印刷	
印　　刷 / 河北盛世彩捷印刷有限公司	
开　　本 / 787 mm×1092 mm　1/16	
印　　张 / 13	
字　　数 / 297 千字	
定　　价 / 46.00 元	

序

《国家职业教育改革实施方案》提出的"三教"改革，明确了要解决教学系统中"谁来教、教什么、如何教"的问题。教材作为课程内容和课程体系的知识载体，着力解决"教什么"的问题，对课程改革与建设起着决定性的推动作用。

为深入贯彻落实"三教"改革，内蒙古机电职业技术学院组织专业教师和企业技术人员，校企联合共同编写了《机械制图与计算机绘图》《公差配合与测量技术》《简单零件数控车铣加工》《复杂零件数控车铣加工》《异形零件数控铣削加工》系列活页式教材。

该系列教材是围绕机械产品"识图与绘图—数控加工—产品检测"岗位链，对接模块化课程体系，按照便于学习、查阅，便于资源和内容动态更新的理念，合理设计教材内容和信息技术的呈现形式，有机融入素养元素、相关技能大赛项目和职业技能等级证书考核项目及标准，校企社多元协同开发融数字化、活页式、岗课赛证融通为一体的项目化教材。该系列教材具体特点如下。

1. 活页式设计：该教材采用了活页式设计，使教材更易于组合、拆卸和更新，以适应不同学生的学习需求和不同教学场景，能有效助推模块化教学改革，便于资源和内容的动态更新。

2. 岗课赛证融通：各教材均融入相关技能大赛项目和职业技能等级证书考核项目及标准，能有效助推岗课、课证、课赛的融通。

3. 项目贯穿：同步出版的 5 部教材在教学项目选取上相互贯穿，较好地实现了知识和技能学习的系统性和延续性。

4. 融入数字化资源：教材综合融入了视频、微课、动画等多种动态资源，便于辅助教学和学生自主学习，有效突破教学重难点。

5. 突出学生主体地位：教材的编写彻底摒弃了传统的知识框架，在明确教学项目、三维目标的基础上，以问题为导向，让学生更好地参与到学习中，增强了学习的互动性和趣味性。

6. 满足个性化需求：设计拓展训练项目，方便学生根据个人需求和进度进行学习，同时也可以随时添加笔记和注释，让学习更加个性化。

前　言

近年来，随着经济的飞速发展，汽车、家电等产业也发展迅猛，给我国制造业带来了前所未有的发展机遇，同时也带来了巨大的挑战。加快数控技术专业高技能人才的培养，已成为我国职业教育的重要任务之一。培养数控技术专业高技能人才，重点在于加强实践性教学环节，提高学生的动手能力。

Mastercam 集二维绘图、三维实体造型、曲面设计、体素拼合、数控编程、刀具路径模拟及真实感模拟等多种功能于一身。Mastercam 软件强大稳定的造型功能可设计出复杂的曲线、曲面零件，同时，它又具有强大的曲面粗加工及灵活的曲面精加工功能。此外，Mastercam 软件可靠的刀具路径校验功能使其可模拟零件加工的整个过程，模拟中不但能显示刀具和夹具，还能检查出刀具和夹具与加工零件的干涉、碰撞情况，真实反映加工过程。Mastercam 软件广泛应用于造型设计、数控车铣或数控线切割等加工操作中。

本教材以习近平新时代中国特色社会主义思想为指导，贯彻落实党的二十大精神，以"重视理论基础，提高动手能力"为宗旨，以计算机辅助设计/制造、数控机床加工工艺、编程与操作实践为核心内容，基于目前学校和企业中广泛使用的 CAD/CAM 软件及数控系统，详细讲解计算机三维建模、数控加工工艺方案设计、数控加工工艺参数选择、数控加工程序编制、加工过程软件仿真、数控机床基本操作等内容。

本教材将编程与加工紧密结合，强调内容的实用性和先进性，对操作过程进行必要、详细、清晰的讲解，便于学生理解和学习。本教材根据高技能人才培养的需要和科学技术的发展，注重实际操作能力的培养。本教材文字语言通俗，层次逻辑清晰，实例选择典型，实例全部来自一线实践、技能竞赛历年真题和 1+X 证书考题，经抽取典型要素，根据由简单到复杂的顺序重构后编排，有很强的实用性、指导性和可操作性。即使是初学者，也可以迅速上手和进一步提高，实现从入门到精通的技术飞跃。本教材还介绍了编者在生产和教学实践中积累的诸多数控加工工艺诀窍、实用的数控编程技巧和数控机床操作技巧。本教材每个项目前设有学习目标，便于读者学习和掌握重难点；每个项目后设有引导问题，便于读者归纳、总结与巩固。

本教材由刘玲负责模块一的编写，关海英负责模块二中项目一和项目二的编写，成图雅负责模块二中项目三的编写，王晓奇负责模块二中项目四的编写，苏月负责模块三中项目一的编写，梁振威负责模块三中项目二的编写，雷彪负责模块四中项目一的编写，周丽娜负责模块四中项目二的编写。赵卫国担任该教材的主审。

由于编著者水平有限，书中难免有不足之处，敬请各位读者就不足之处提出宝贵意见。

编　者

目　　录

模块一　摩托模型的制作

项目一　摩托车轮的加工

摩托车轮的加工

一、项目描述

本项目主要学习 Mastercam 软件五轴加工的特点知识，并辅助学习带传动的内容，采用 Mastercam 软件自动编程加工摩托车轮零件，保证零件的尺寸和表面粗糙度，摩托车轮加工任务书如图 1-1-1 所示，任务图纸如图 1-1-2 所示。通过完成本项目，学生应学会用 Mastercam 软件自动编程加工复杂零件。

零件名称	摩托车轮	材料	AL6061	毛坯尺寸	ϕ55 mm×15 mm

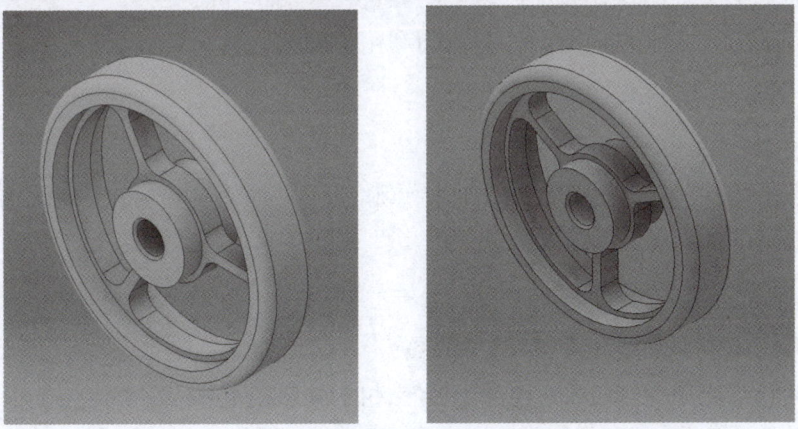

图 1-1-1　摩托车轮加工任务书

二、学习目标

（一）素质目标

1. 培养学生安全操作意识，让学生注意安全，爱护他人及设备、工具；

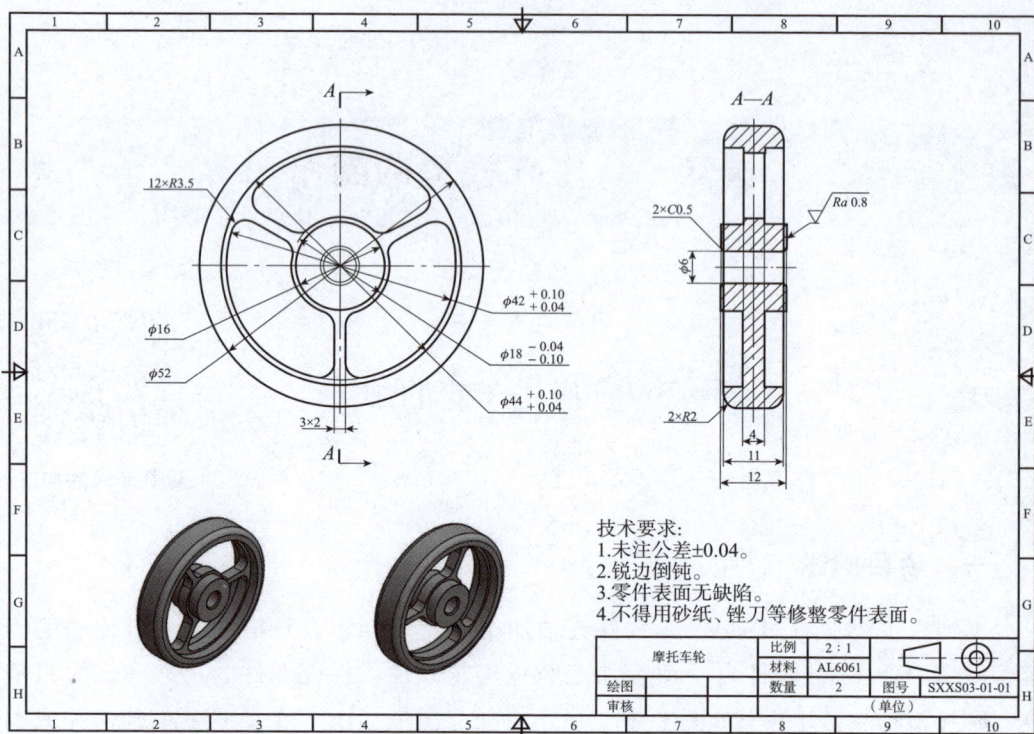

图 1-1-2　摩托车轮加工任务图纸

2. 培养学生良好的操作习惯，让学生具备良好的工作态度；

3. 培养学生自主学习的能力、获取与利用信息的能力。

(二)　知识目标

1. 了解 Mastercam 软件五轴加工的特点；

2. 熟悉带传动的工作原理、类型、特点和应用，熟悉 V 带标准和带轮结构；

3. 掌握基准的相关知识点。

(三)　能力目标

1. 能够识读中等复杂程度的零件图纸；

2. 能够熟练使用 Mastercam 软件生成零件的加工刀具路径及数控加工程序；

3. 能够熟练安排工艺、选择加工参数、编制加工程序。

三、知识储备

引导问题

为了更好地完成摩托车轮的加工任务，请查找资料，回答下面 Mastercam 软件五轴加工特点相关问题。

（1）简述 Mastercam 软件多轴铣削加工的主要功能。

（2）如图 1-1-3 所示，曲线五轴加工主要应用于_____曲线或_____的边界，其刀具定位在_____上。

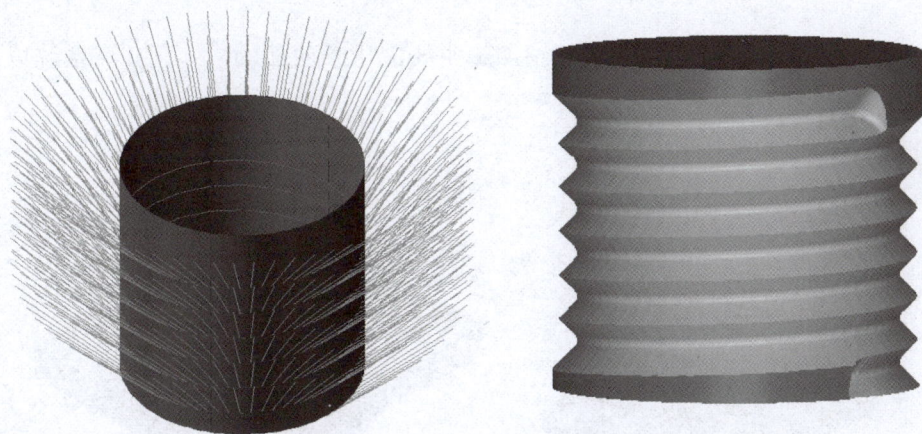

图 1-1-3　刀具路径示意图一

（3）如图 1-1-4 所示，沿边五轴加工通过控制刀具的_____进行切削，从而产生_____的精加工刀具路径，系统通常以相对于_____方向来设定刀具轴向。

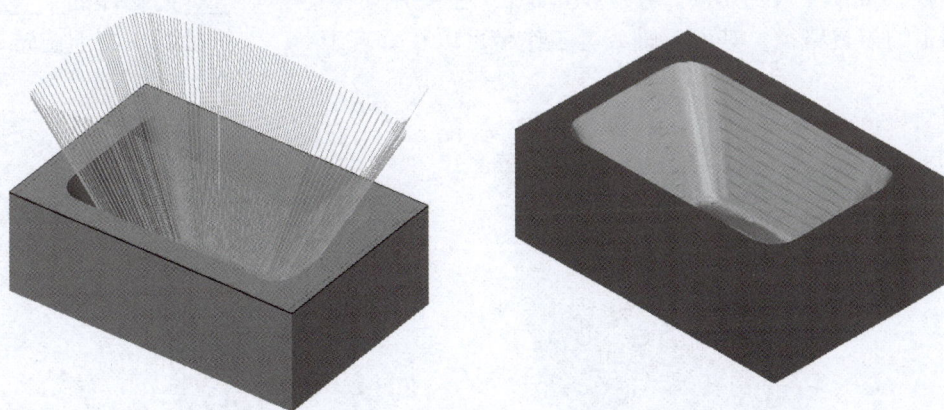

图 1-1-4　刀具路径示意图二

（4）如图 1-1-5 所示，沿面五轴加工通过控制球刀所产生的_____，从而产生_____的精加工刀具路径，系统通常以相对于_____方向来设定刀具轴向。

图 1-1-5　刀具路径示意图三

（5）如图 1-1-6 所示，曲面五轴加工主要应用于曲面的_____，系统以相对_____方向来设定刀具轴线方向。

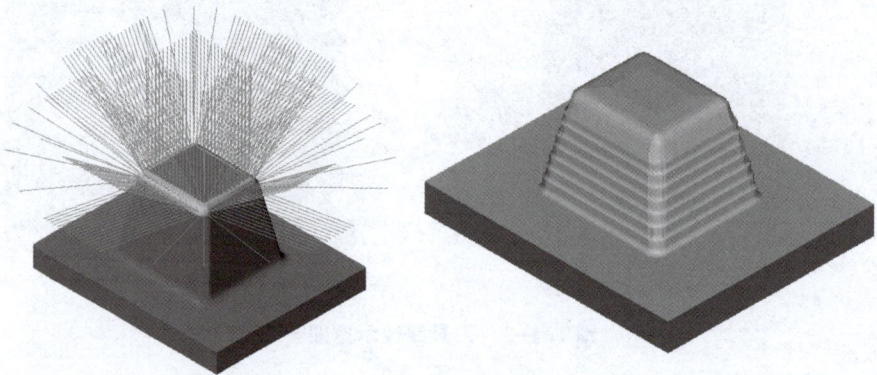

图 1-1-6　刀具路径示意图四

（6）如图 1-1-7 所示，旋转五轴加工主要用于产生_____类工件的_____精加工的刀具路径，其刀具轴或者工作台可以在垂直于_____轴的方向上旋转。

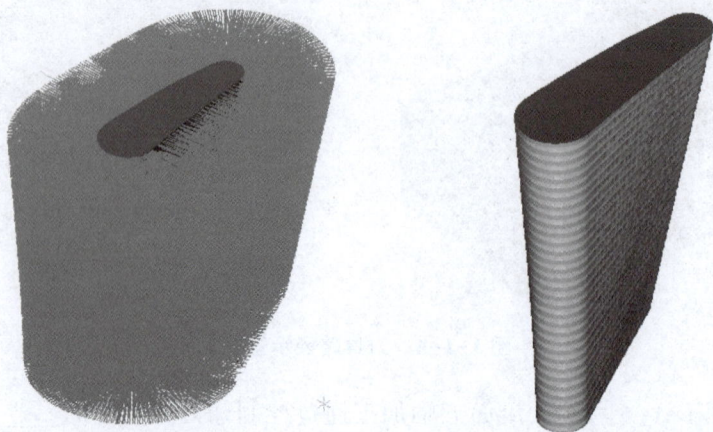

图 1-1-7　刀具路径示意图五

四、工作准备

(一) 引导问题 1

为了更好地完成摩托车轮的加工任务，请查找资料，回答下面带传动知识的相关问题。

(1) 带传动由主、从动带轮，_____和_____组成。

(2) 根据传动原理不同，带传动可分为_____型带传动和_____型带传动两大类。

(3) 摩擦型带传动按截面形状可以分为哪几类？

(4) 啮合带传动（见图 1-1-8）有什么特点？

图 1-1-8　啮合带传动

(5) 简述带传动的特点和应用场合。

（6）了解 V 带构造，在图 1-1-9 中矩形框内填写其结构名称。

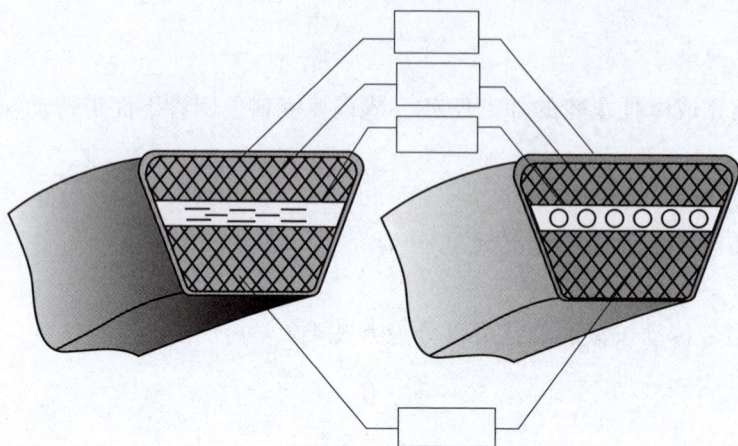

图 1-1-9　V 带构造

（7）V 带轮应满足哪些要求？

（8）V 带传动的失效形式有哪些？

（9）常见的张紧方法有哪两种？

（10）带传动的安装与维护有哪些注意事项？

（二）引导问题 2

为了更好地完成摩托车轮的加工任务，请查找资料。

1. V 带的截面尺寸

普通 V 带的截面尺寸见表 1-1-1，V 带楔角 $\theta = 40°$。根据国家标准（GB/T 13575.1—2022），普通 V 带按截面尺寸由小到大有 Y，Z，A，B，C，D 和 E 七种型号。

表 1-1-1　普通 V 带的截面尺寸

图例	带型	Y	Z	A	B	C	D	E
	节宽 b_p/mm	5.3	8.5	11.0	14.0	19.0	27.0	32.0
	顶宽 b/mm	6.0	10.0	13.0	17.0	22.0	32.0	38.0
	高度 h/mm	4.0	6.0	8.0	11.0	14.0	19.0	23.0
	单位长度的质量 $q/(\mathrm{kg \cdot m^{-1}})$	0.023	0.060	0.105	0.170	0.300	0.630	0.970
	楔角 $\theta/(°)$	40						

2. V 带轮的轮槽结构及其截面尺寸

V 带轮轮槽结构如图 1-1-10 所示，截面尺寸见表 1-1-2。普通 V 带两侧面的夹角为 40°，V 带在带轮上发生弯曲，底胶压缩、顶胶拉伸导致截面形状发生改变，即使其夹角变小。为了使胶带仍能压紧在 V 带轮轮槽两侧，产生足够的摩擦力，需将 V 带轮轮槽夹角减小，规定为 32°，34°，36° 和 38°。

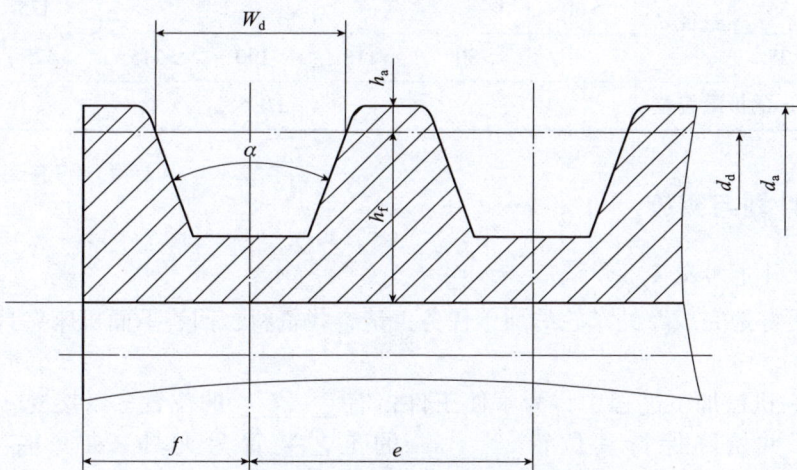

图 1-1-10　V 带轮轮槽结构

表 1-1-2　V 带轮轮槽截面尺寸　　　　　　　　　　　　　　　mm

项目	符号	槽型						
		Y	Z SPZ	A SPA	B SPB	C SPC	D	E
基准宽度	b_d	5.3	8.5	11.0	14.0	19.0	27.0	32.0
基准直径至槽顶距离	h_{amin}	1.6	2.0	2.75	3.5	4.8	8.1	9.6
基准直径至槽底距离	h_{fmin}	4.7	7.0 9.0	8.7 11	10.8 14	14.3 19	19.9	23.4

学习笔记

项目	符号	槽型						
		Y	Z SPZ	A SPA	B SPB	C SPC	D	E
槽间距	e	8±0.3	12±0.3	15±0.3	19±0.4	25.5±0.5	37±0.6	44.5±0.7
槽间距 e 值累积极限偏差		±0.6	±0.6	±0.6	±0.8	±1.0	±1.2	±1.4
轮槽中心与端面的距离	f_{min}	6	7	9	11.5	16	23	28
最小轮缘厚	δ_{min}	5	5.5	6	7.5	10	12	15
带轮宽	B	$B=(z-1)e+2f$, z 为轮槽数						
外径	d_a	$d_a=d_d+2h_a$						
槽角 φ 32°	相应的基准直径 d_d	≤60	—	—	—	—	—	—
槽角 φ 34°	相应的基准直径 d_d	—	≤80	≤118	≤190	≤315	—	—
槽角 φ 36°	相应的基准直径 d_d	>60	—	—	—	—	≤475	≤600
槽角 φ 38°	相应的基准直径 d_d	—	>80	>118	>190	>315	>475	>600
φ 的极限偏差		±0.5°						

五、计划与实施

(一) 引导问题1

为了更好地完成摩托车轮的加工任务，请查找资料，回答下面机床夹具知识的相关问题。

(1) 在机械加工过程中，为了使工件占有_____的位置，以接受_____或_____，并始终保持其位置_____的工艺装置为夹具。夹具有_____、_____、_____、_____等，夹具是机械制造中一种重要的_____。

(2) 简述机床夹具的作用。

(3) 机床夹具按使用特点可以分为哪几类？

(4) 机床夹具按使用机床可以分为哪几类？

（5）机床夹具按动力源可以分为哪几类？

（6）填写图 1-1-11 中机床夹具（后盖钻夹具）各组成部分的名称。

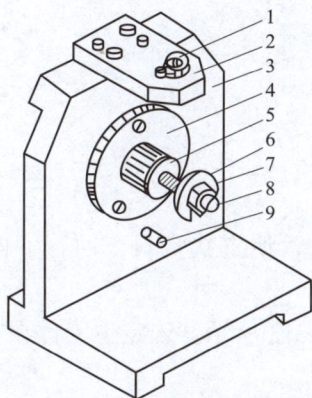

图 1-1-11　后盖钻夹具

1—_____；

2—_____；

3—_____；

4—_____；

5—_____；

6—_____；

7—_____；

8—_____；

9—_____。

（7）填写图 1-1-12 中机床夹具（铣床夹具）各组成部分的名称。

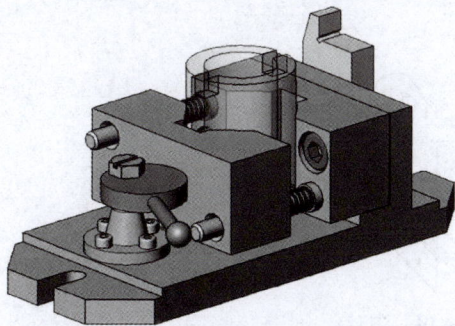

图 1-1-12　铣床夹具

1—_____；

2—_____；

3—_____；

4—_____；

5—_____；

6—_____；

7—_____。

（8）简述现代机床夹具的发展方向。

（9）简述机床夹具设计的基本要求。

（二）引导问题 2

为了更好地完成摩托车轮的加工任务，请查找资料，回答下面工件定位的相关问题。

（1）工件定位的基本原理：如图 1-1-13 所示，未定位工件在空间具有哪 6 个自由度？

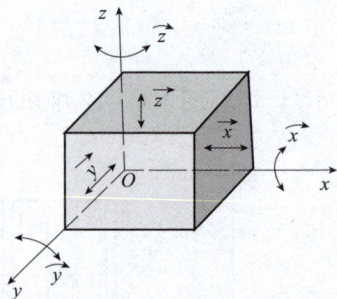

图 1-1-13　未定位工件的 6 个自由度

（2）在图 1-1-14 中矩形框内分别填写 6 个支承点所限制的自由度。

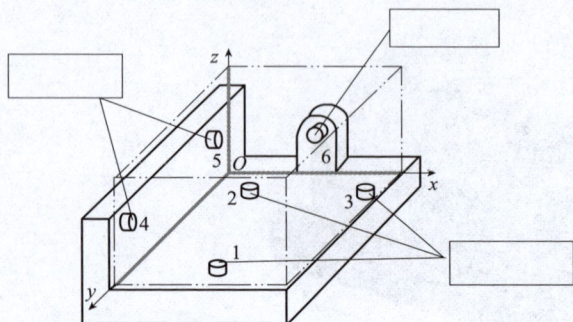

图 1-1-14　工件

（3）名词解释。

1）完全定位。

2）不完全定位。

3）欠定位。

4）过定位。

（4）过定位会造成怎样的后果？

（5）消除过定位及其干涉的途径有哪些？

（6）相关概念。

1）主要定位基准面：约束工件_____的表面。

2）导向定位基准面：约束工件_____的_____或_____。

3）双导向定位基准面：约束工件_____的_____面。

4）止推定位基准面：约束工件_____的表面。

5）防转定位基准面：约束工件_____的表面。

（7）对定位元件的基本要求有哪些？

（8）用于平面定位的定位元件有_____、_____、和_____。

（9）用于外圆柱面定位的定位元件有_____、_____和_____等。

（10）用于孔定位的定位元件有_____、_____和_____。

（11）根据常用定位元件的选用原则，完成表 1-1-3 的填写。

表 1-1-3　定位元件选用

定位类型	定位元件名称	图例	应用范围
工件以平面定位	（　　）		以面积＿＿＿＿的已经加工的基准平面定位时，选用＿＿＿＿支承钉
			以基准面＿＿＿＿或＿＿＿＿面定位时，选用＿＿＿＿支承钉
			定位时，可选用＿＿＿＿支承钉
	固定支承板	A型 B型	对已加工表面定位时，选用固定支承板

续表

学习笔记

定位类型	定位元件名称	图例	应用范围
工件以平面定位	（　　）		以 _____ 面、_____ 面和 _____ 面作基准平面定位时，选用自位支承
	（　　）		以 _____ 面作为基准平面，调节时可按定位面 _____ 和 _____ 分别选用可调支承
	辅助支承		当工件定位基准面需要提高 _____、_____ 和 _____ 时，可选用辅助支承

定位类型	定位元件名称	图例	应用范围
工件以外圆柱定位	（　）	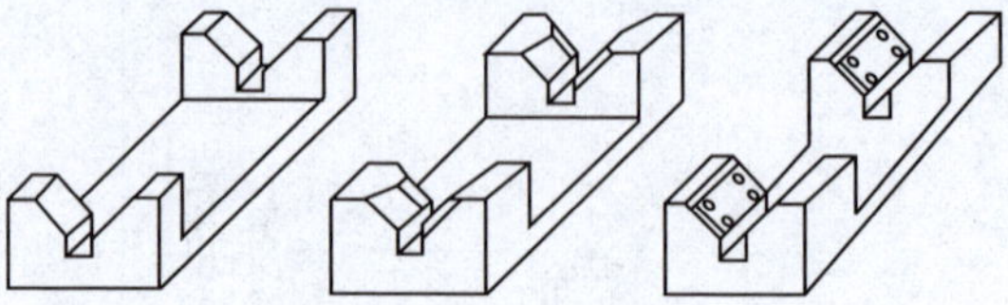	以工件_____面为基准平面定位时，选用V形块
工件以外圆柱定位	（　）	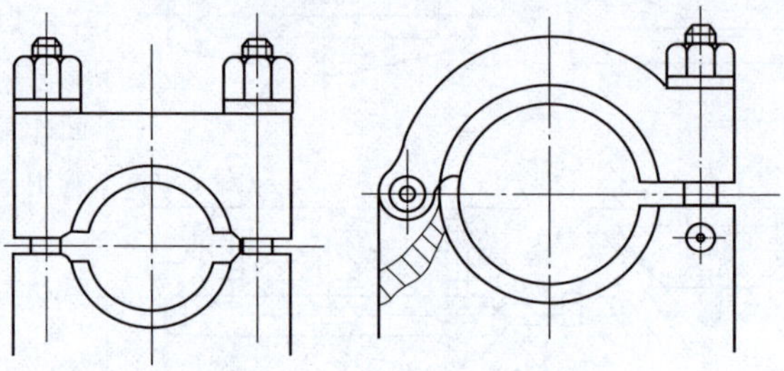	当工件定位圆柱面精度较高时（一般不低于IT8级），可选用定位套或半圆形定位座
工件以内孔定位	圆柱定位销	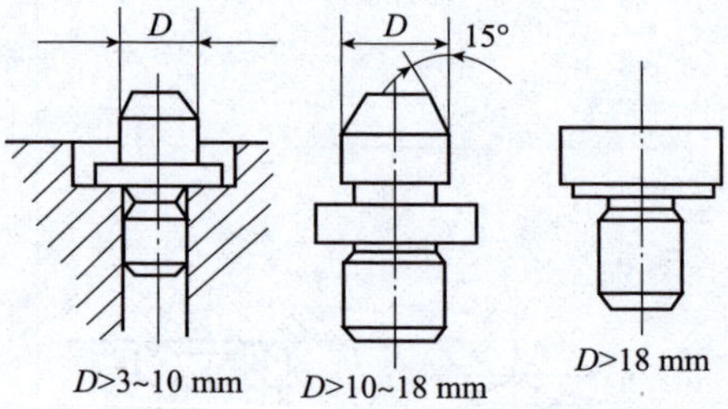 $D>3\sim10$ mm　$D>10\sim18$ mm　$D>18$ mm	工件上定位_____时，常选用定位销
工件以内孔定位	圆锥定位销	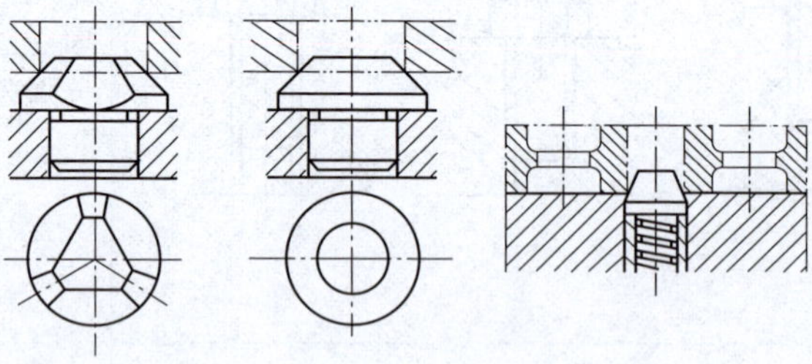	工件上定位_____时，常选用定位销
工件以内孔定位	菱形定位销	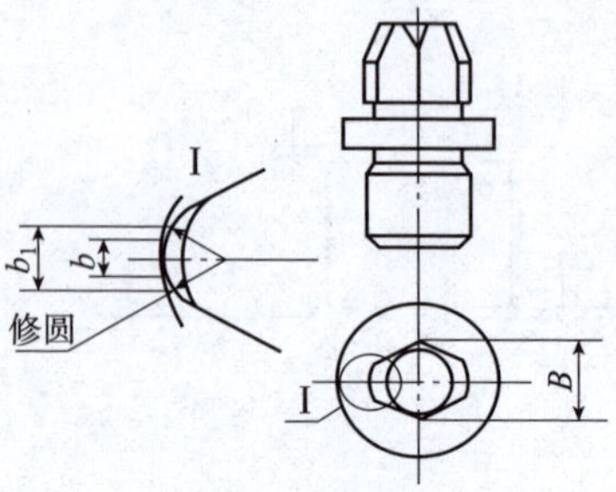	工件上定位_____时，常选用定位销

学习笔记

定位类型	定位元件名称	图例	应用范围
工件以内孔定位	圆柱芯轴	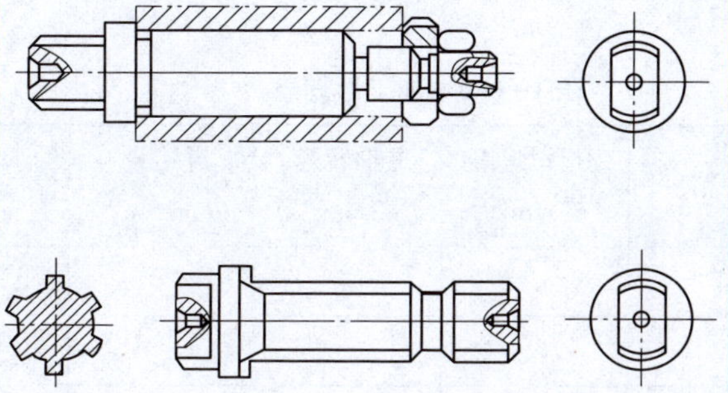	在 _____、_____ 零件的车削、磨削和齿轮加工中，大多选用芯轴定位
工件以特殊表面定位		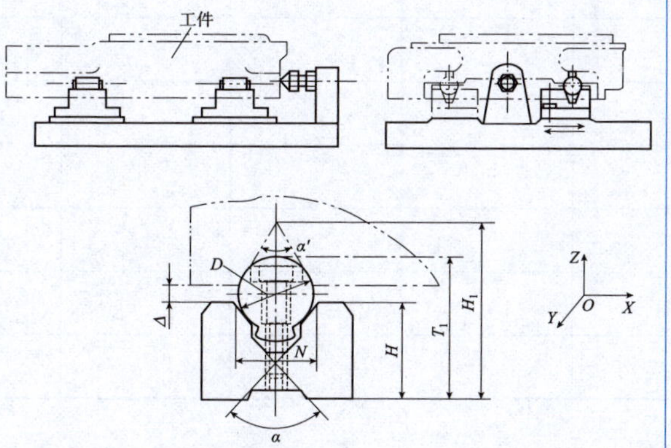	工件以 _____ 面定位
		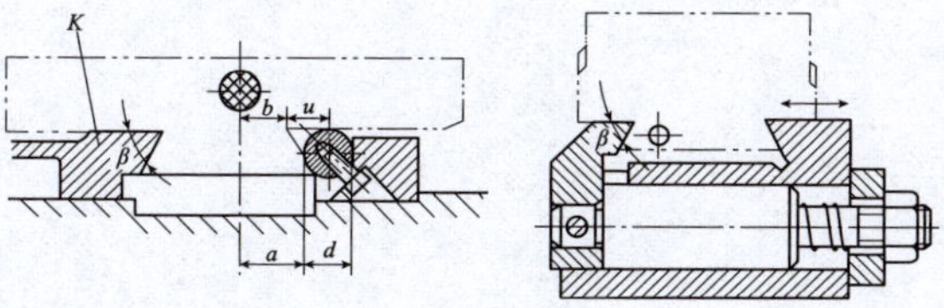	工件以 _____ 面定位
		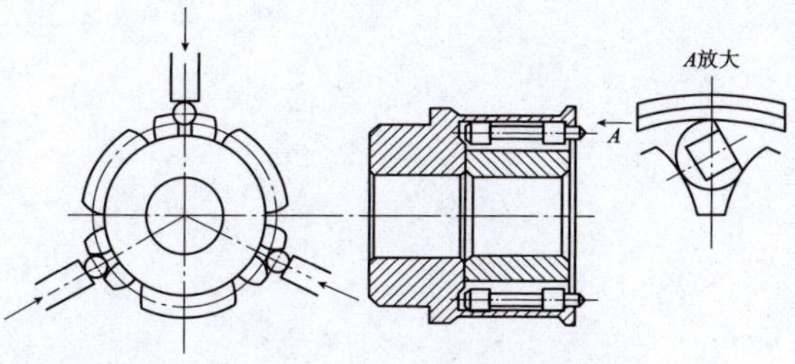	工件以 _____ 面定位

（三）引导问题3

如何制订摩托车轮的加工工艺？

（1）各小组分析、讨论并制订计划。

1）根据加工要求，考虑现场的实际条件，小组成员共同分析、讨论并确定合理的加工计划，填写表1-1-4。

表 1-1-4 加工计划表

序号	加工内容	尺寸精度	刀具规格/ mm	主轴转速/ （r·min⁻¹）	进给量/ （mm·r⁻¹）	切削深度/ mm	备注

2）组内及组间对加工计划的评价及改进建议。

3）指导教师的评价与结论。

（2）各小组根据计划，完成工量刃具、设备和材料的准备，填写表1-1-5。

表1-1-5　工量刃具、设备和材料的准备

序号	工量刃具、设备和材料的名称	要求	数量

（四）引导问题4

（1）参考表1-1-6摩托车轮的刀路设计表，设置零件的刀路。

表1-1-6　摩托车轮的刀路设计表

序号	加工图示	编程图示	仿真图示	加工参数设置
1		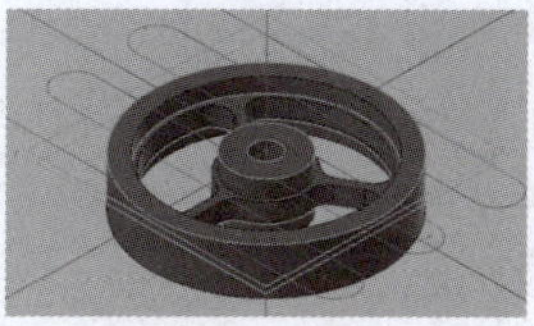	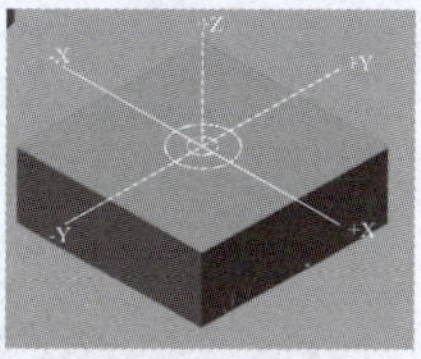	加工刀路：面铣 刀具：ϕ12 mm 转速：4 500 r/min 切削速度（F）：2 000 mm/min
2		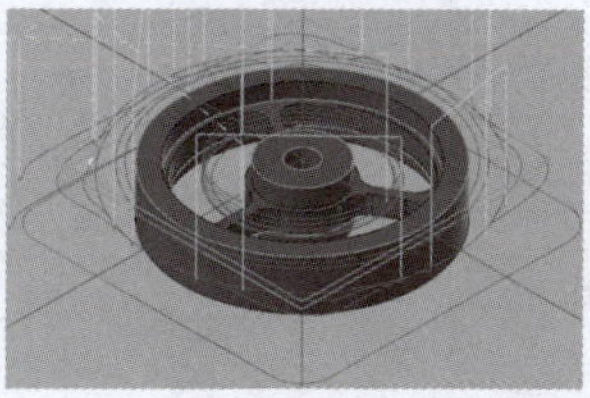	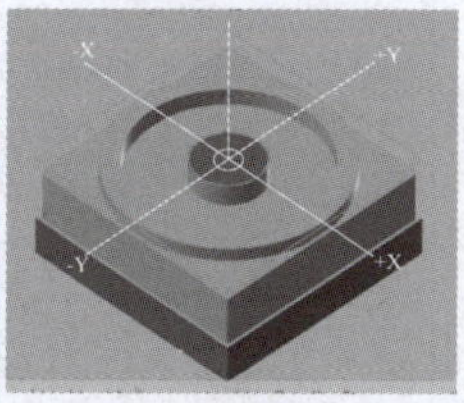	加工刀路：2D动态铣削 余量：0.25 mm 刀具：ϕ6 mm 转速：5 500 r/min 切削速度（F）：800 mm/min
3		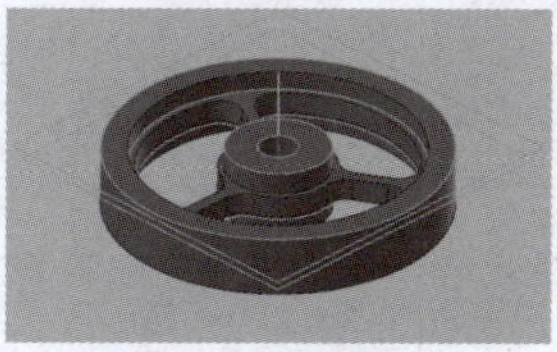	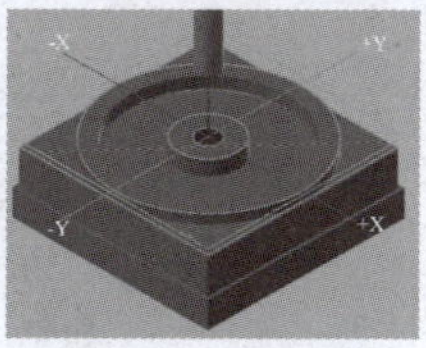	加工刀路：钻孔 刀具：ϕ6 mm 转速：1 000 r/min 切削速度（F）：100 mm/min
4		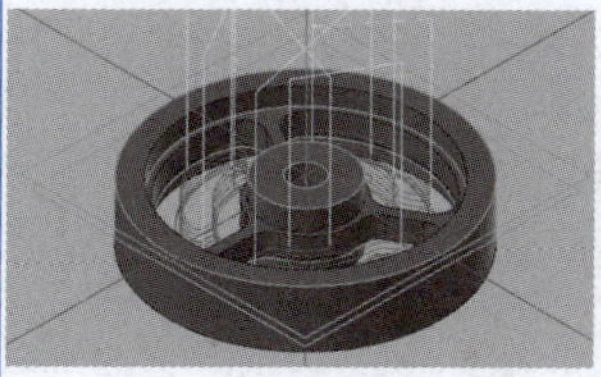	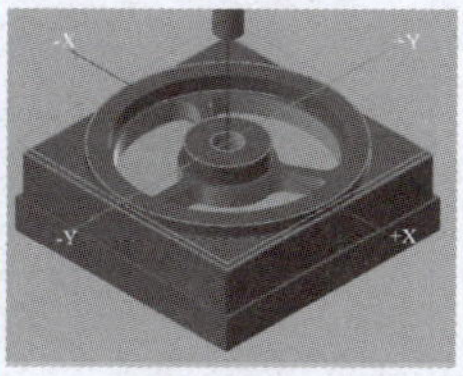	加工刀路：2D动态铣削 余量：0.25 mm 刀具：ϕ6 mm 转速：6 000 r/min 切削速度（F）：800 mm/min

序号	加工图示	编程图示	仿真图示	加工参数设置
5		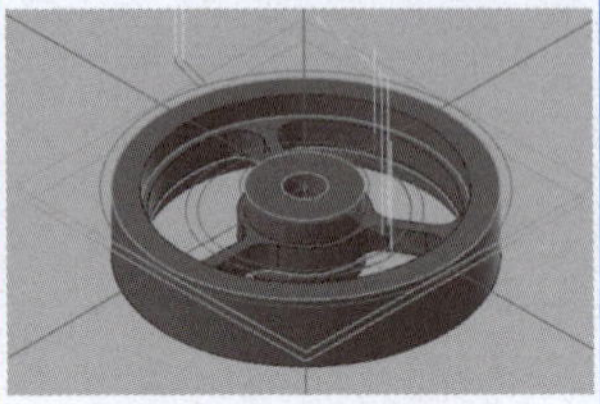		加工刀路：区域精加工 刀具：ϕ12 mm 转速：6 000 r/min 切削速度（F）：1 000 mm/min 精加工刀次：1
6	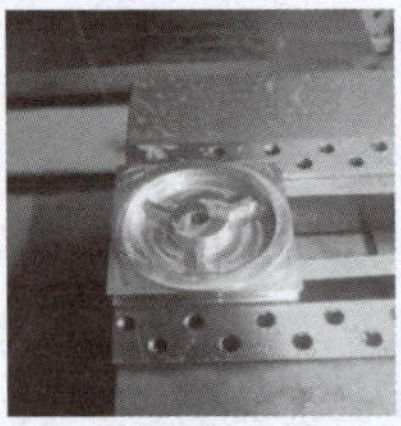	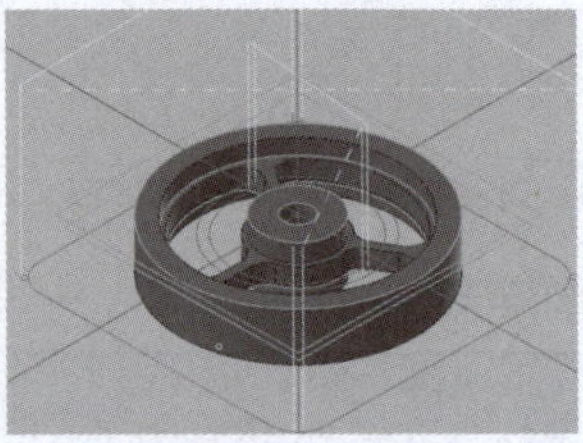	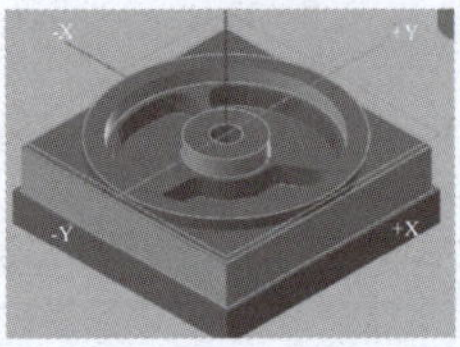	加工刀路：外形精加工 刀具：ϕ12 mm 转速：5 000 r/min 切削速度（F）：1 000 mm/min 精加工刀次：3
7	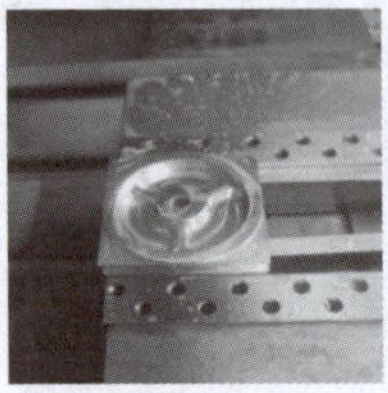	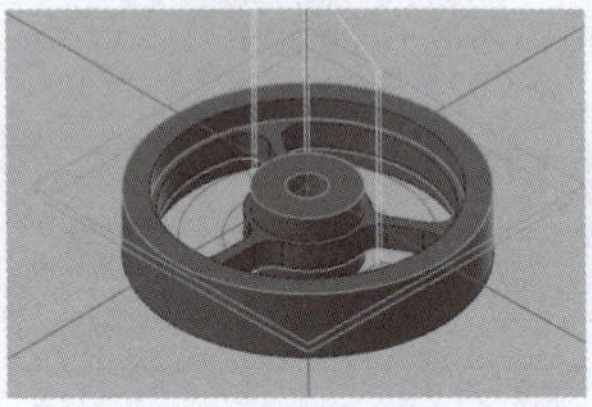		加工刀路：外形精加工 刀具：ϕ6 mm 转速：6 000 r/min 切削速度（F）：600 mm/min 精加工刀次：3
8		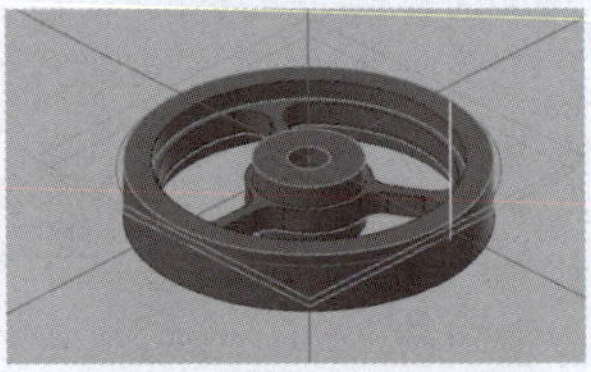	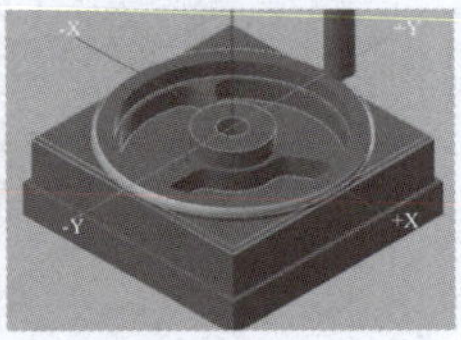	加工刀路：外形 刀具：成型刀 $R2$ 转速：6 000 r/min 切削速度（F）：1 000 mm/min
9		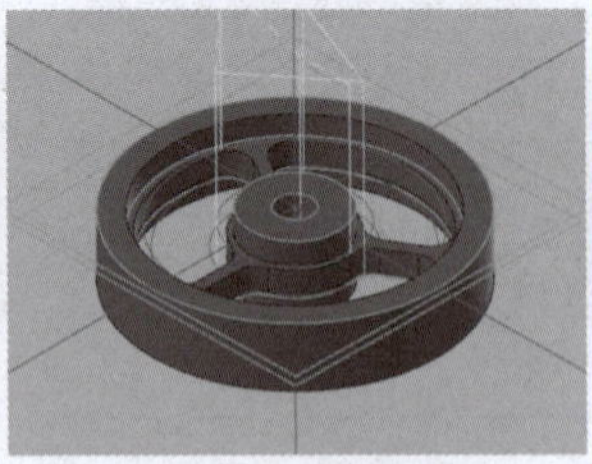	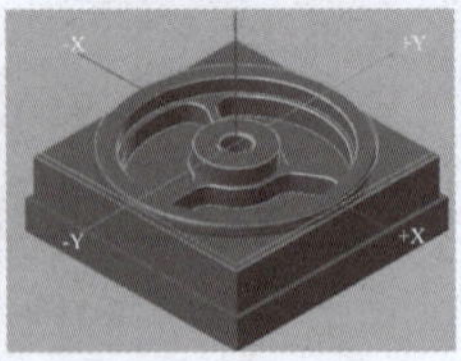	加工刀路：2D 倒角 刀具：ϕ6 mm 转速：6 000 r/min 切削速度（F）：1 000 mm/min
10			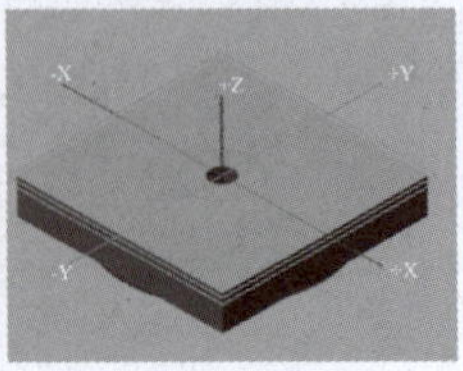	加工刀路：面铣 刀具：ϕ12 mm 转速：4 500 r/min 切削速度（F）：2 000 mm/min

学习笔记

序号	加工图示	编程图示	仿真图示	加工参数设置
11		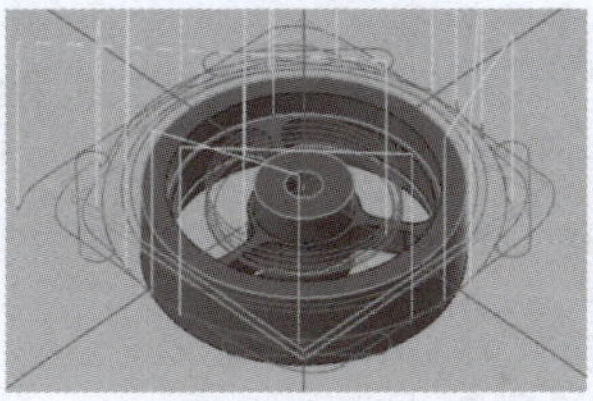		加工刀路：2D 动态铣削 余量：0.25 mm 刀具：ϕ12 mm 转速：4 500 r/min 切削速度（F）：2 000 mm/min
12				加工刀路：区域精加工 刀具：ϕ12 mm 转速：6 000 r/min 切削速度（F）：1 000 mm/min 精加工刀次：1
13				加工刀路：外形精加工 刀具：ϕ12 mm 转速：5 000 r/min 切削速度（F）：1 000 mm/min 精加工刀次：3
14		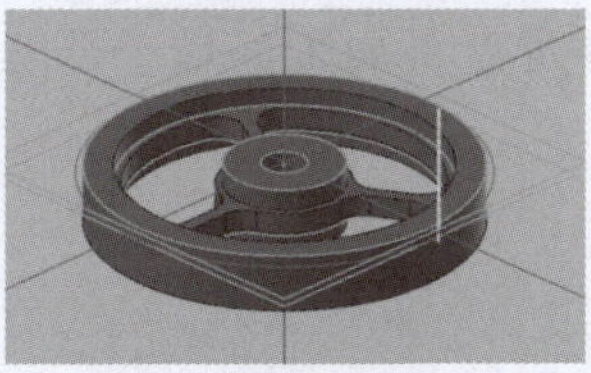		加工刀路：外形 刀具：成型刀 $R2$ 转速：6 000 r/min 切削速度（F）：1 000 mm/min
15		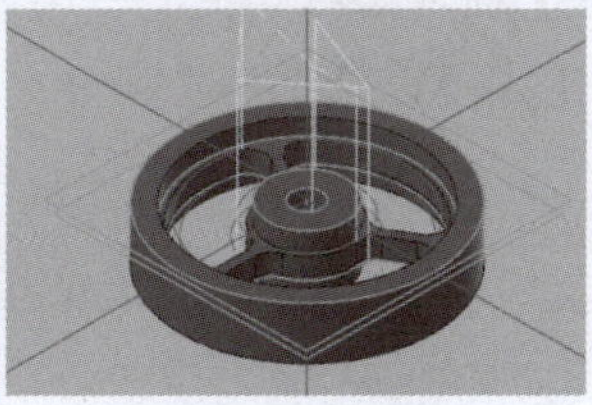	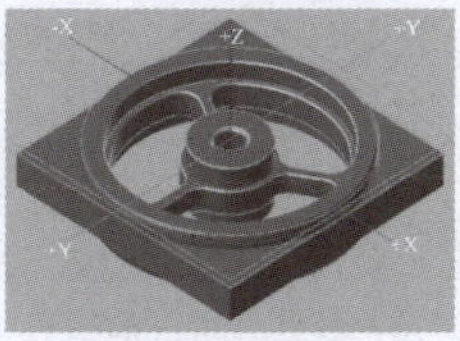	加工刀路：2D 倒角 刀具：ϕ6 mm 转速：6 000 r/min 切削速度（F）：1 000 mm/min
16				加工刀路：2D 动态铣削 余量：0.25 mm 刀具：ϕ12 mm 转速：4 500 r/min 切削速度（F）：2 000 mm/min

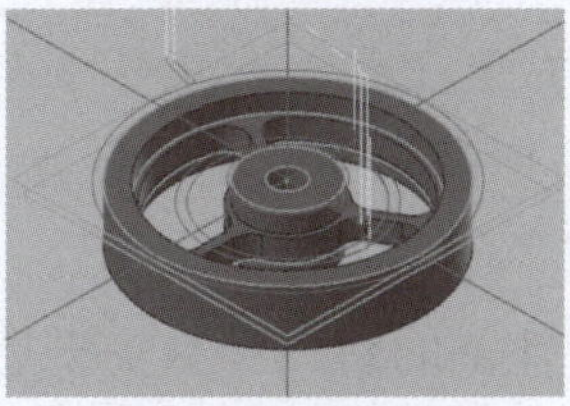

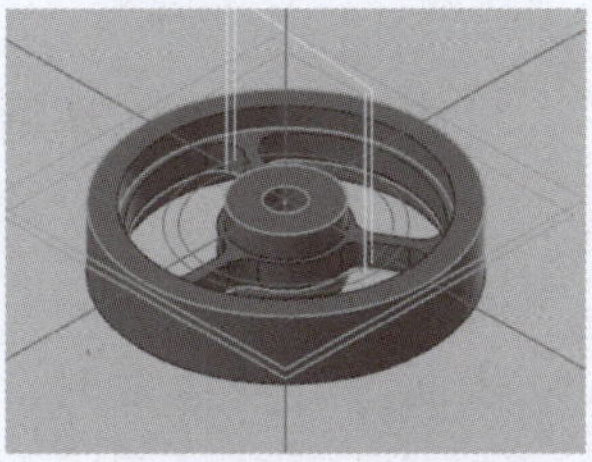

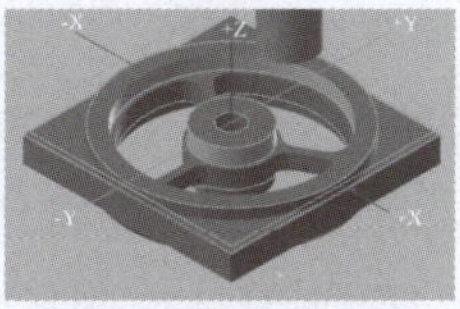

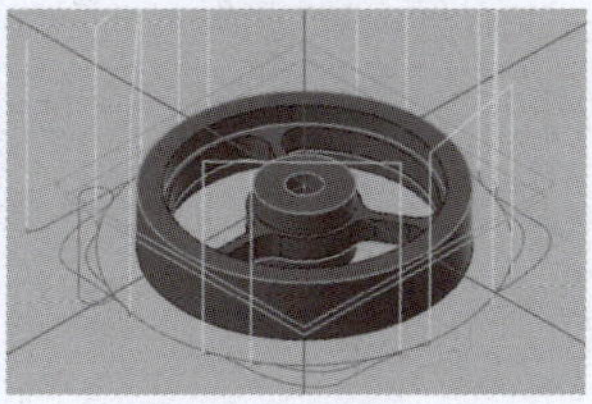

序号	加工图示	编程图示	仿真图示	加工参数设置
17				加工刀路：外形精加工 刀具：ϕ12 mm 转速：5 000 r/min 切削速度（F）：1 000 mm/min 精加工刀次：3

（2）安全提示。

1）工作时应穿工作服、戴袖套。长头发同学应戴工作帽，将长发塞入帽子里。夏季禁止穿裙子、短裤和凉鞋上机操作。

2）为防切屑崩碎飞散，对于有防护外罩的封闭型数控铣床必须关闭防护门，对于半开放式数控铣床必须戴防护眼镜。工作时，头部不能离工件加工区域太近，以防切屑伤人。

3）工作时，必须集中精力，注意手、身体和衣服不能靠近正在旋转的机件，如铣床主轴、工件、带轮、皮带、齿轮等。

4）工件和铣刀必须装夹牢固，以防飞出伤人。

5）凡装卸工件、更换刀具、测量加工表面及变换速度时，必须先停机，再进行调整。

6）铣床运转时，不得用手去摸刀具及刀具加工区域。严禁用纱布擦抹转动的铣削刀具。

7）使用专用铁钩清除切屑，严禁用手直接清除。

8）在数控铣床上操作时禁止戴手套。

9）不要随意拆装电气设备，以免发生触电事故。

10）工作中若发现机床、电气设备有故障，要及时申报，由专业人员检修，未修复不得使用。

（五）引导问题5

（1）加工仿真应注意什么问题？

（2）后置处理应注意什么问题？

（六）引导问题6

资料及拓展训练。

（1）定位与夹紧符号见表1-1-7。

表1-1-7　定位与夹紧符号（JB/T 5061—2006）

标注位置分类		独立		联动	
		标注在视图轮廓线上	标注在视图正面上	标注在视图轮廓线上	标注在视图正面上
主要定位点	固定式	△	⊙	△△	⊙⊙
	活动式	⬆	⊘	⬆⬆	⊘⊘
辅助定位点		⬆	⊘	⬆⬆	⊘⊘
手动（机械）夹紧		↓	⌐↓	↓↓	⌐↓↓
液压夹紧		Y↓	Y↓	Y↓↓	Y↓↓
气动夹紧		Q↓	Q↓	Q↓↓	Q↓↓
电磁夹紧		D↓	D↓	D↓↓	D↓↓

学习笔记

（2）常用定位元件所能约束的自由度见表 1-1-8。

表 1-1-8　常用定位元件所能约束的自由度

定位基准	定位简图	定位元件	限制的自由度
大平面	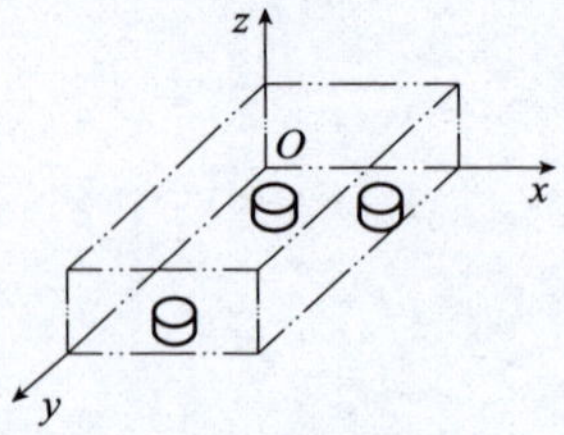	支承钉	$\vec{z}, \hat{x}, \hat{y}$
	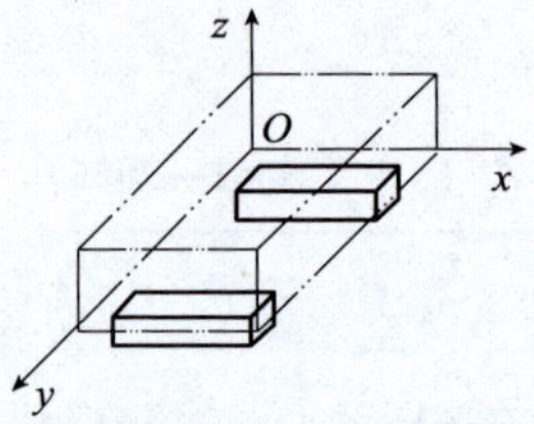	支承板	$\vec{z}, \hat{x}, \hat{y}$
长圆柱面	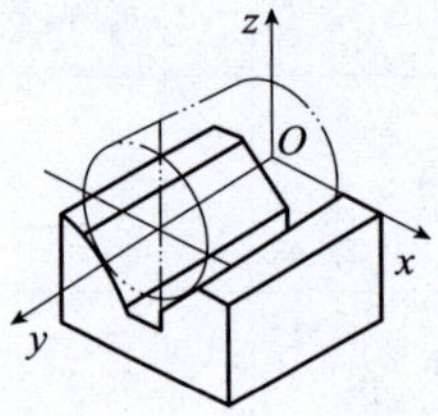	固定式 V 形块	$\vec{x}, \vec{z}, \hat{x}, \hat{z}$
	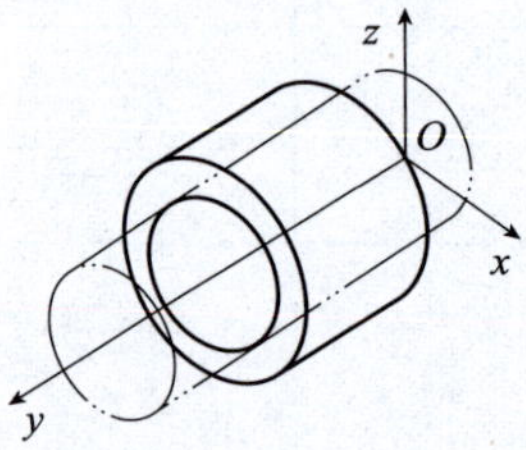	固定式长套	
	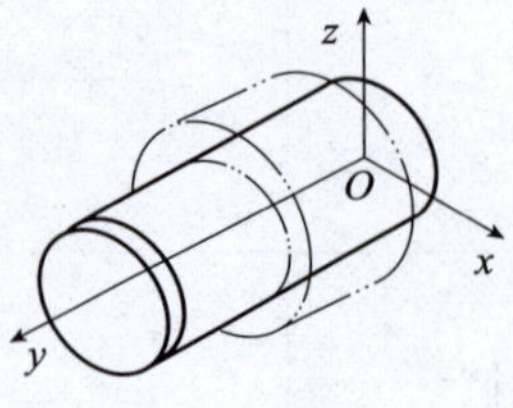	芯轴	
	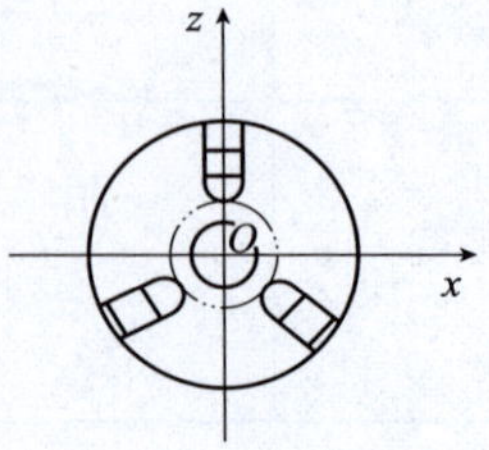	三爪自动卡盘	

学习笔记

定位基准	定位简图	定位元件	限制的自由度
长圆锥面		圆锥芯轴（定心）	$\vec{x}$，$\vec{y}$，$\vec{z}$，$\hat{x}$，$\hat{z}$
两中心孔		固定顶尖	$\vec{x}$，$\vec{y}$，$\vec{z}$
		活动顶尖	$\vec{y}$，$\vec{z}$
短外圆与中心孔		三爪自动卡盘	$\vec{y}$，$\vec{z}$
		活动顶尖	$\vec{y}$，$\vec{z}$
大平面与两外圆弧面		支承板	$\vec{y}$，$\hat{x}$，$\hat{z}$
		短固定式 V 形块	$\vec{x}$，$\vec{z}$
		短活动式 V 形（防转）	$\vec{y}$
大平面与两圆柱孔		支承板	$\vec{y}$，$\hat{x}$，$\hat{z}$
		短圆柱销	$\vec{x}$，$\vec{z}$
		短菱形销	$\vec{y}$
长圆柱孔与其他		固定式芯轴	$\vec{x}$，$\vec{z}$，$\hat{x}$，$\hat{z}$
		挡销（防转）	$\vec{y}$

定位基准	定位简图	定位元件	限制的自由度
大平面与短锥孔		支承板	$\vec{z}$、$\vec{x}$、$\vec{y}$
		活动推销	$\vec{x}$、$\vec{y}$

六、总结与评价

（一）引导问题 1

如何使用合适的量具检测摩托车轮的加工质量？

（1）请把检测结果填写在表 1-1-9 摩托车轮零件加工评分表中。

表 1-1-9　摩托车轮零件加工评分表　　　　　　　　　　mm

选手姓名				选手编码				总成绩		
项目	数控铣		试题图号		SXXS03-01-01			总时间		
A-主要尺寸										
序号	配分/分	方位	尺寸类型	公称尺寸	上偏差	下偏差	上极限尺寸	下极限尺寸	实际尺寸	得分/分	修正值
1	15	D6	ϕ	42	0.10	0.04	42.10	42.04			
2	13	D6	ϕ	18	-0.04	-0.10	17.96	17.90			
3	12	E6	ϕ	44	0.10	0.04	44.10	44.04			
小计	40										
B-次要尺寸										
序号	配分/分	方位	尺寸类型	公称尺寸	上偏差	下偏差	上极限尺寸	下极限尺寸	实际尺寸	得分/分	修正值
1	5	D2	ϕ	16	0.04	-0.04	16.04	15.96			
2	5	E2	ϕ	52	0.04	-0.04	52.04	51.96			
3	4	C7	ϕ	6	0.04	-0.04	6.04	5.96			
4	4	E8	H	4	0.04	-0.04	4.04	3.96			
5	4	F8	H	11	0.04	-0.04	11.04	10.96			
6	4	F8	H	12	0.04	-0.04	12.04	11.96			
小计	26										
C-表面质量										
序号	配分/分	方位	尺寸类型	公称尺寸	上偏差	下偏差	上极限尺寸	下极限尺寸	实际尺寸	得分/分	修正值
1	4	C9	Ra	0.8 μm							
小计	4										

学习笔记

		D-主观评判		
序号	配分/分	评判要求	情况记录	得分/分
1	5	零件加工要素完整度		
2	5	零件损伤（振纹、夹伤、过切等）		
3	5	倒角（1处未加工扣0.3分，1处毛刺锐边扣0.2分）		
小计	15			

		E-职业素养		
序号	配分/分	规范要求	情况记录	得分/分
1	2	工具、量具、刀具分区摆放		
2	2	工具摆放整齐、规范、不重叠		
3	1	量具摆放整齐、规范、不重叠		
4	1	刀具摆放整齐、规范、不重叠		
5	1	防护用具佩戴规范		
6	1	工作服、工作帽、工作鞋穿戴规范		
7	1	加工后清理现场、清洁及其他		
8	1	现场表现		
小计	10			

		F-增加毛坯		
序号	配分/分	其他要求	情况记录	得分/分
1	5	增加毛坯		
小计	5			

G-技术总结		
学生总结		教师评价
存在问题	改进方向	
日期		

（2）填写摩托车轮零件加工不达标尺寸分析表，见表1-1-10。

表 1-1-10　摩托车轮零件加工不达标尺寸分析表

序号	图位	尺寸类型	公称尺寸	实际测量数值	出错原因	解决方案	
						学生分析	教师分析

（二）引导问题2

针对本项目所学的知识进行自我评价与总结。

（1）摩托车轮零件加工学习效果自我评价见表1-1-11。

表 1-1-11　摩托车轮零件加工学习效果自我评价表

序号	学习任务内容	学习效果			备注
		优秀	良好	较差	
1	Mastercam 软件五轴加工的特点有哪些				
2	带传动的知识有哪些				
3	机床夹具的相关知识有哪些				
4	如何确定工件的定位				
5	如何制订摩托车轮零件的加工工艺				
6	实施过程中要注意哪些问题				
7	如何使用合适的量具检测摩托车轮的加工质量				

（2）请总结评价不足与需要改进的地方。

1）通过以上检测，分析所做零件的不足以及解决的办法。

2）写出在操作过程中存在的问题和以后需要改进的地方。

学习笔记

项目二 摩托车身的加工

摩托车身的加工

一、项目描述

本项目主要学习基准、连接和工件夹紧等的相关知识，采用 Mastercam 软件自动编程加工摩托车身零件，保证零件的尺寸和表面粗糙度。摩托车身加工任务书如图 1-2-1 所示，任务图纸如图 1-2-2 所示。通过完成本项目，学生应学会用 Mastercam 软件自动编程加工复杂零件。

零件名称	摩托车身	材料	AL6061	毛坯尺寸	130 mm×80 mm×50 mm

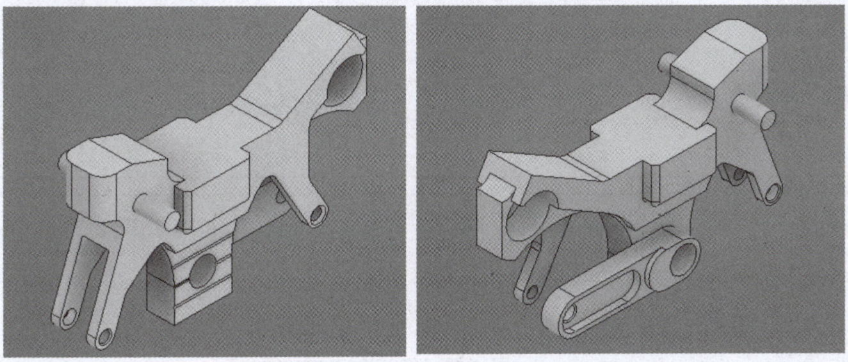

图 1-2-1 摩托车身加工任务书

二、学习目标

（一）素质目标

1. 培养学生良好的职业道德和劳动素养；
2. 培养学生规范操作的行业规范意识。

（二）知识目标

1. 学习相关理论知识解决教师设置的问题；
2. 熟悉 Mastercam 软件设置零件的刀具路径生成方法及程序生成方法；
3. 掌握连接和工件夹紧等相关知识点。

（三）能力目标

1. 能够对复杂零件图纸进行识读并进行三维建模；
2. 能够保证零件的尺寸和表面粗糙度；

3. 能够正确选择量具，并对零件完成检测。

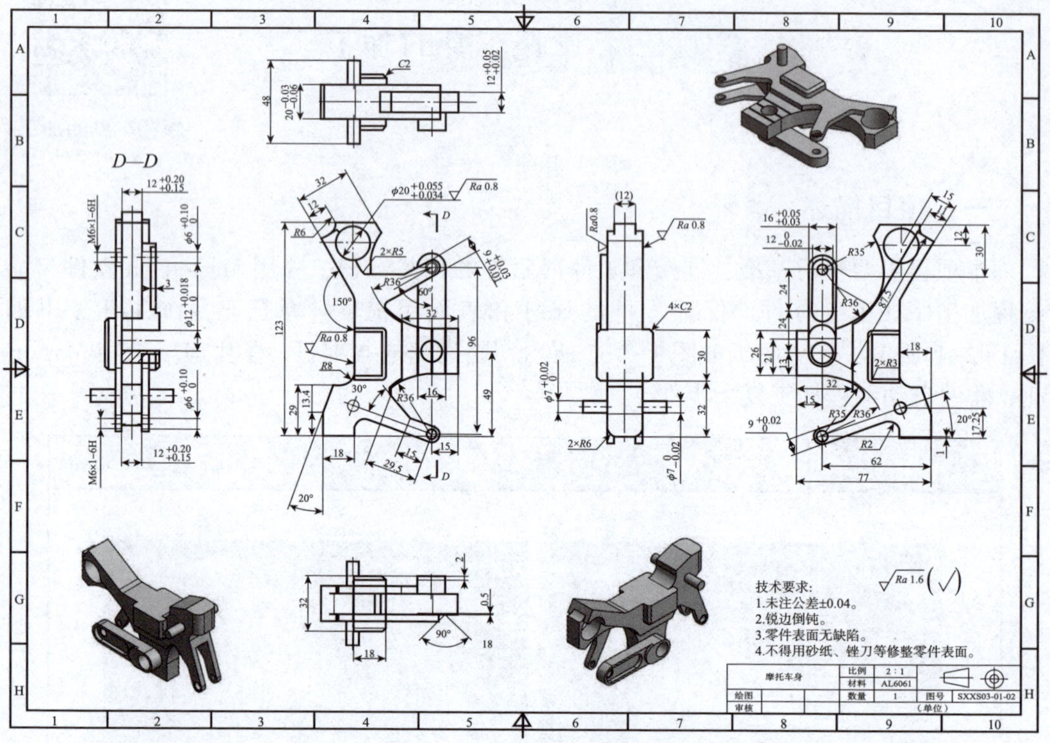

图1-2-2　摩托车身加工任务图纸

三、知识储备

引导问题

为了更好地完成摩托车身的加工任务，请查找资料，回答下面连接基础知识的相关问题。

（1）连接按是否可拆分为_____、_____。

（2）键连接主要用于_____和_____（如齿轮、带轮）之间的轴向固定，用以传递_____，有的键也兼有轴向固定作用。

（3）键连接按键在连接中的松紧状态分为_____和_____两类。

（4）松键连接包括_____、_____、_____和_____四种。

（5）紧键连接包括_____和_____。

（6）填写图1-2-3所示各键连接的名称。

（7）花键连接是由圆周均布多个_____的花键轴，与带有相应_____的轮毂所组成的一种连接，其_____为工作面，工作时有多个键齿同时_____，所以花键连接的承载能力比平键连接_____得多。

（8）按花键齿形不同，花键可分为_____花键和_____花键，图1-2-4所示两类花键销的作用有_____、_____、_____。

（9）螺纹连接是利用_____构成的可拆连接，其结构_____，装拆_____，

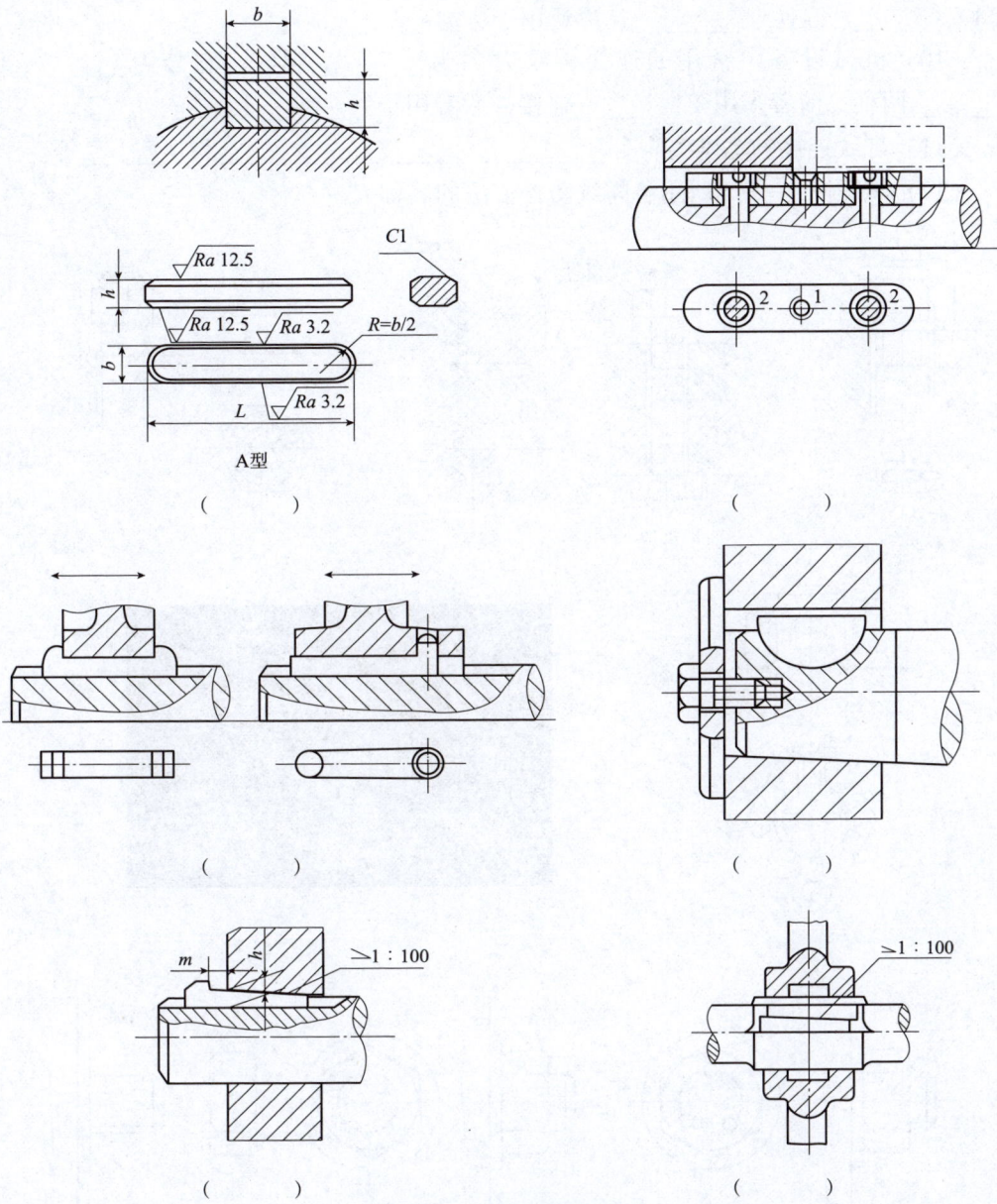

图 1-2-3　键连接零件图

图 1-2-4　花键连接的销二维图

（a）定位销；（b）连接销；（c）安全销

成本_____、互换性_____，广泛用于各类_____中。

（10）机械设备中常用的连接螺纹大多为_____螺纹，它分为_____和
_____两种。前者多用于_____连接，后者用于_____连接。

（11）螺纹连接的基本类型有_____、_____、_____和_____等。

（12）填写图1-2-5所示各螺纹防松方法的名称。

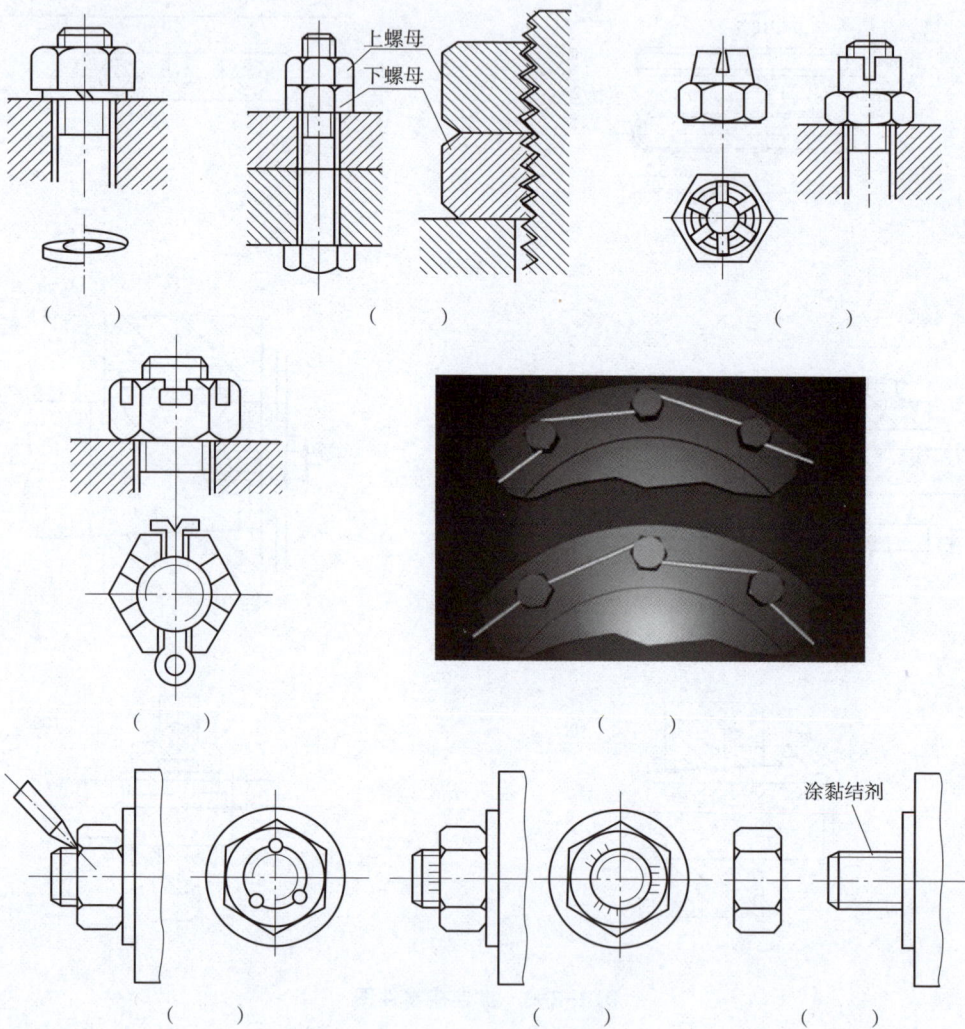

（　　）　　　　　　　（　　）　　　　　　　（　　）

（　　）　　　　　　　　　　　　（　　）

（　　）　　　　　　　　　（　　）　　　　　　　（　　）

图1-2-5　螺纹防松方法

四、工作准备

引导问题

（1）基准是用来确定生产对象上几何要素间的_____所依据的那些_____、
_____、_____。

（2）查阅基准的分类知识，完成图1-2-6的填写。

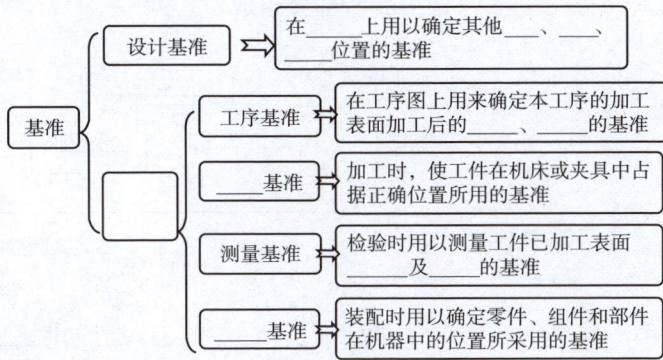

图 1-2-6　基准的分类.

（3）定位基准包括_____、_____、_____。

（4）粗基准的选择原则有哪些？

（5）精基准的选择原则有哪些？

（6）工件在夹具中定位_____所引起的加工误差，称为定位误差，用_____表示；定位误差应控制在加工尺寸公差的_____以内。

（7）造成定位误差的原因有哪些？

五、计划与实施

（一）引导问题 1

为了更好地完成摩托车身的加工任务，请查找资料，回答下面工件夹紧的相关问题。

（1）对夹紧装置的基本要求有哪些？

（2）夹紧装置（见图1-2-7）由哪些部分组成？

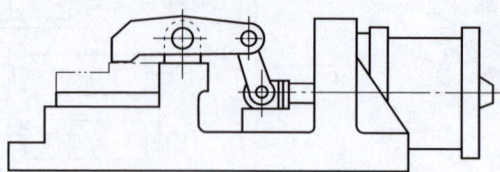

图1-2-7　夹紧装置

（3）夹紧力的三要素（见图1-2-8）：_____、_____和_____。

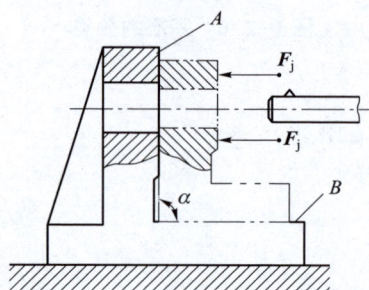

图1-2-8　夹紧力的三要素

（4）主要夹紧力方向应_____于_____。夹紧力的方向应尽可能与_____、_____方向一致，以_____所需的夹紧力；判断表1-2-1中各图所需夹紧力是大还是小。

表1-2-1　测试题

图例		
夹紧力	（　　）	（　　）
图例		
夹紧力	（　　）	（　　）

（5）夹紧力的作用方向应使工件_____变形。

（6）夹紧力作用点应_____支承元件或位于支承元件形成的_____。

（7）夹紧力应作用在刚度较好的_____和_____。

（8）夹紧力的作用点应尽量靠近_____，以防止工件产生_____和_____，提高定位的_____和_____。

（9）夹紧力的大小根据_____、_____、_____和_____具体计算。

（10）简述夹紧力大小的估算步骤。

（11）填写图 1-2-9 所示各夹紧机构的名称。

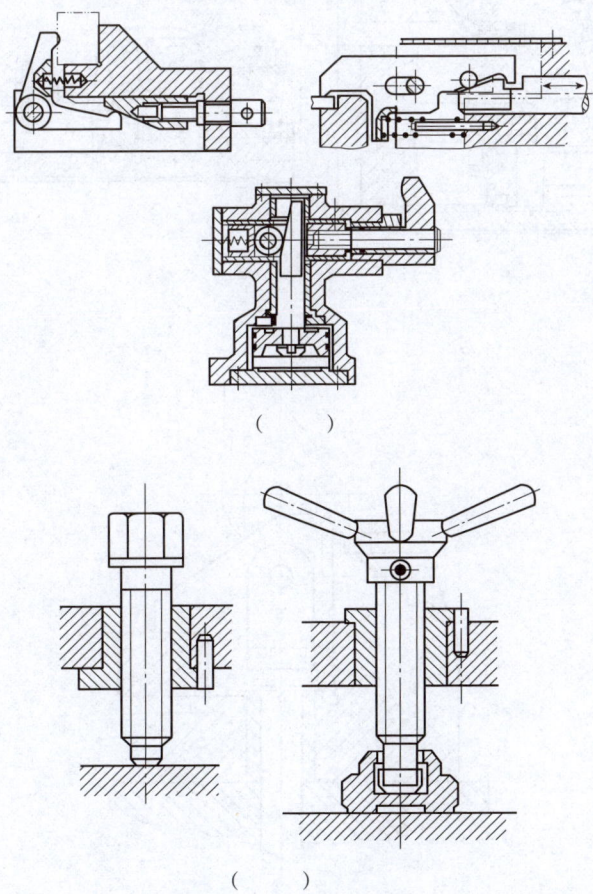

（　　　）

（　　　）

图 1-2-9　夹紧机构

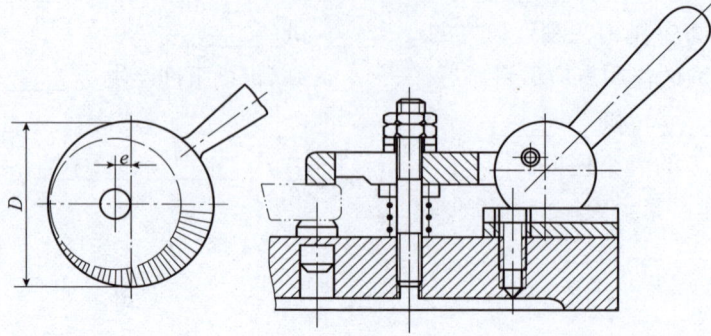

（　　）

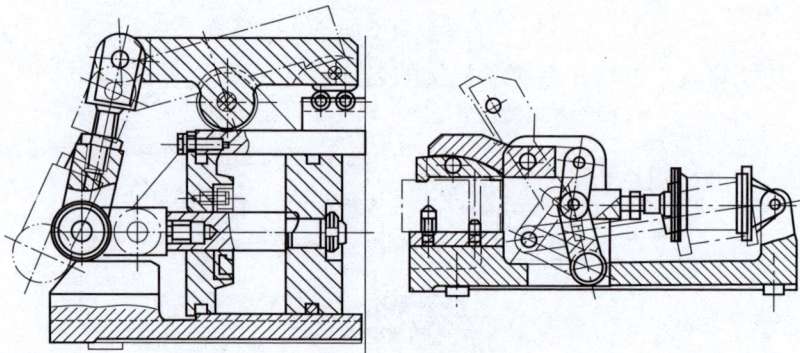

（　　）

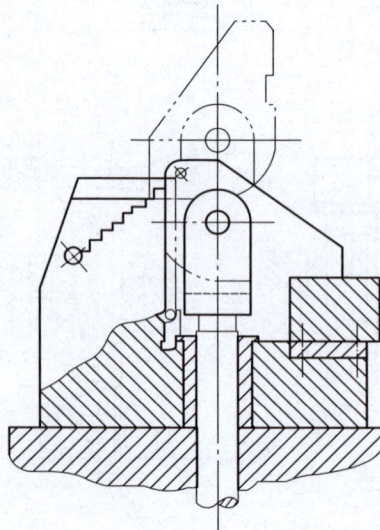

（　　）

图 1-2-9　夹紧机构（续）

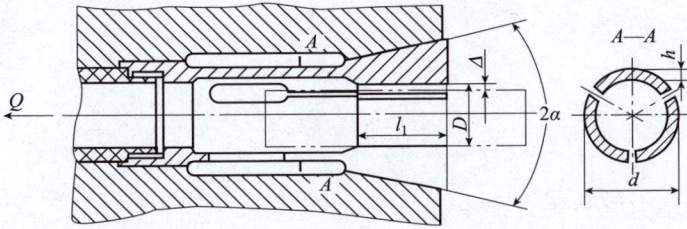

( )

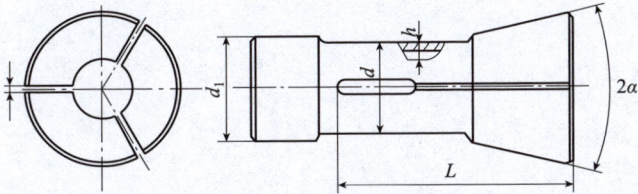

( )

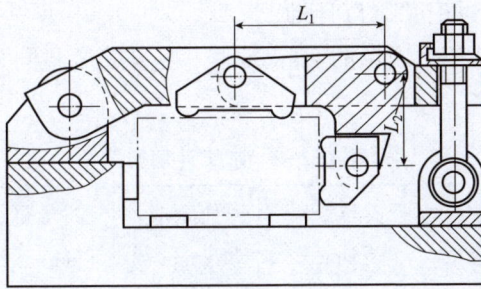

( )

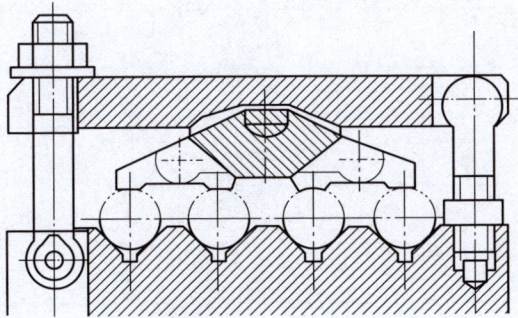

( )

图 1-2-9　夹紧机构（续）

(12) 夹紧机构的设计要求有哪些？

(13) 夹紧动力源装置有哪些？

（二）引导问题2

如何制订摩托车身零件的加工工艺？

（1）各小组分析、讨论并制订计划。

1）根据加工要求，考虑现场的实际条件，小组成员共同分析、讨论并确定合理的加工计划，填写表1-2-2。

表1-2-2　加工计划表

序号	加工内容	尺寸精度	刀具规格/mm	主轴转速/(r·min⁻¹)	进给量/(mm·r⁻¹)	切削深度/mm	备注

2）组内及组间对加工计划的评价及改进建议。

3）指导教师的评价与结论。

（2）各小组根据计划，完成工量刃具、设备和材料的准备，填写表 1-2-3。

表 1-2-3　工量刃具、设备和材料的准备

序号	工量刃具、设备和材料的名称	要求	数量

（三）引导问题 3

（1）参考表 1-2-4 摩托车身的刀路设计表，设置零件的刀路。

表 1-2-4　摩托车身的刀路设计表

序号	加工图示	编程图示	仿真图示	加工参数设置
1				加工刀路：动态加工，外形 余量：0.2 mm 刀具：ϕ12 mm 转速：4 000 r/min 切削速度（F）：1 000 mm/min
2				加工刀路：动态加工，外形 余量：0.2 mm 刀具：ϕ12 mm 转速：4 000 r/min 切削速度（F）：1 000 mm/min

模块一　摩托模型的制作 ■ 37

序号	加工图示	编程图示	仿真图示	加工参数设置
3		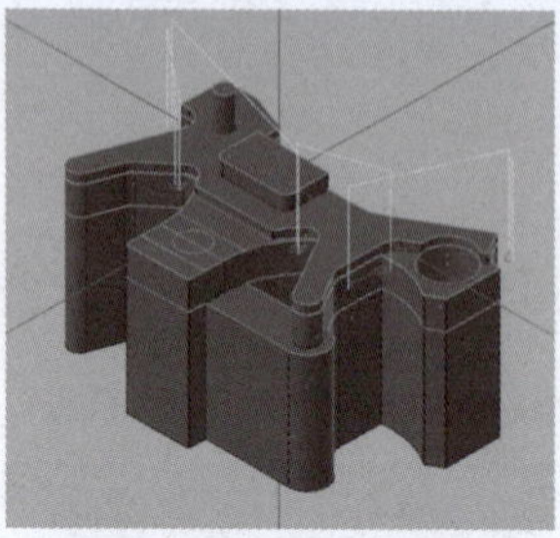	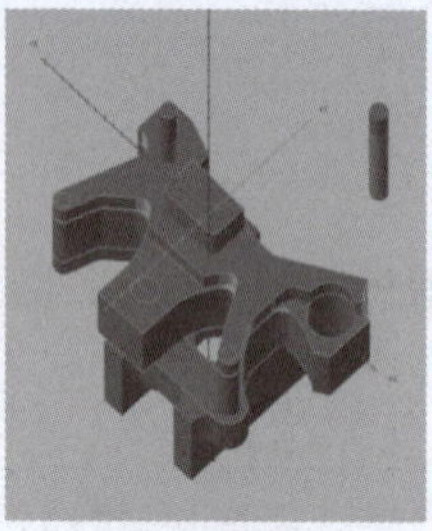	加工刀路：动态加工 刀具：$\phi 8$ mm 转速：5 000 r/min 切削速度（F）：1 000 mm/min
4		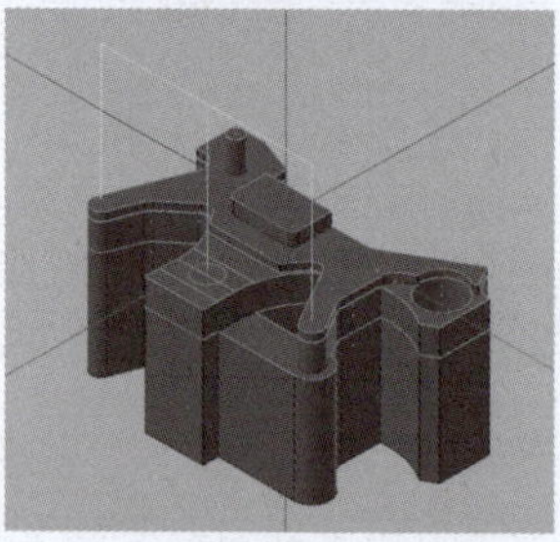	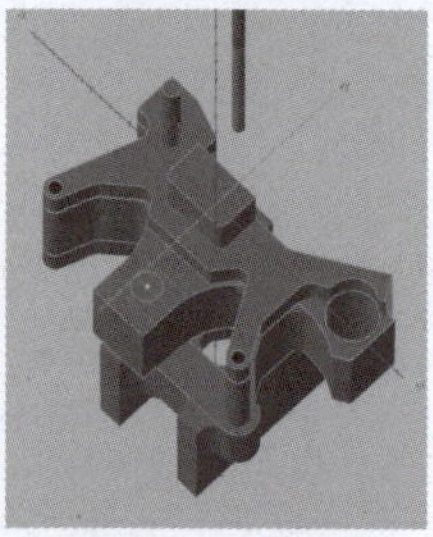	加工刀路：钻孔 刀具：$\phi 5$ mm 转速：1 000 r/min 切削速度（F）：100 mm/min
5		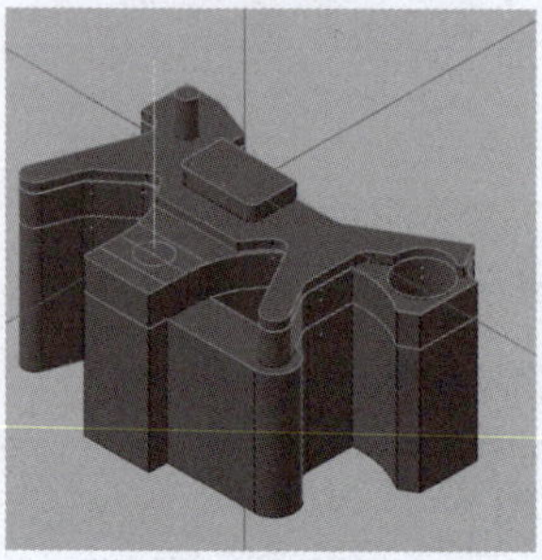	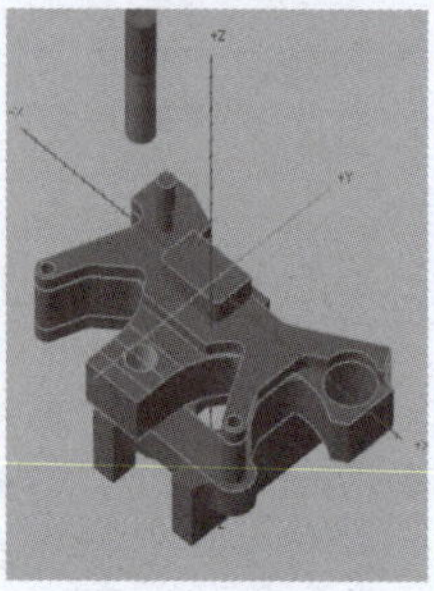	加工刀路：钻孔 刀具：$\phi 11.6$ mm 转速：850 r/min 切削速度（F）：100 mm/min
6		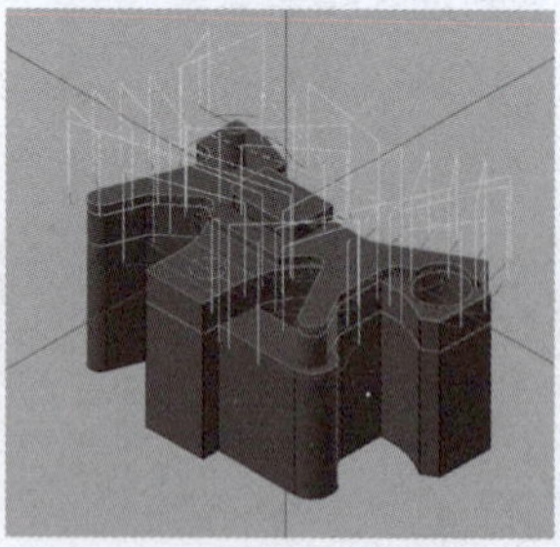	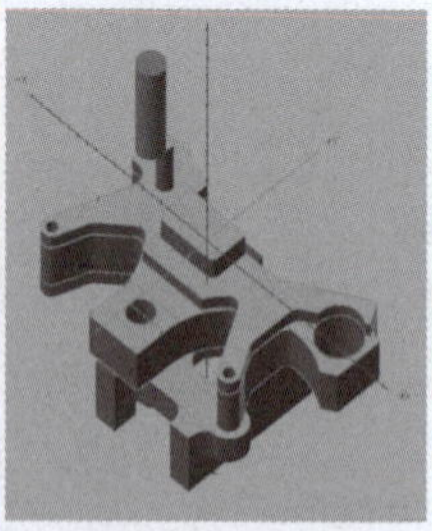	加工刀路：区域 刀具：$\phi 12$ mm 转速：5 000 r/min 切削速度（F）：800 mm/min
7		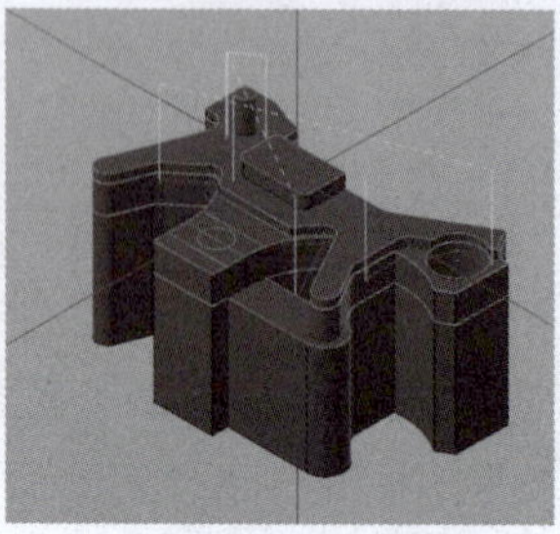	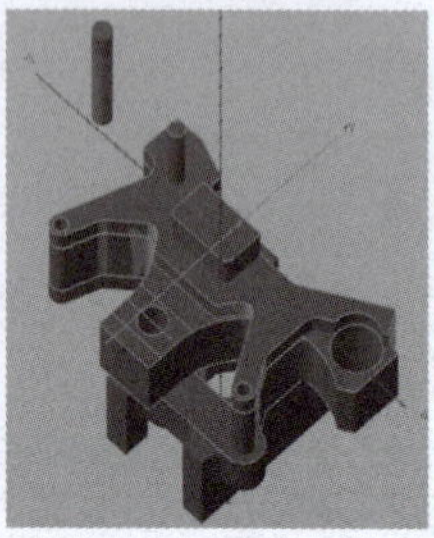	加工刀路：外形 刀具：$\phi 8$ mm 转速：5 000 r/min 切削速度（F）：600 mm/min

序号	加工图示	编程图示	仿真图示	加工参数设置
8		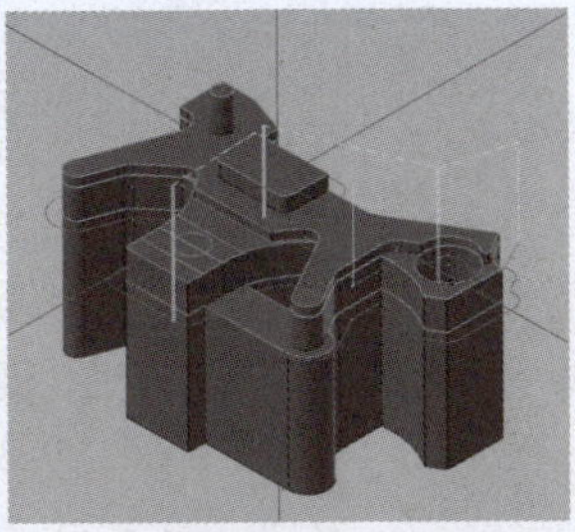	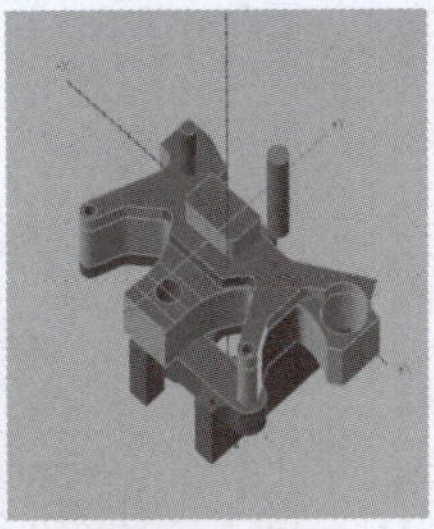	加工刀路：外形 刀具：$\phi 10$ mm 转速：5 000 r/min 切削速度（F）： 800 mm/min
9	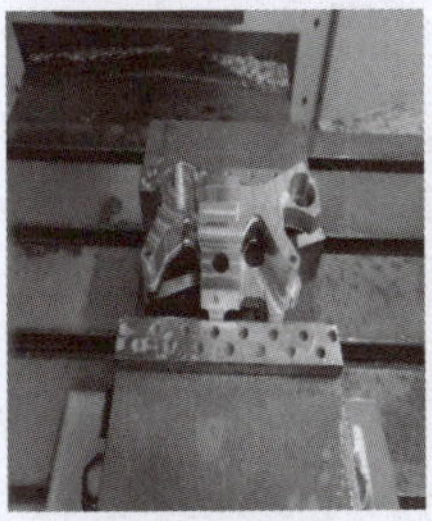	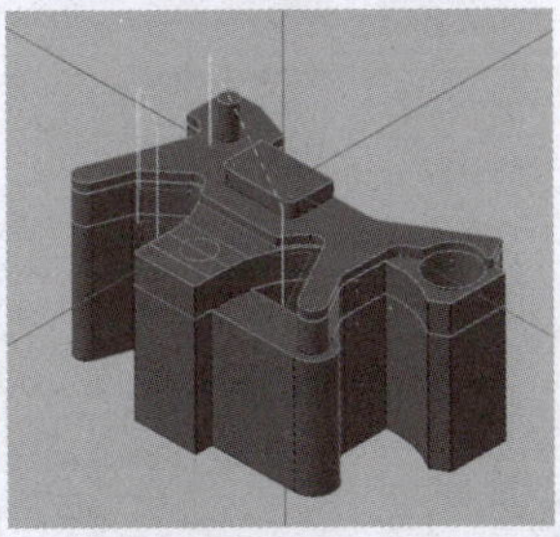	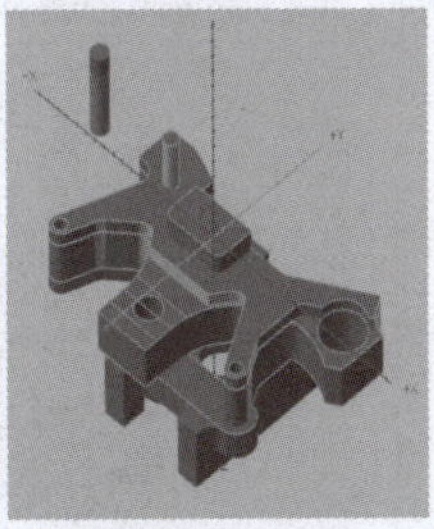	加工刀路：外形 刀具：$\phi 8$ mm 转速：5 000 r/min 切削速度（F）： 800 mm/min
10		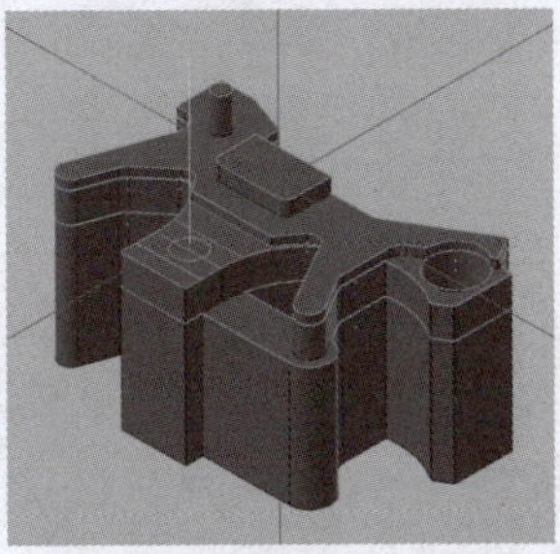	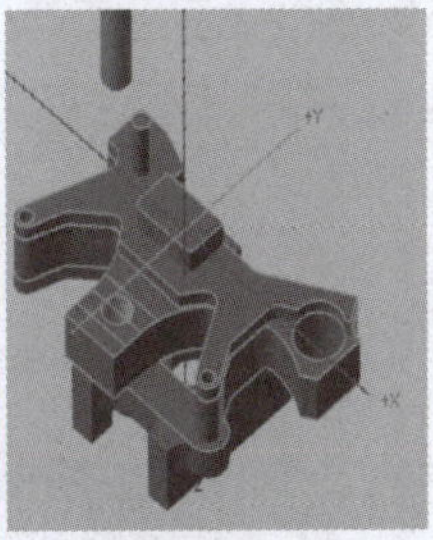	加工刀路：铰孔 刀具：$\phi 12$ mm 转速：250 r/min 切削速度（F）： 50 mm/min
11		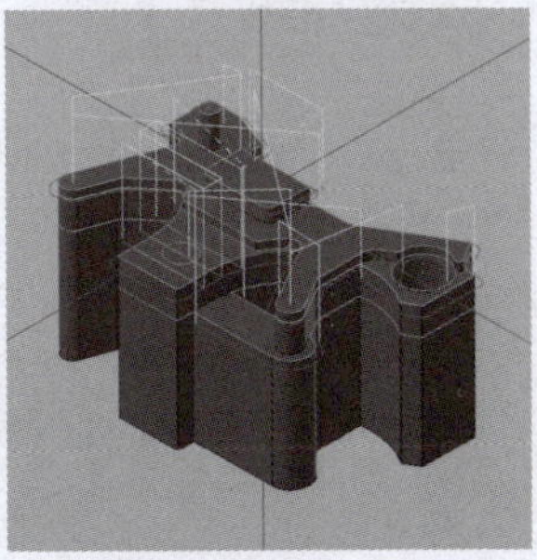	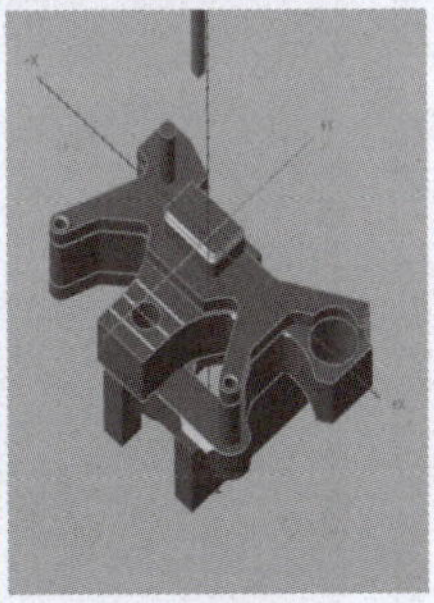	加工刀路：2D 倒角 刀具：$\phi 6$ mm 转速：5 000 r/min 切削速度（F）： 800 mm/min
12		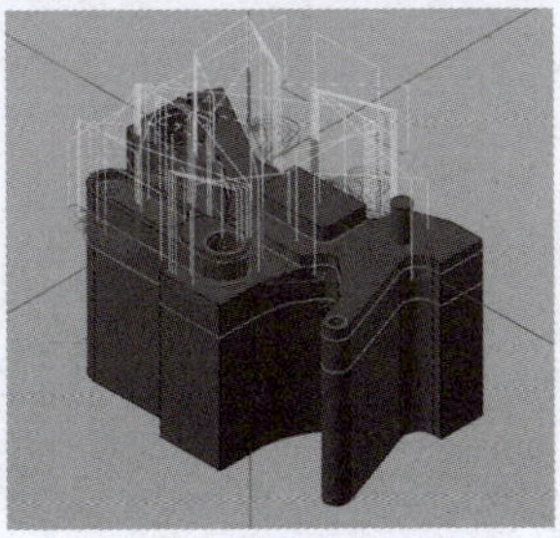	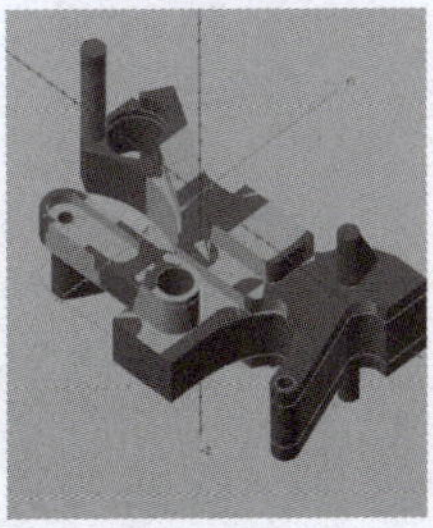	加工刀路：动态加工 余量：0.2 mm 刀具：$\phi 8$ mm 转速：5 000 r/min 切削速度（F）： 1 000 mm/min

序号	加工图示	编程图示	仿真图示	加工参数设置
13		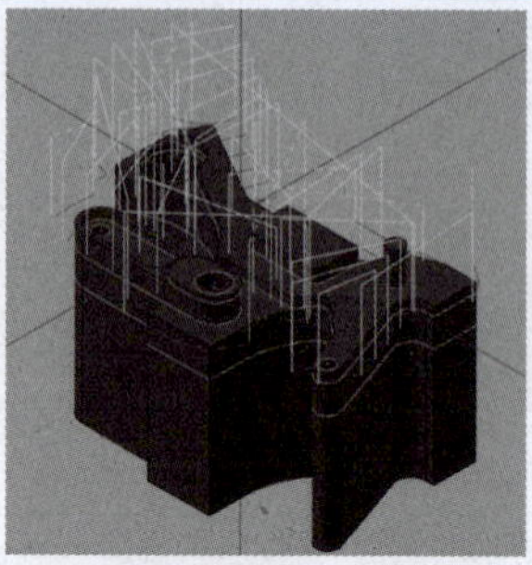	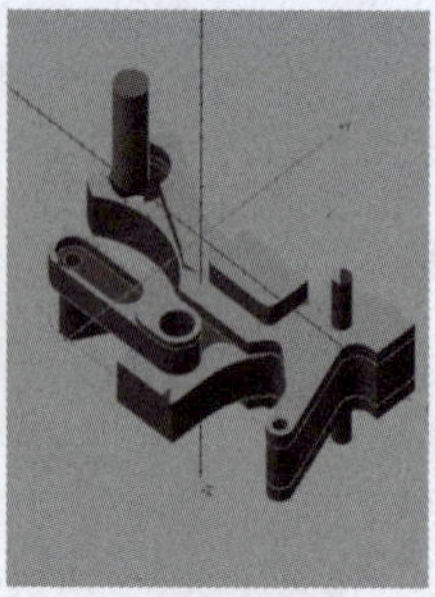	加工刀路：区域 刀具：ϕ12 mm 转速：5 000 r/min 切削速度（F）：800 mm/min
14		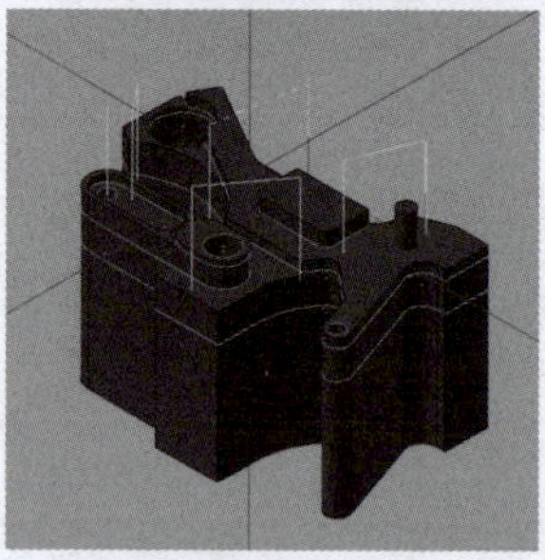	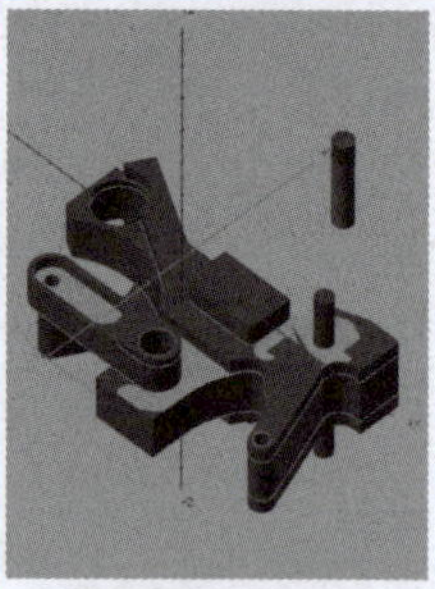	加工刀路：区域 刀具：ϕ8 mm 转速：5 000 r/min 切削速度（F）：800 mm/min
15	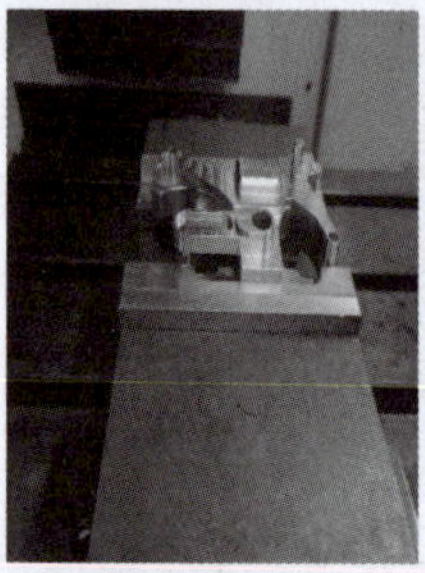	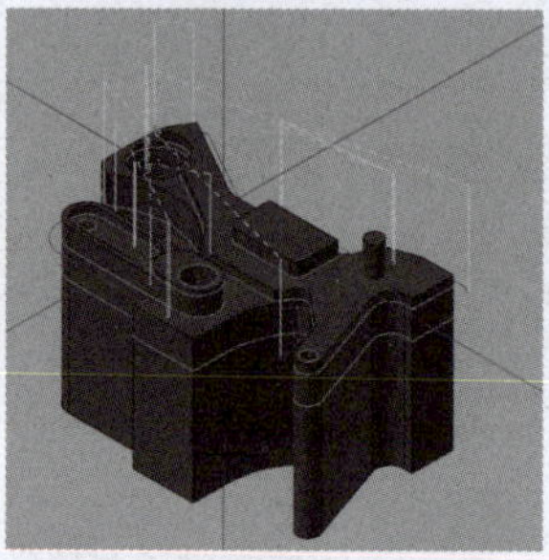		加工刀路：外形 刀具：ϕ8 mm 转速：5 000 r/min 切削速度（F）：800 mm/min
16		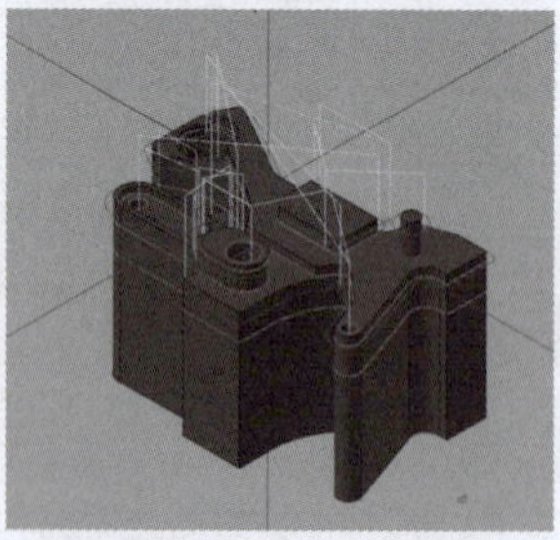	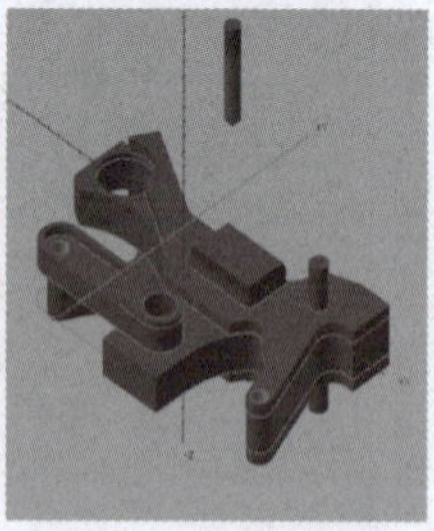	加工刀路：2D倒角 刀具：ϕ6 mm 转速：5 000 r/min 切削速度（F）：800 mm/min
17		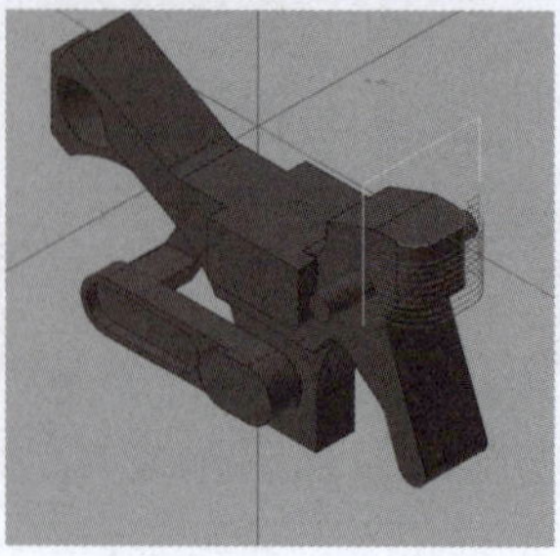	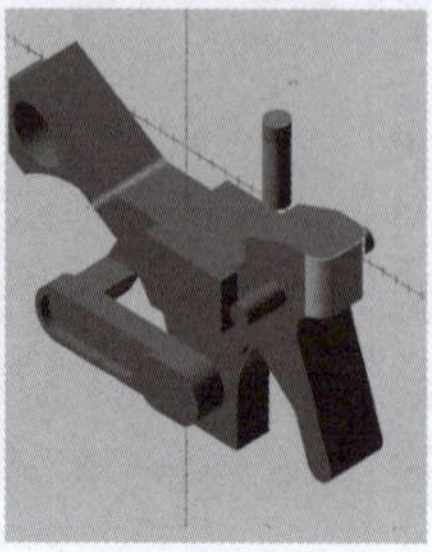	加工刀路：外形 刀具：ϕ8 mm 转速：4 000 r/min 切削速度（F）：800 mm/min

序号	加工图示	编程图示	仿真图示	加工参数设置
18	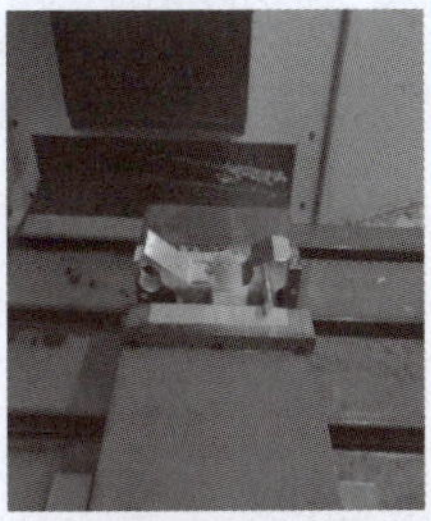	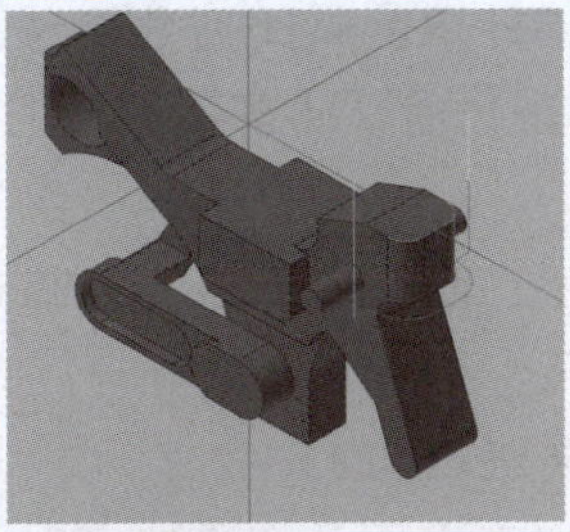	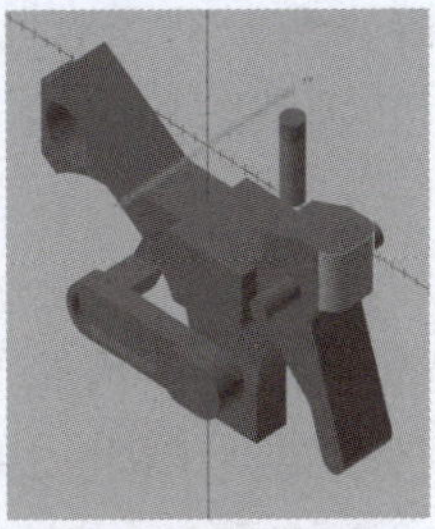	加工刀路：外形 刀具：$\phi 8$ mm 转速：5 000 r/min 切削速度（F）：800 mm/min
19		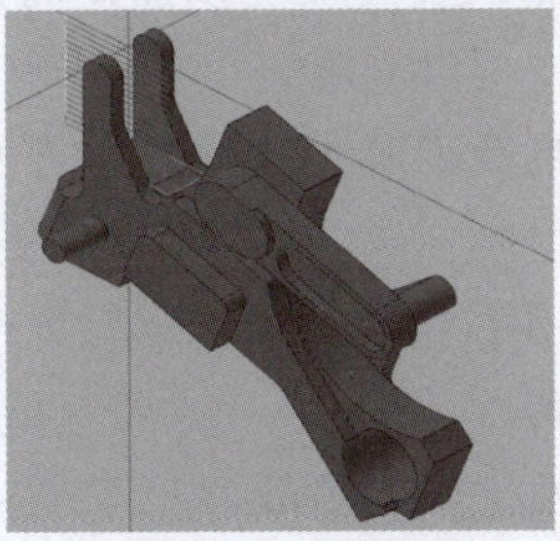	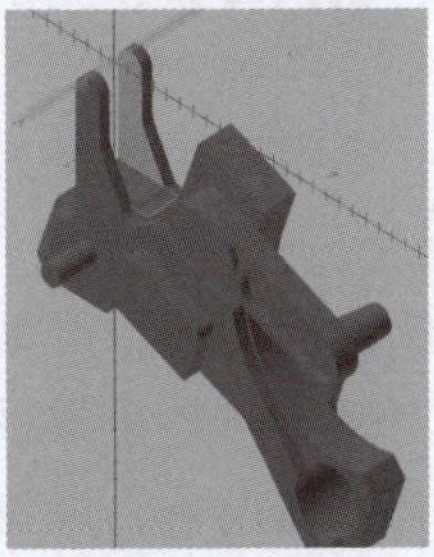	加工刀路：外形 刀具：$\phi 12$ mm 转速：5 000 r/min 切削速度（F）：1 000 mm/min
20			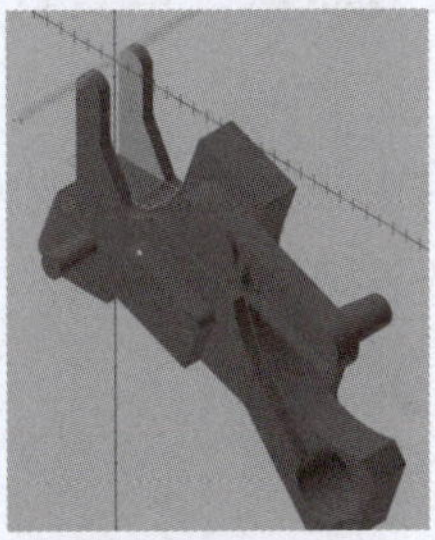	加工刀路：动态开粗 刀具：$\phi 12$ mm 转速：5 000 r/min 切削速度（F）：800 mm/min
21		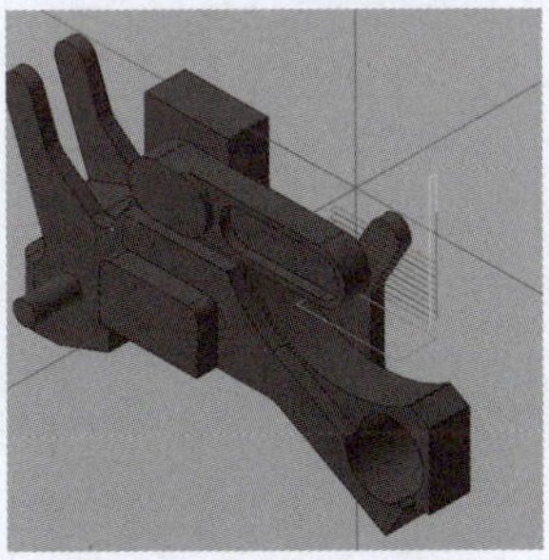	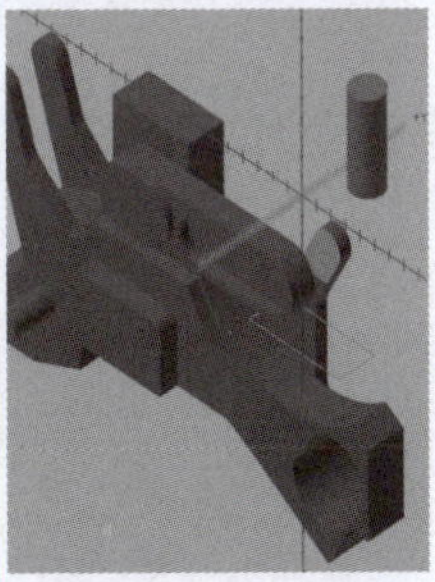	加工刀路：外形 刀具：$\phi 10$ mm 转速：5 000 r/min 切削速度（F）：800 mm/min
22		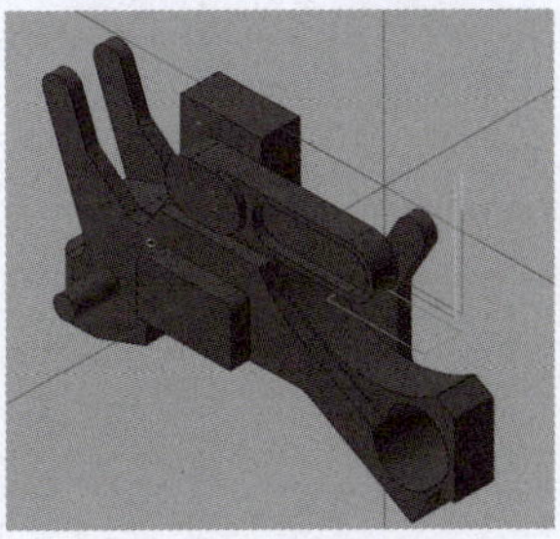	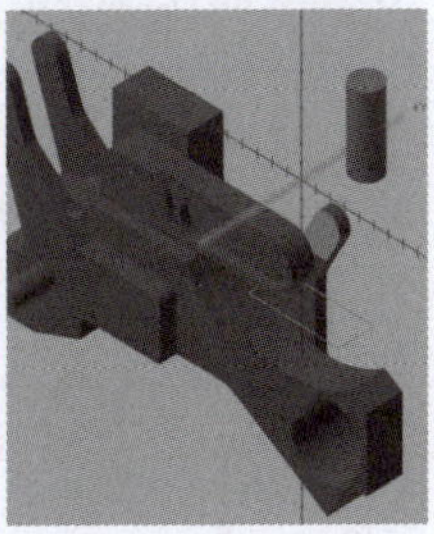	加工刀路：外形 刀具：$\phi 10$ mm 转速：5 000 r/min 切削速度（F）：800 mm/min

（2）安全提示。

1）工作时应穿工作服、戴袖套。长头发同学应戴工作帽，将长发塞入帽子里。夏季禁止穿裙子、短裤和凉鞋上机操作。

2）为防切屑崩碎飞散，对于有防护外罩的封闭型数控铣床必须关闭防护门，对于半开放式数控铣床必须戴防护眼镜。工作时，头部不能离工件加工区域太近，以防切屑伤人。

3）工作时，必须集中精力，注意手、身体和衣服不能靠近正在旋转的机件，如铣床主轴、工件、带轮、皮带、齿轮等。

4）工件和铣刀必须装夹牢固，以防飞出伤人。

5）凡装卸工件、更换刀具、测量加工表面及变换速度时，必须先停机，再进行调整。

6）铣床运转时，不得用手去摸刀具及刀具加工区域。严禁用纱布擦抹转动的铣削刀具。

7）使用专用铁钩清除切屑，严禁用手直接清除。

8）在数控铣床上操作时禁止戴手套。

9）不要随意拆装电气设备，以免发生触电事故。

10）工作中若发现机床、电气设备有故障，要及时申报，由专业人员检修，未修复不得使用。

（四）引导问题 4

（1）加工仿真应注意什么问题？

（2）后置处理应注意什么问题？

六、总结与评价

（一）引导问题 1

如何使用合适的量具检测摩托车身零件的加工质量？

（1）请把检测结果填写在表1-2-5摩托车身零件加工评分表中。

表1-2-5　摩托车身零件加工评分表　　　　　　　　　　　　mm

选手姓名			选手编码				总成绩			
项目	数控铣		试题图号		SXXS03-01-02		总时间			
A-主要尺寸										
序号	配分/分	方位	尺寸类型	公称尺寸	上偏差	下偏差	上极限尺寸	下极限尺寸	实际尺寸	得分/分	修正值
1	3	B2	H	12	0.20	0.15	12.20	12.15			
2	3	F2	H	12	0.20	0.15	12.20	12.15			
3	3	C2	ϕ	6	0.10	0	6.10	6			
4	3	D2	ϕ	12	0.018	0	12.018	12			
5	3	E2	ϕ	6	0.10	0	6.10	6			
6	3	B3	H	20	−0.03	−0.06	19.97	19.94			
7	3	B5	H	12	0.05	0.02	12.05	12.02			
8	4	C5	ϕ	20	0.055	0.034	20.055	20.034			
9	4	C5	L	9	0.03	0.01	9.03	9.01			
10	4	E6	ϕ	7	0.02	0	7.02	7			
11	4	E7	ϕ	7	0	−0.02	7	6.98			
12	4	C8	L	16	0.05	0.03	16.05	16.03			
13	4	C8	L	12	0	−0.02	12	11.98			
14	4	E8	L	9	0.02	0	9.02	9			
小计	49										
B-次要尺寸										
序号	配分/分	方位	尺寸类型	公称尺寸	上偏差	下偏差	上极限尺寸	下极限尺寸	实际尺寸	得分/分	修正值
1	1	F1	M	M6×1-6H							
2	1	C1	M	M6×1-6H							
3	1	B3	H	48	0.04	−0.04	48.04	47.96			
4	1	D3	L	123	0.04	−0.04	123.04	122.96			
5	1	E3	L	29	0.04	−0.04	29.04	28.96			
6	1	D7	L	30	0.04	−0.04	30.04	29.96			
7	1	E7	L	32	0.04	−0.04	32.04	31.96			
8	1	E9	L	62	0.04	−0.04	62.04	61.96			

B-次要尺寸											
序号	配分/分	方位	尺寸类型	公称尺寸	上偏差	下偏差	上极限尺寸	下极限尺寸	实际尺寸	得分/分	修正值
9	1	F9	L	77	0.04	-0.04	77.04	76.96			
10	1	D9	L	18	0.04	-0.04	18.04	17.96			
11	1	D2	D	3	0.04	-0.04	3.04	2.96			
12	1	C3	L	32	0.04	-0.04	32.04	31.96			
13	1	C3	L	12	0.04	-0.04	12.04	11.96			
14	1	G3	H	32	0.04	-0.04	32.04	31.96			
15	1	H4	L	18	0.04	-0.04	18.04	17.96			
小计	15										

C-表面质量											
序号	配分/分	方位	尺寸类型	公称尺寸	上偏差	下偏差	上极限尺寸	下极限尺寸	实际尺寸	得分/分	修正值
1	3	C6	Ra	0.8 μm							
2	3	C7	Ra	0.8 μm							
小计	6										

D-主观评判				
序号	配分/分	评判要求	情况记录	得分/分
1	5	零件加工要素完整度		
2	5	零件损伤（振纹、夹伤、过切等）		
3	5	倒角（1处未加工扣0.3分，1处毛刺锐边扣0.2分）		
小计	15			

E-职业素养				
序号	配分/分	规范要求	情况记录	得分/分
1	2	工具、量具、刀具分区摆放		
2	2	工具摆放整齐、规范、不重叠		
3	1	量具摆放整齐、规范、不重叠		
4	1	刀具摆放整齐、规范、不重叠		

学习笔记

E-职业素养				
序号	配分/分	规范要求	情况记录	得分/分
5	1	防护用具佩戴规范		
6	1	工作服、工作帽、工作鞋穿戴规范		
7	1	加工后清理现场、清洁及其他		
8	1	现场表现		
小计	10			

F-增加毛坯				
序号	配分/分	其他要求	情况记录	得分/分
1	5	增加毛坯		
小计	5			

G-技术总结		
学生总结		教师评价
存在问题	改进方向	
日期		

（2）填写摩托车身零件加工不达标尺寸分析表，见表1-2-6。

表1-2-6 摩托车身零件加工不达标尺寸分析表

序号	图位	尺寸类型	公称尺寸	实际测量数值	出错原因	解决方案	
						学生分析	教师分析

（二）引导问题 2

针对本项目所学的知识进行自我评价与总结。

（1）摩托车身零件加工学习效果自我评价见表 1-2-7。

表 1-2-7　摩托车身零件加工学习效果自我评价表

序号	学习任务内容	学习效果			备注
		优秀	良好	较差	
1	连接的基础知识有哪些				
2	基准的相关知识有哪些				
3	工件的夹紧有哪些知识				
4	如何制订摩托车身零件的加工工艺				
5	实施过程中要注意哪些问题				
6	如何使用合适的量具检测摩托车身零件的加工质量				

（2）请总结评价不足与需要改进的地方。

1）通过以上检测，分析所做零件的不足以及解决的办法。

2）写出在操作过程中存在的问题和以后需要改进的地方。

模块二　左轮模型的制作

项目一　左轮后座的加工

后座的加工

一、项目描述

本项目主要学习轴、刀具导向装置、螺纹检测和夹具设计的基础知识等内容，采用 Mastercam 软件自动编程加工左轮后座零件，保证零件的尺寸和表面粗糙度。左轮后座加工任务书如图 2-1-1 所示，任务图纸如图 2-1-2 所示。通过完成本项目，学生应学会用 Mastercam 软件自动编程加工复杂零件。

零件名称	左轮后座	材料	AL6061	毛坯尺寸	130 mm×30 mm×100 mm

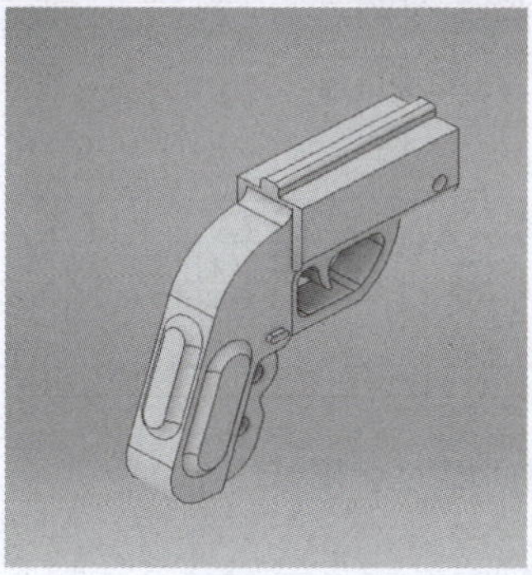

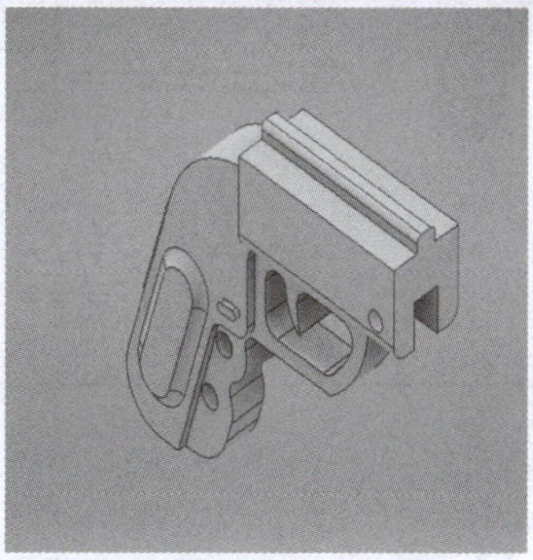

图 2-1-1　左轮后座加工任务书

二、学习目标

（一）素质目标

1. 了解大国工匠的成长历程和成功经验，培养学生专注、坚守的品质；
2. 培养学生良好的团队合作精神。

（二）知识目标

1. 了解轴的受载情况，正确识别轴的类型；
2. 熟悉轴的主要材料及热处理方法、结构设计及其强度、刚度要求；
3. 掌握面铣、外形铣、挖槽粗加工、钻孔等加工方法；
4. 掌握螺纹检测和夹具设计的相关知识点。

（三）能力目标

1. 能根据轴的受载情况正确识别轴的类型；
2. 能够完成面铣、外形铣、挖槽粗加工、钻孔等加工；
3. 能够正确对螺纹进行测量。

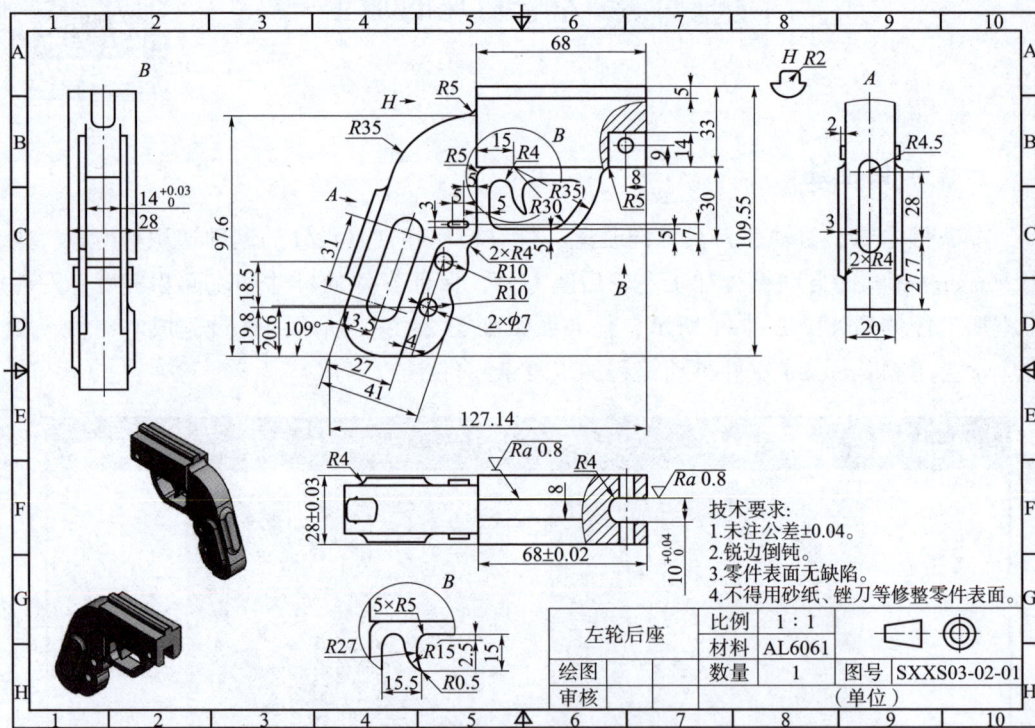

图 2-1-2　左轮后座加工任务图纸

三、知识储备

引导问题

为了更好地完成左轮后座的加工任务，请查找资料，回答下面关于轴的问题。

（1）轴的材料应满足_____、_____、_____、_____等方面的要求，并且对应力集中的敏感性_____。另外，选择轴的材料时还应该考虑_____和_____的因素。轴的材料主要是_____和_____。

（2）按轴的功用和承载不同，轴可分为三种类型：_____、_____、_____。

（3）按轴线的形状不同分，轴可分为三种类型：_____、_____、_____。

（4）轴工作时主要承受_____和_____，且多为_____作用，其主要失效形式为_____。轴的设计一般要解决两方面问题：①_____；②_____。

（5）轴结构设计的基本要求有哪些？

（6）轴上零件常用的轴向定位方法有_____、_____、_____、_____、_____等。

（7）判断图 2-1-3 所示定位方法，正确的画"√"，错误的画"×"。

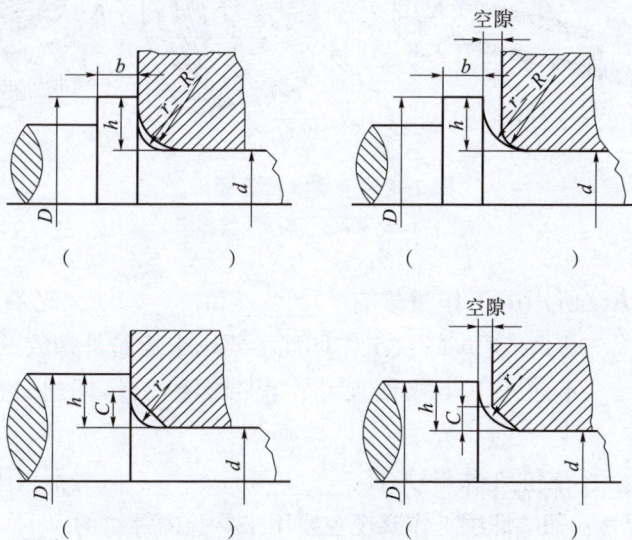

（　　）　　　　　　（　　）

（　　）　　　　　　（　　）

图 2-1-3　判断题图

（8）轴上零件的轴向定位方法有_____、_____、_____、_____等。

（9）在轴的设计中，结构工艺性应考虑哪些问题？

四、工作准备

引导问题

为了更好地完成左轮后座的加工任务，请查找资料，回答下面螺纹测量的相关问题。

（1）螺纹_____与_____组成螺纹精度等级，螺纹精度分_____、_____和_____三级。

（2）标准对外螺纹的_____和内螺纹的_____不规定具体的公差值。

（3）标准规定将螺纹的旋合长度分为三组，即_____、_____和_____。

（4）通端螺纹量规检验螺纹的_____，止端螺纹量规控制螺纹的_____，如图2-1-4所示。

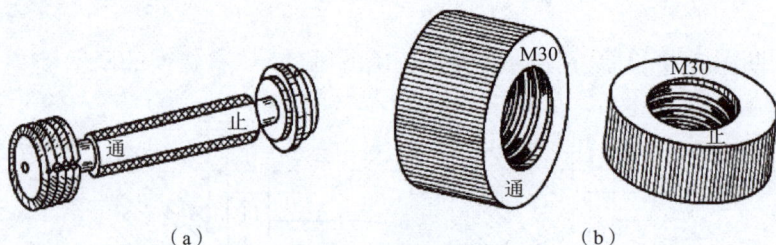

图2-1-4 螺纹检验量规

（a）塞规；（b）环规

（5）检验外螺纹所用的工作量规有_____和_____，光滑极限卡规用来检验外螺纹的_____尺寸；通端螺纹工作环规主要用来检验外螺纹的_____，其次控制外螺纹_____不超出其上极限尺寸；止端螺纹工作环规只用来检验外螺纹的_____。

（6）检验内螺纹所用的工作量规有_____和_____，光滑极限塞规用来检验内螺纹的_____尺寸；通端螺纹工作塞规主要用来检验内螺纹的_____，其次是控制内螺纹_____不超出其下极限尺寸；止端螺纹塞规只用来检验内螺纹的_____。

（7）用千分尺测量外螺纹中径（见图2-1-5）：在螺纹轴线两边的_____上，分别卡入与螺纹牙型角规格_____的_____和_____，可以测出外螺纹中径的实际要素。

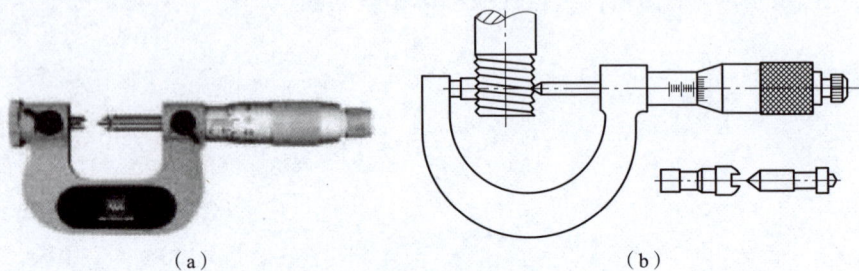

（a）   （b）

图2-1-5 用千分尺测量外螺纹中径

（8）用三针法测量螺纹中径是将三根_____的量针，按图 2-1-6 所示放在螺纹_____，用_____或_____测出三根量针 M 为_____，根据公式计算出中径 d_2。

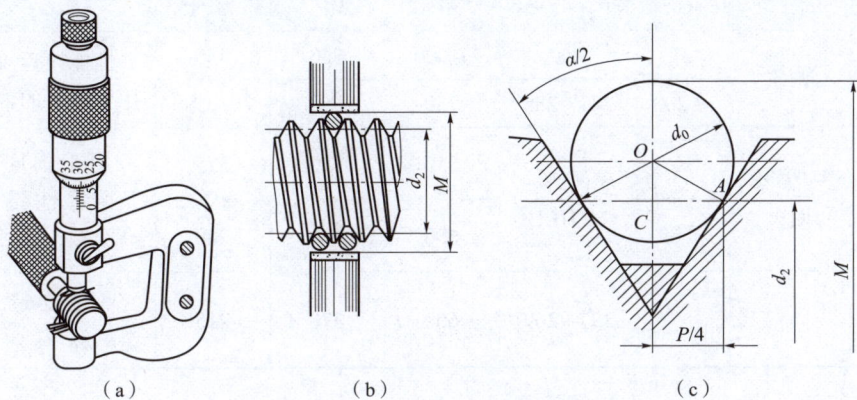

（a）　　　　　　　（b）　　　　　　　（c）

图 2-1-6　三针法测量螺纹中径

（9）简述三针法测量螺纹中径的测量步骤。

小资料

（1）轴的常用材料及其主要力学性能见表 2-1-1。

表 2-1-1　轴的常用材料及其主要力学性能

材料牌号	热处理	毛坯直径/mm	硬度/HBS	抗拉强度极限 σ_b/MPa	屈服强度极限 σ_s/MPa	弯曲疲劳极限 σ_{-1}/MPa	应用说明
Q235A				440	240	200	用于不重要或载荷不大的轴
Q275A				580	280	230	用于一般的轴
35	正火	≤100	143~187	520	270	250	
45	正火	≤100	170~217	600	300	275	用于较重要的轴，应用最广泛
	调质	≤200	217~255	650	360	300	
35SiMn	调质	≤100	229~286	750	559	350	用于较重要的轴
40Cr	调质	≤100	241~286	750	550	350	用于载荷较大、无很大冲击的重要轴

材料牌号	热处理	毛坯直径/mm	硬度/HBS	抗拉强度极限 σ_b/MPa	屈服强度极限 σ_s/MPa	弯曲疲劳极限 σ_{-1}/MPa	应用说明
40MnB	调质	25		1 000	800	485	性能接近40Cr钢，用于重要的轴
		≤200	241~286	750	550	335	
20Cr	渗碳淬火，回火	15	表面56~62 HRC	850	550	375	用于强度、韧性及耐磨性要求均较高的轴
		≤60		650	400	280	
QT600-3			197~269	600	370	215	用于铸造外形复杂的轴

（2）轴的直径和长度。

1）与滚动轴承相配合的轴颈直径，必须符合滚动轴承内径的标准系列；

2）轴上车制螺纹部分的直径，必须符合外螺纹大径的标准系列；

3）安装联轴器的轴头直径应与联轴器的孔径范围相适应；

4）与零件（如齿轮、带轮等）相配合的轴头直径，应采用按优先数系制订的标准尺寸。

五、计划与实施

（一）引导问题1

为了更好地完成左轮后座的加工任务，请查找资料，回答下面刀具导向装置的相关问题。

（1）为了保证_____对_____及切削成形运动有_____的位置，还需要使_____与_____连接和配合时所用的夹具_____（简称夹具定位面）相对_____及_____处于理想的位置，这种过程称为夹具的对定。

（2）常见的对定方式有哪几种？各用于什么场合？

（3）对定销的操纵机构形式有_____、_____、_____、_____、_____等。

（4）夹具与机床的连接形式有几种？

（5）何谓对刀？对刀方式有哪些？

（6）什么是回转分度装置？它由哪几部分组成？各部分的主要功能是什么？

（7）简述端面齿分度装置的特点。

（8）靠模装置原理图如图 2-1-7 所示，简述靠模装置的类型及其工作原理。

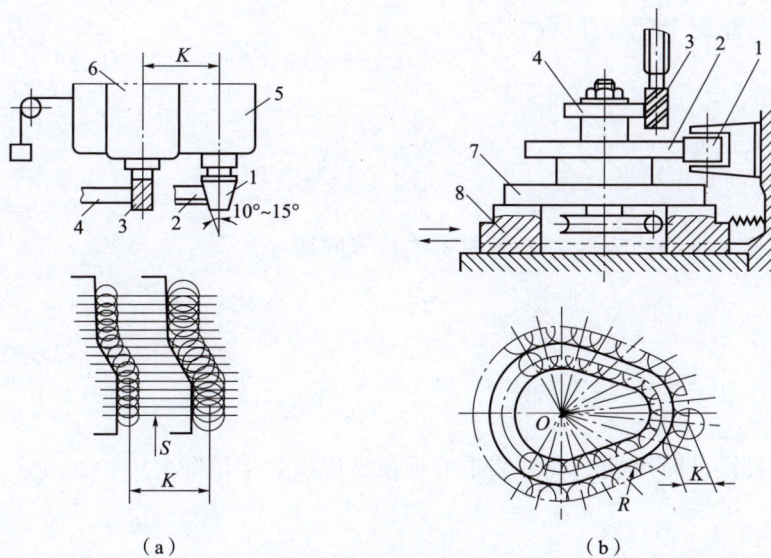

图 2-1-7　靠模装置原理图

1—滚柱；2—靠模板；3—铣刀；4—工件；5—滚柱滑座；6—铣刀滑座；7—回转台；8—溜板

(9) 简述靠模工作型面的绘制过程。

（二）引导问题 2

为了更好地完成左轮后座的加工任务，请查找资料，回答下面夹具的相关问题。

(1) 设计夹具体时有哪些基本要求？

(2) 常见的夹具体毛坯有哪几种？

(3) 绘制夹具总图应遵循哪些步骤？

(4) 夹具总图上应标注哪些尺寸？

(5) 校验夹具的稳定性主要考虑哪些技术问题？

(6) 夹具设计时可能出现哪些干涉现象？应该如何消除？

（7）何谓装夹刚度？为什么说孔系组合夹具的装夹刚度对加工精度和稳定性的影响较槽系更加明显？

（三）引导问题 3

如何制订左轮后座零件的加工工艺？

（1）各小组分析、讨论并制订计划。

1）根据加工要求，考虑现场的实际条件，小组成员共同分析、讨论并确定合理的加工计划，填写在表 2-1-2 中。

表 2-1-2　加工计划表

序号	加工内容	尺寸精度	刀具规格/mm	主轴转速/$(r \cdot min^{-1})$	进给量/$(mm \cdot r^{-1})$	切削深度/mm	备注

2）组内及组间对加工计划的评价及改进建议。

3）指导教师的评价与结论。

（2）各小组根据计划，完成工量刃具、设备和材料的准备，填写表2-1-3。

表2-1-3　工量刃具、设备和材料的准备

序号	工量刃具、设备和材料的名称	要求	数量

（四）引导问题4

（1）参考表2-1-4左轮后座的刀路设计表，设置零件的刀路。

表2-1-4　左轮后座的刀路设计表

序号	加工图示	编程图示	仿真图示	加工参数设置
1		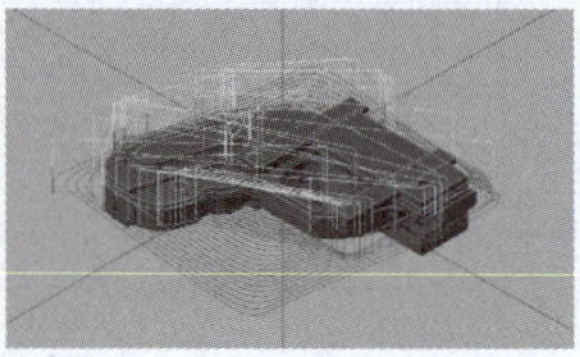	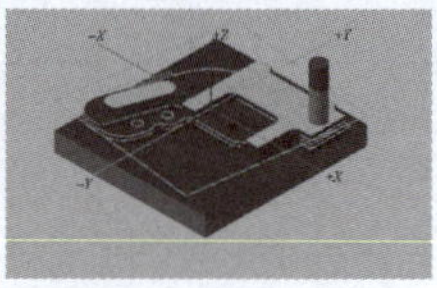	加工刀路：挖槽粗加工 余量：0.2 mm 刀具：ϕ12 mm 转速：4 000 r/min 切削速度（F）：1 500 mm/min
2		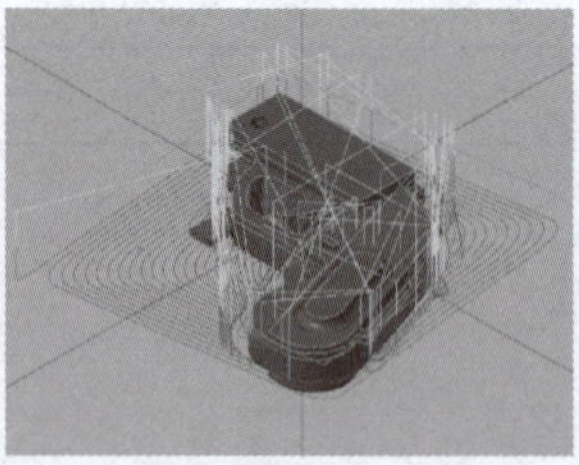	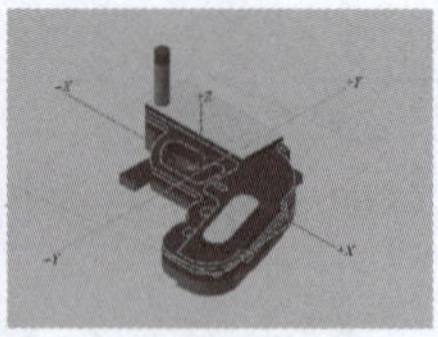	加工刀路：挖槽粗加工 余量：0.2 mm 刀具：ϕ12 mm 转速：4 000 r/min 切削速度（F）：1 000 mm/min
3		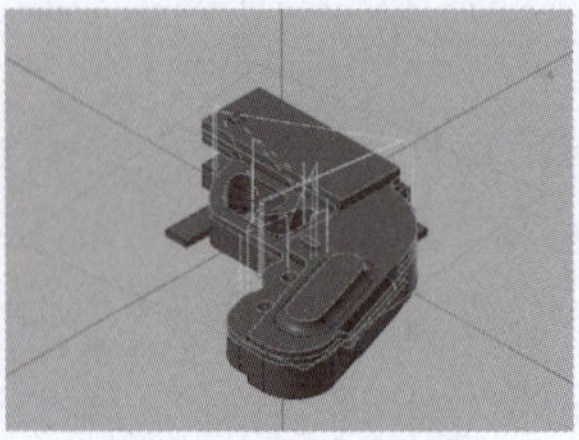	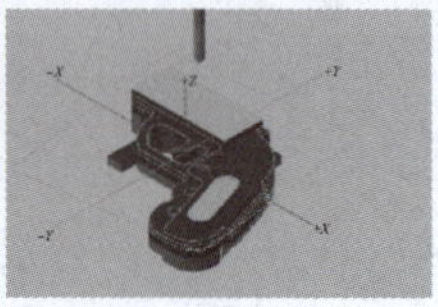	加工刀路：挖槽粗加工 余量：0.2 mm 刀具：ϕ5 mm 转速：5 000 r/min 切削速度（F）：1 000 mm/min

学习笔记

序号	加工图示	编程图示	仿真图示	加工参数设置
4		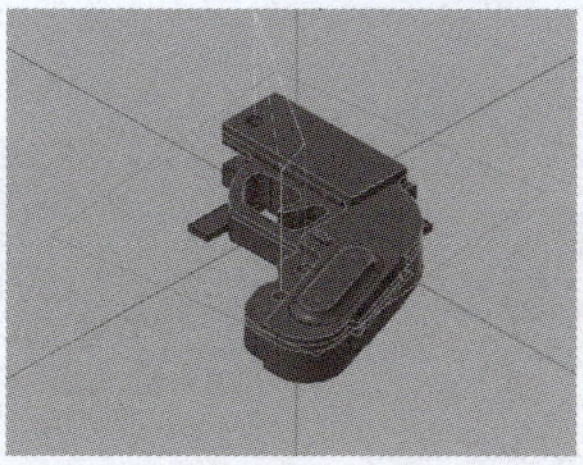	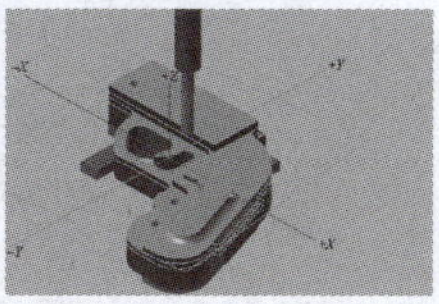	加工刀路：钻孔 刀具：φ6 mm 转速：1 000 r/min 切削速度（F）：100 mm/min
5		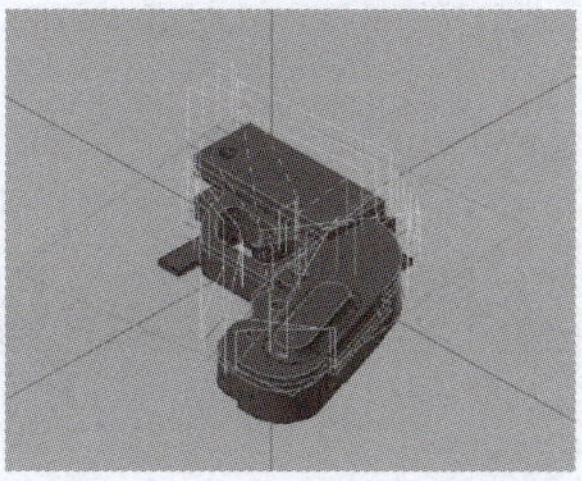	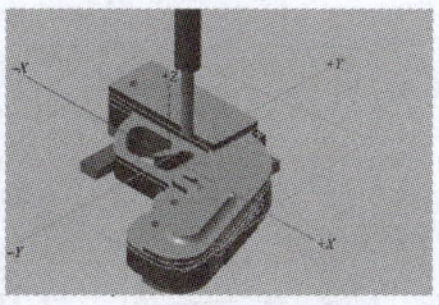	加工刀路：底部精加工 刀具：φ10 mm 转速：4 000 r/min 切削速度（F）：600 mm/min 精加工刀次：1
6		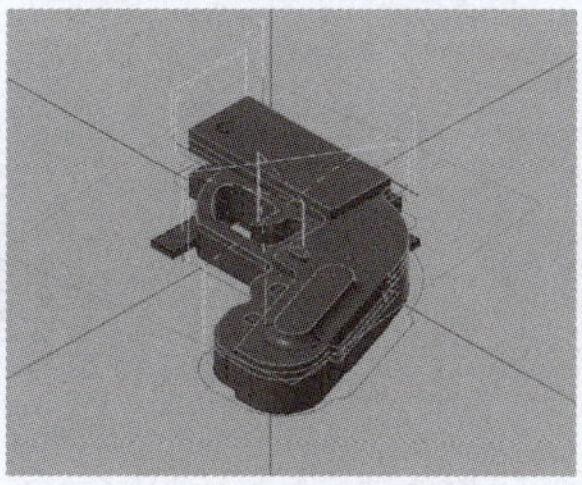	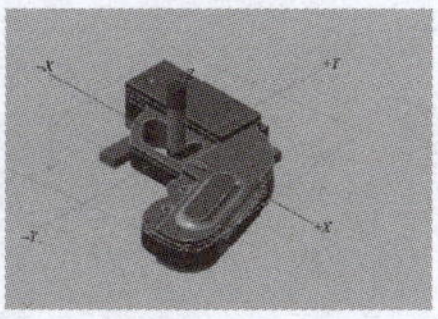	加工刀路：侧壁精加工 刀具：φ10 mm 转速：6 500 r/min 切削速度（F）：1 500 mm/min 精加工刀次：1
7		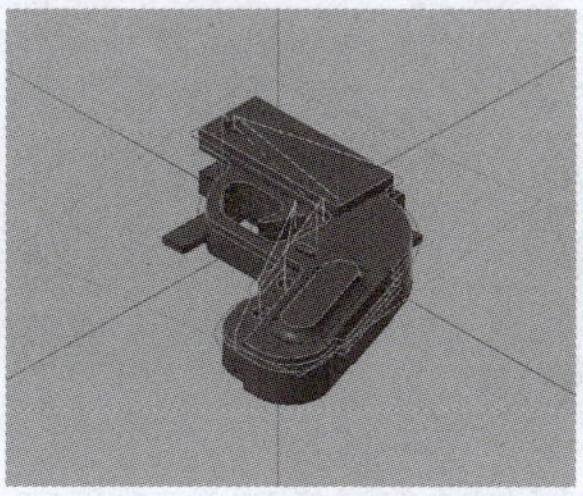	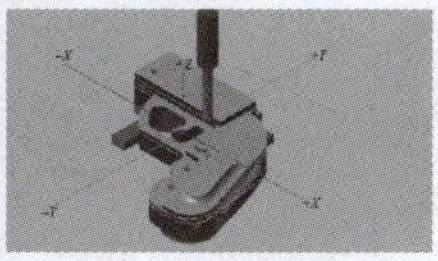	加工刀路：倒角 刀具：φ6 mm 转速：4 000 r/min 切削速度（F）：600 mm/min
8		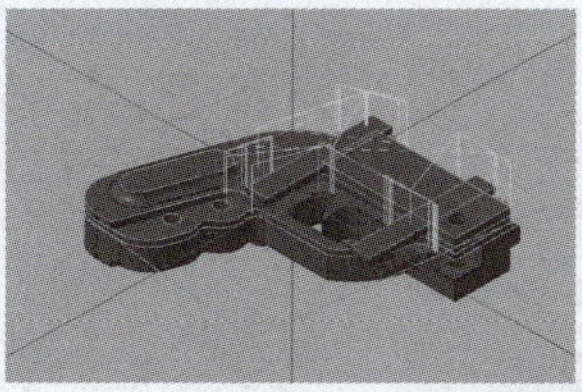	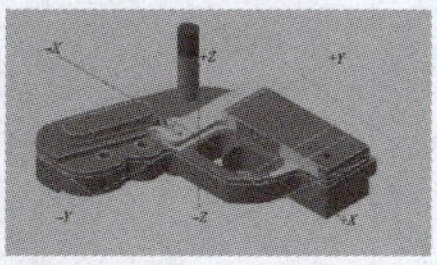	加工刀路：挖槽粗加工 余量：0.2 mm 刀具：φ8 mm 转速：4 000 r/min 切削速度（F）：1 500 mm/min

序号	加工图示	编程图示	仿真图示	加工参数设置
9		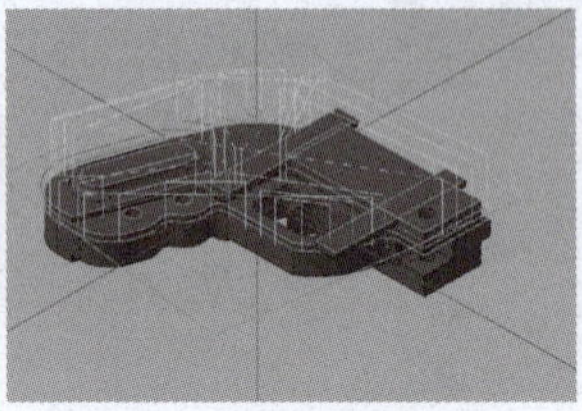	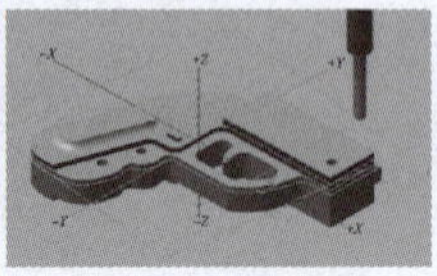	加工刀路：底部精加工 刀具：ϕ10 mm 转速：4 000 r/min 切削速度（F）：600 mm/min 精加工刀次：0.1
10				加工刀路：外形精加工 刀具：ϕ10 mm 转速：4 000 r/min 切削速度（F）：600 mm/min 精加工刀次：0.1
11				加工刀路：倒角 刀具：ϕ6 mm 转速：4 000 r/min 切削速度（F）：600 mm/min
12				加工刀路：曲面精加工 刀具：R4 mm 转速：4 000 r/min 切削速度（F）：600 mm/min
13				加工刀路：底部精加工 刀具：ϕ10 mm 转速：4 000 r/min 切削速度（F）：600 mm/min 精加工刀次：0.1

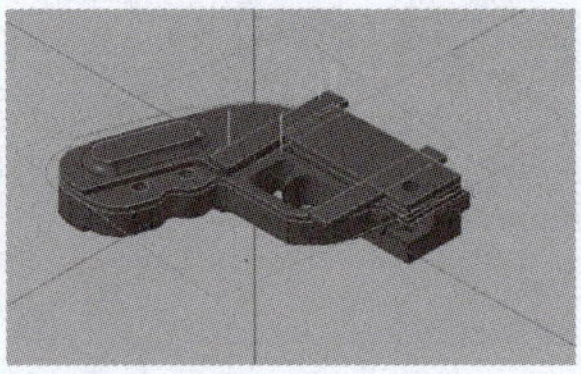

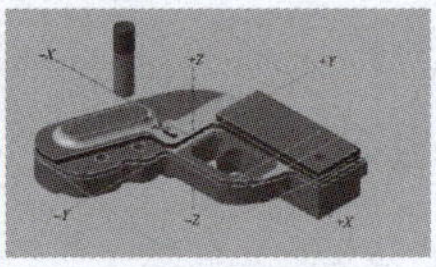

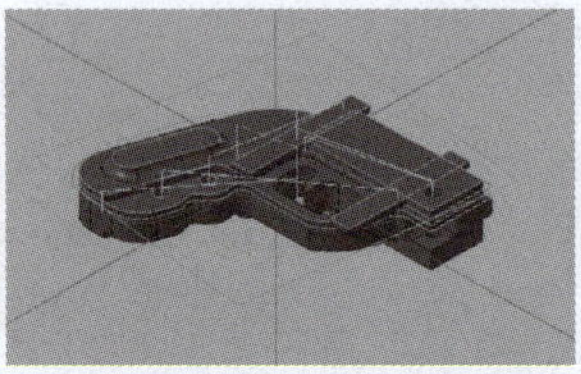

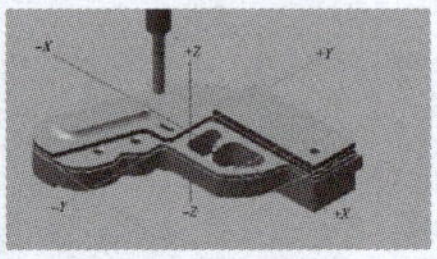

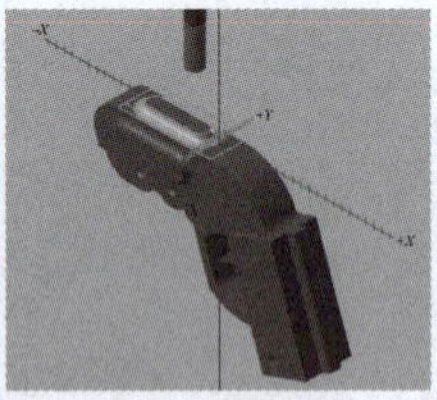

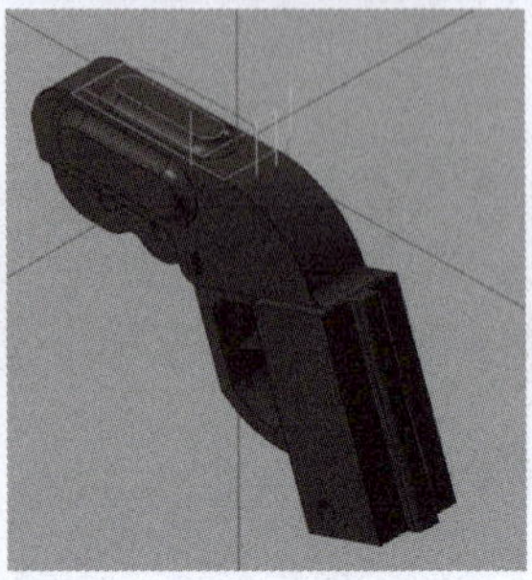

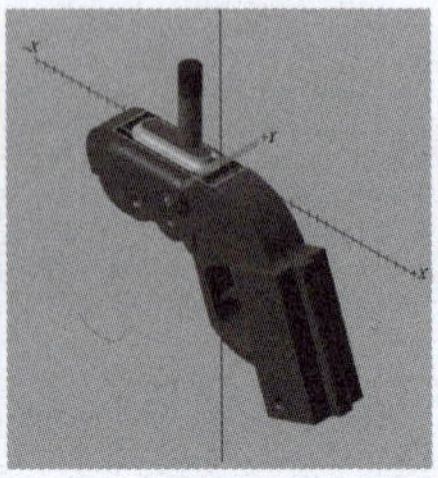

序号	加工图示	编程图示	仿真图示	加工参数设置
14				加工刀路：挖槽粗加工 余量：0.2 mm 刀具：ϕ8 mm 转速：4 000 r/min 切削速度（F）：1 500 mm/min
15				加工刀路：底部侧壁精加工 刀具：ϕ8 mm 转速：4 000 r/min 切削速度（F）：600 mm/min 精加工刀次：1
16				加工刀路：倒角 刀具：ϕ6 mm 转速：4 000 r/min 切削速度（F）：600 mm/min

（2）安全提示。

1）工作时应穿工作服、戴袖套。长头发同学应戴工作帽，将长发塞入帽子里。夏季禁止穿裙子、短裤和凉鞋上机操作。

2）为防切屑崩碎飞散，对于有防护外罩的封闭型数控铣床必须关闭防护门，对于半开放式数控铣床必须戴防护眼镜。工作时，头部不能离工件加工区域太近，以防切屑伤人。

3）工作时，必须集中精力，注意手、身体和衣服不能靠近正在旋转的机件，如铣床主轴、工件、带轮、皮带、齿轮等。

4）工件和铣刀必须装夹牢固，以防飞出伤人。

5）凡装卸工件、更换刀具、测量加工表面及变换速度时，必须先停机，再进行调整。

6）铣床运转时，不得用手去摸刀具及刀具加工区域。严禁用纱布擦抹转动的铣削刀具。

7）使用专用铁钩清除切屑，严禁用手直接清除。

8）在数控铣床上操作时禁止戴手套。

9）不要随意拆装电气设备，以免发生触电事故。

10）工作中若发现机床、电气设备有故障，要及时申报，由专业人员检修，未修复不得使用。

（五）引导问题5

（1）加工仿真应注意什么问题？

（2）后置处理应注意什么问题？

小 资 料

（1）几种常见元件定位面对夹具定位面的技术要求见表2-1-5。

表2-1-5　几种常见元件定位面对夹具定位面的技术要求

	1. 表面 Y 对表面 Z（或顶尖孔中心）的径向圆跳动不大于 0.02 mm； 2. 表面 T 对表面 Z（或顶尖孔中心）的端面圆跳动不大于 0.02 mm		1. 表面 T 对表面 D 的垂直度不大于 0.01 mm； 2. 表面 Y 的中心线对表面 D 的平行度不大于 0.01 mm
	1. 表面 T 对表面 L 的平行度不大于 0.01 mm； 2. 表面 Y 对表面 L 的垂直度不大于 0.01 mm； 3. 表面 Y 对表面 N 的径向圆跳动不大于 0.03 mm		1. 表面 F 对表面 D 的平行度不大于 0.01 mm； 2. 表面 T 对表面 S 的平行度不大于 0.01 mm

	1. 表面 D 对表面 L 的垂直度不大于 0.01 mm； 2. 两定位销的中心连线对表面 L 的平行度不大于 0.01 mm	
		1. 表面 T 上平行于 D 的母线对表面 S 的平行度不大于 0.01 mm； 2. 表面 F 上平行于 S 的母线对表面 D 的平行度不大于 0.01 mm

（2）夹具体与各元件之间在精度方面的要求。

夹具体与各元件配合表面的尺寸精度和配合精度通常都较高，常用夹具配合精度见表 2-1-6。

表 2-1-6 常用夹具配合精度

工作形式	精度要求		示例
	一般精度	较高精度	
定位元件与工件定位基面之间	$\dfrac{H7}{h6}$，$\dfrac{H7}{g6}$，$\dfrac{H7}{f7}$	$\dfrac{H6}{h5}$，$\dfrac{H6}{g5}$，$\dfrac{H6}{f5\sim f6}$	定位销与工件基准孔
有引导作用，并有相对运动的元件之间	$\dfrac{H7}{h6}$，$\dfrac{H7}{g6}$，$\dfrac{H7}{f7}$ $\dfrac{H7}{h6}$，$\dfrac{G7}{h6}$，$\dfrac{F8}{h6}$	$\dfrac{H6}{h5}$，$\dfrac{H6}{g5}$，$\dfrac{H6}{f5\sim f6}$ $\dfrac{H6}{h5}$，$\dfrac{G6}{h5}$，$\dfrac{F7}{h5}$	滑动定位元件、刀具与导套
无引导作用，但有相对运动的元件之间	$\dfrac{H7}{f9}$，$\dfrac{H7}{g9\sim g10}$	$\dfrac{H7}{f8}$	滑动夹具底板
无相对运动元件之间	$\dfrac{H7}{m6}$，$\dfrac{H7}{k6}$，$\dfrac{H7}{js6}$ $\dfrac{H7}{h6}$，$\dfrac{H7}{r6}$，$\dfrac{H7}{r6\sim s6}$		固定支承钉定位销

有时为了夹具在机床上找正方便，常在夹具体侧面或圆周上加工出一个专用于找正的基面，用以代替对元件定位基面的直接测量，这时对该夹具找正基面与元件定位基面之间必须有严格的位置精度要求。

六、总结与评价

（一）引导问题 1

如何使用合适的量具检测左轮后座零件的加工质量？

（1）请把检测结果填写在表 2-1-7 左轮后座零件加工评分表中。

表 2-1-7　左轮后座零件加工评分表 　　　　　　　　　　　　　　　　　mm

选手姓名			选手编码			总成绩			
项目	数控铣		试题图号	SXXS03-02-01		总时间			

A-主要尺寸

序号	配分/分	方位	尺寸类型	公称尺寸	上偏差	下偏差	上极限尺寸	下极限尺寸	实际尺寸	得分/分	修正值
1	10	C2	H	14	0.03	0	14.03	14			
2	10	G6	L	68	0.02	−0.02	68.02	67.98			
3	10	G7	L	10	0.04	0	10.04	10			
4	10	F4	H	28	0.03	−0.03	28.03	27.97			
小计	40										

B-次要尺寸

序号	配分/分	方位	尺寸类型	公称尺寸	上偏差	下偏差	上极限尺寸	下极限尺寸	实际尺寸	得分/分	修正值
1	2	C7	L	30	0.04	−0.04	30.04	29.96			
2	2	C8	L	109.55	0.04	−0.04	109.59	109.51			
3	2	B7	L	33	0.04	−0.04	33.04	32.96			
4	2	C2	H	28	0.04	−0.04	28.04	27.96			
5	2	D9	H	20	0.04	−0.04	20.04	19.96			
6	2	B8	D	2	0.04	−0.04	2.04	1.96			
7	2	C8	D	3	0.04	−0.04	3.04	2.96			
8	2	F6	H	8	0.04	−0.04	8.04	7.96			
9	2	C7	L	5	0.04	−0.04	5.04	4.96			
10	2	C7	L	7	0.04	−0.04	7.04	6.96			
11	2	C5	L	3	0.04	−0.04	3.04	2.96			
12	2	D4	L	27	0.04	−0.04	27.04	26.96			
13	2	D4	L	41	0.04	−0.04	41.04	40.96			
14	1	B7	L	5	0.04	−0.04	5.04	4.96			
15	1	D5	ϕ	7	0.04	−0.04	7.04	6.96			
小计	28										

C-表面质量

序号	配分/分	方位	尺寸类型	公称尺寸	上偏差	下偏差	上极限尺寸	下极限尺寸	实际尺寸	得分/分	修正值
1	2	F7	Ra	0.8 μm							
小计	2										

續表

D-主观评判				
序号	配分/分	评判要求	情况记录	得分/分
1	5	零件加工要素完整度		
2	5	零件损伤（振纹、夹伤、过切等）		
3	5	倒角（1 处未加工扣 0.3 分，1 处毛刺锐边扣 0.2 分）		
小计	15			

E-职业素养				
序号	配分/分	规范要求	情况记录	得分/分
1	2	工具、量具、刀具分区摆放		
2	2	工具摆放整齐、规范、不重叠		
3	1	量具摆放整齐、规范、不重叠		
4	1	刀具摆放整齐、规范、不重叠		
5	1	防护用具佩戴规范		
6	1	工作服、工作帽、工作鞋穿戴规范		
7	1	加工后清理现场、清洁及其他		
8	1	现场表现		
小计	10			

F-增加毛坯				
序号	配分/分	其他要求	情况记录	得分/分
1	5	增加毛坯		
小计	5			

G-技术总结

学生总结		教师评价
存在问题	改进方向	
日期		

（2）填写左轮后座零件加工不达标尺寸分析表，见表2-1-8。

表2-1-8　左轮后座零件加工不达标尺寸分析表

序号	图位	尺寸类型	公称尺寸	实际测量数值	出错原因	解决方案	
						学生分析	教师分析

（二）引导问题2

针对本项目所学的知识进行自我评价与总结。

（1）左轮后座零件加工学习效果自我评价见表2-1-9。

表2-1-9　左轮后座零件加工学习效果自我评价表

序号	学习任务内容	学习效果			备注
		优秀	良好	较差	
1	轴的相关知识有哪些				
2	螺纹检测的相关知识有哪些				
3	刀具导向装置的知识有哪些				
4	夹具设计的相关知识有哪些				
5	如何制订左轮后座零件的加工工艺				
6	实施过程中要注意哪些问题				
7	如何使用合适的量具检测左轮后座零件的加工质量				

（2）请总结评价不足与需要改进的地方。

1）通过以上检测，分析所做零件的不足以及解决的办法。

2）写出在操作过程中存在的问题和以后需要改进的地方。

项目二 子弹膛的加工

智能制造

一、项目描述

本项目主要学习轴承、夹具精度控制和齿轮测量的知识，采用 Mastercam 软件自动编程加工子弹膛零件，保证零件的尺寸和表面粗糙度。子弹膛加工任务书如图 2-2-1 所示，任务图纸如图 2-2-2 所示。通过完成本项目，学生应学会用 Mastercam 软件自动编程加工复杂零件。

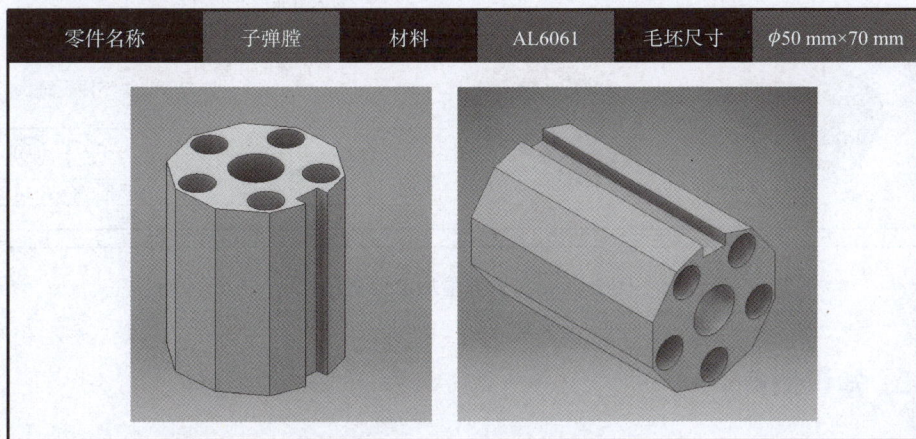

零件名称	子弹膛	材料	AL6061	毛坯尺寸	$\phi50\ mm\times70\ mm$

图 2-2-1　子弹膛加工任务书

二、学习目标

（一）素质目标

1. 培养学生独立思考能力，分析、计算以及问题解决能力；
2. 培养学生实事求是、严谨的科学态度。

（二）知识目标

1. 了解控制夹具精度、夹具设计的相关知识点；
2. 熟悉各种轴承的结构特点、应用范围，轴承润滑方式和润滑装置；
3. 掌握轴承、夹具精度控制方法。

（三）能力目标

1. 能够正确选择轴承润滑方式和润滑装置；
2. 能够对齿轮进行清根加工；
3. 能够熟练对齿轮进行检测。

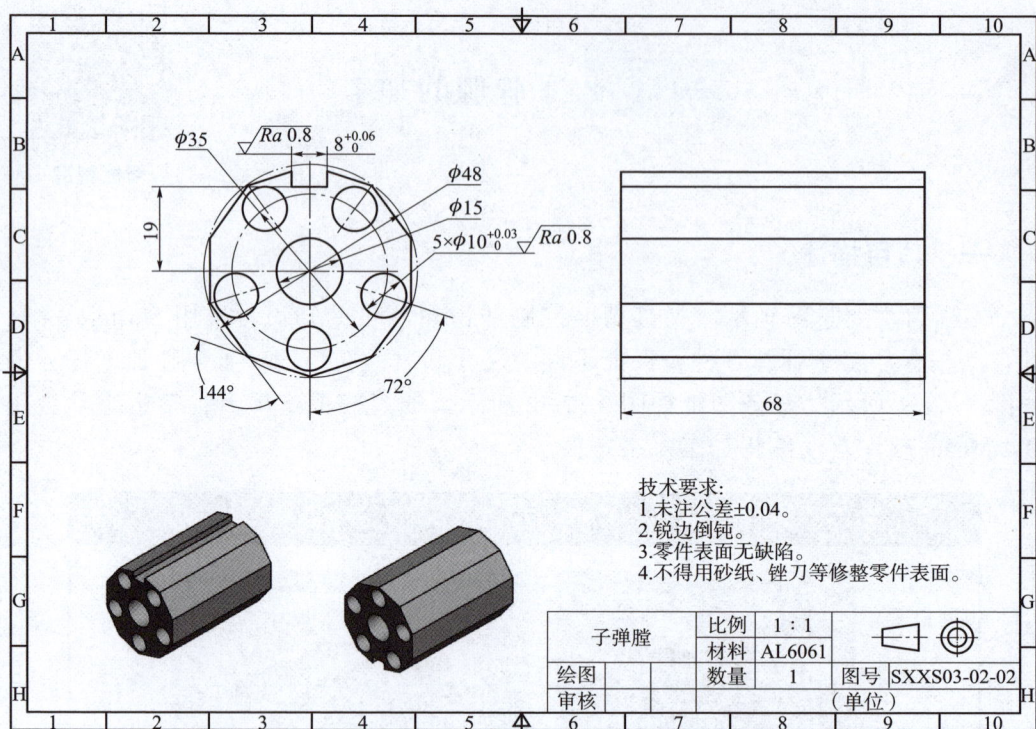

图 2-2-2　子弹膛加工任务图纸

三、知识储备

(一) 引导问题 1

为了更好地完成子弹膛的加工任务，请查找资料，回答下面轴承知识的相关问题。

(1) 轴承 (见图 2-2-3) 的作用是支撑做旋转运动的_____和_____，保持轴的_____和减小轴与支承件的_____和_____。

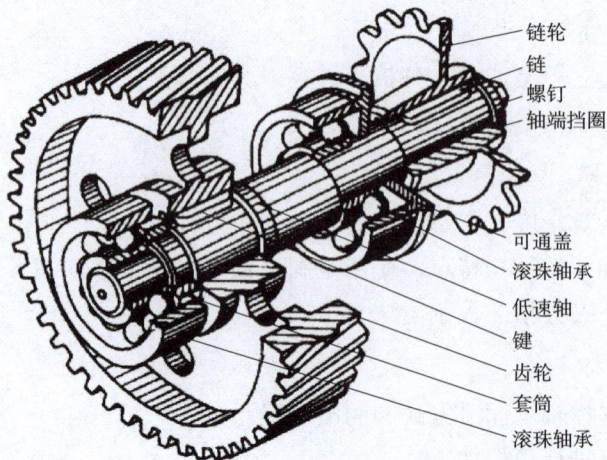

图 2-2-3　轴承

66　异形零件数控铣削加工

（2）按轴与轴承间的摩擦形式，轴承可分为两大类：_____、_____。

（3）简述轴承的特点和应用场合。

（4）填写图 2-2-4 所示 3 种滚动轴承的名称，以及滚动轴承各组成部分的名称。

图 2-2-4　滚动轴承的构造

（5）轴承的失效形式有哪些？

（6）填写图 2-2-5 中滚动轴承内圈常用 4 种轴向固定方法的名称。

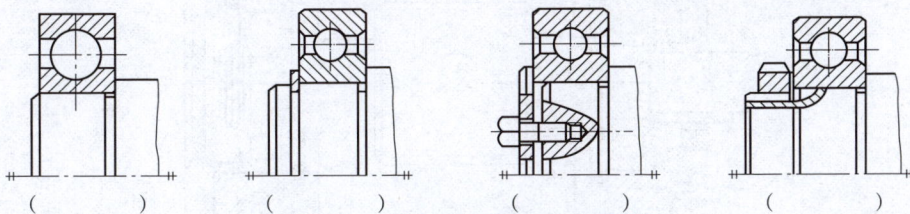

图 2-2-5　滚动轴承内圈轴向固定方法

（7）填写图 2-2-6 中滚动轴承外圈常用 3 种轴向固定方法的名称。

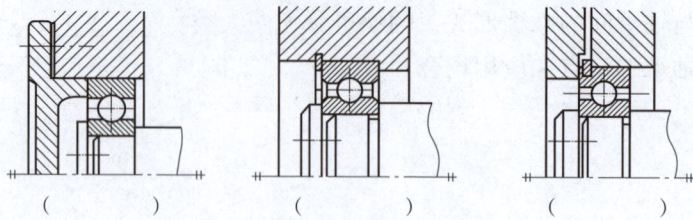

图 2-2-6 滚动轴承外圈轴向固定方法

（8）常见滚动轴承轴向固定组合方式有＿＿＿＿＿、＿＿＿＿＿和＿＿＿＿＿，判断图 2-2-7 所示的组合方式，并填写方式的名称。

（　　　　）　　　　　　　　　　　　　（　　　　）

固定支点　　　　　　游动支点　　　　　游动支点

（　　　　　　　　　　　）

孔用弹簧卡

（　　　　）　　　　　　　　　　　　（　　　　）

图 2-2-7 常见滚动轴承轴向固定组合方式

（9）滑动轴承按承受载荷的方向可分为 _____、
_____。

（10）滑动轴承按结构形式分为 _____、_____。

（11）滑动轴承根据润滑膜的形成原理不同分为 _____、
_____。

（12）填写图 2-2-8 所示滑动轴承的名称。

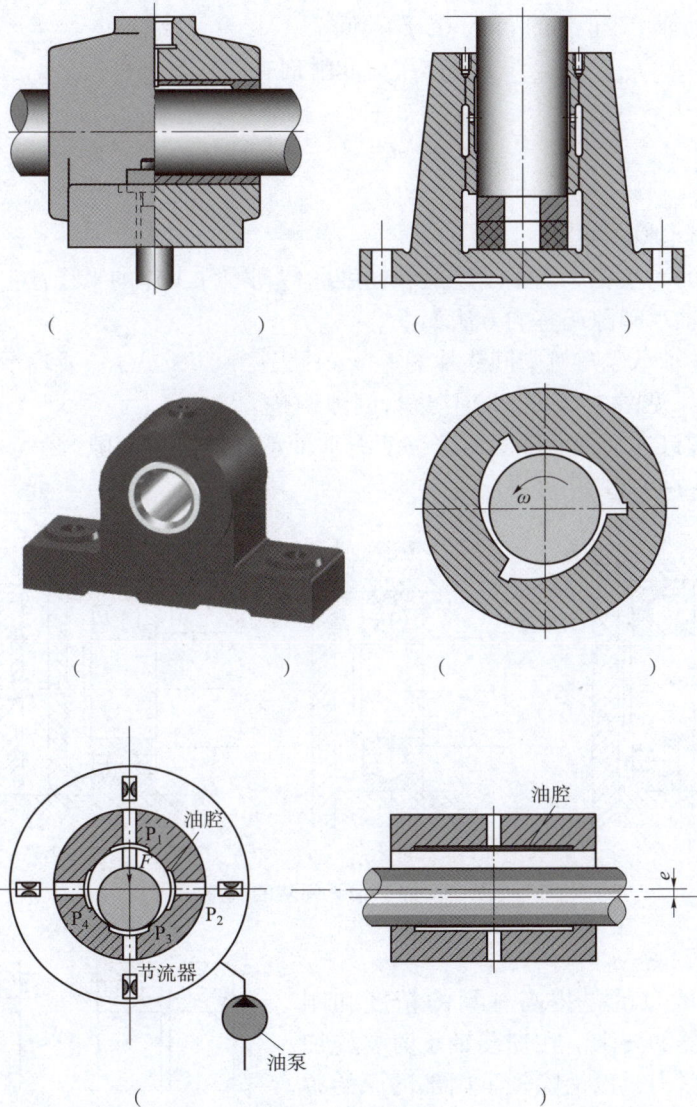

（　　　　　　）　　　　　　（　　　　　　）

（　　　　　　）　　　　　　（　　　　　　）

（　　　　　　）

图 2-2-8　滑动轴承

（13）轴瓦是滑动轴承中直接与轴径接触的重要零件，常用的有 _____ 式和
_____ 式两种。

（14）滑动轴承的主要失效形式有 _____、_____ 和 _____。

（15）对滑动轴承材料的要求有哪些？

（16）滑动轴承润滑的目的在于降低_____，减少_____，同时还起到_____、_____、_____等作用。润滑剂有_____和_____等。

小资料

（1）轴承间隙的调整。

轴承间隙的大小将影响轴承的旋转精度和传动零件工作的平稳性，故轴承间隙必须能够调整。轴承间隙调整的方法如下。

1）靠加减轴承盖与机座间垫片的厚度［见图2-2-9（a）］或轴承盖与机座间的调整环的厚度［见图2-2-9（b）］进行间隙调整。

2）利用螺钉推动轴承外圈压盖移动滚动轴承外圈进行间隙调整，调整后用螺母锁紧［见图2-2-9（c）］。

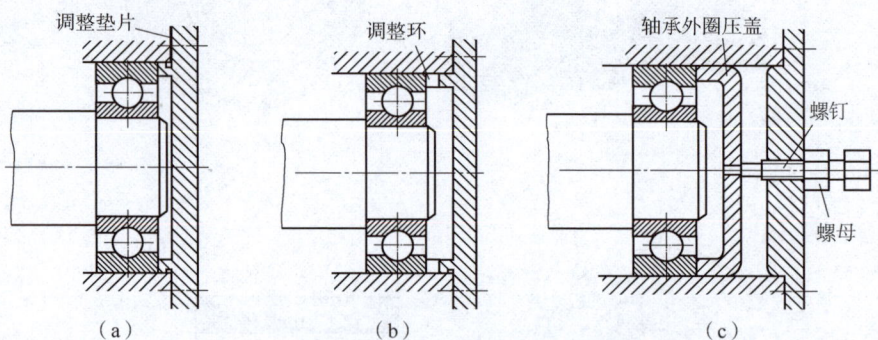

调整垫片　　　　　　　调整环　　　　　　　轴承外圈压盖
螺钉
螺母
（a）　　　　　　　　　（b）　　　　　　　　　（c）

图2-2-9　轴承间隙的调整

（2）轴承预紧。

轴承预紧的目的是提高轴承的精度和刚度，以满足机器的要求。在安装轴承时要施加一定的轴向预紧力，以消除轴承内部的原始游隙，并使套圈与滚动体产生预变形，在承载外力后，仍不出现游隙，这种方法称为轴承预紧。预紧的方法如下。

1）在一对轴承内圈之间加金属垫片［见图2-2-10（a）］。

2）磨窄外圈或内圈［见图2-2-10（b）］。

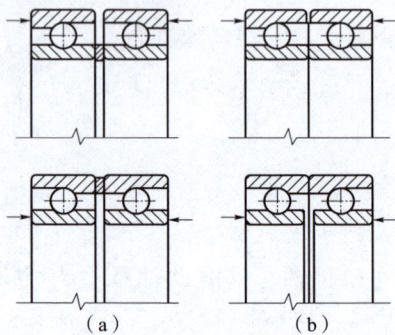

（a）　　　　　　（b）

图2-2-10　轴承的预紧

（3）轴承的密封是为了防止外部尘埃、水分及其他杂物进入轴承，并防止轴承内润滑剂流失。轴承的密封方法很多，通常可归纳为接触式密封、非接触式密封及组合式密封三大类。滚动轴承的密封方式见表2-2-1。

表2-2-1　滚动轴承的密封方式

类型		图例	适用场合	说明
接触式密封	毛毡圈密封		脂润滑。要求环境清洁，轴颈圆周速度应为4~5 m/s，工作温度不大于90 ℃	矩形断面的毛毡圈被安装在梯形槽内，它对轴产生一定的压力而起到密封作用
	皮碗密封		脂润滑或油润滑。轴颈圆周速度不小于7 m/s，工作温度不大于100 ℃	皮碗（又称油封）是标准件，其主要材料为耐油橡胶。皮碗密封唇朝里，主要防止润滑剂泄漏；密封唇朝外，主要防止灰尘、杂质侵入
非接触式密封	间隙密封		脂润滑。干燥清洁环境	靠轴与轴承盖孔之间的细小间隙密封，间隙越小越长，效果越好，间隙一般为0.1~0.3 mm，油沟能增强密封效果
	曲路密封	径向	脂润滑或油润滑。密封效果可靠	将旋转件与静止件之间的间隙做成曲路形式，在间隙中充填润滑油或润滑脂以加强密封效果
		轴向		

(4) 常用轴瓦材料的物理性能见表 2-2-2。

表 2-2-2　常用轴瓦材料的物理性能

轴瓦材料	抗拉强度 σ_b/MPa	弹性模量 E/GPa	密度 ρ/(g·cm^{-3})	热导率 λ/(W·m^{-1}·℃$^{-1}$)	线胀系数 a/(×10^{-6}℃$^{-1}$)
锡基轴承合金	80~90	48~57	7 300~7 380	33.5~38.5	23.1
铅基轴承合金	60~80	29	9 300~10 200	20.9~25.1	24.0~28.0
铜基轴承合金	150~700	75~120	7 600~9 000	27~71	16~19
耐磨铸铁	200~350	—	—	—	—

四、工作准备

引导问题

为了更好地完成基础零件的加工任务，请查找资料，回答下面工具系统知识的相关问题。

（1）工具系统是指机床主轴和刀具_____的系统，主要由两部分组成：一是_____部分；二是_____、_____和_____等装夹工具部分。

（2）镗铣类工具系统按照结构不同，可分为_____和_____两大类。

（3）根据整体式工具系统的知识，填写图 2-2-11 所示编号中代号的含义。

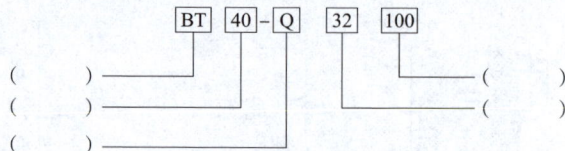

图 2-2-11　编号

（4）常用的工具柄部形式有_____、_____、_____等三种，它们可以直接与机床连接。柄部一般采用_____大锥度、长锥柄结构，并采用相应形式的_____拉紧。这类刀柄不能_____，换刀比较方便，与直柄相比具有较高的_____精度与_____。

五、计划与实施

（一）引导问题 1

为了更好地完成子弹膛的加工任务，请查找资料，回答下面与夹具的相关问题。

（1）夹具精度的概念是什么？

（2）夹具精度校核的内容主要有哪些？

（3）夹具零件制造的平均经济精度是什么意思？夹具零件为什么要按平均经济精度制造？

（4）获得夹具测量尺寸精度的工艺方法有哪些？

（5）简要说明夹具精度分析的内容。

（6）如何控制夹具精度？

（二）引导问题 2

为了更好地完成子弹膛的加工任务，请查找资料，回答下面齿轮测量的相关问题。

（1）齿轮传动的使用要求有哪些？

（2）在齿轮的各种加工方法中，齿轮加工误差都来源于组成加工工艺系统的_____、_____、_____和_____以及_____。

（3）轮齿同侧齿面偏差包括哪些内容？

（4）名词解释。

1）径向综合总偏差。

2）一齿径向综合偏差。

3）径向跳动。

4）齿厚偏差。

5）齿轮公法线长度。

（5）简述用万能测齿仪测量齿距偏差的步骤。

（6）简述用齿厚游标卡尺测量齿厚偏差的步骤。

（7）简述用公法线千分尺测量公法线长度偏差的步骤。

（8）简述用双面啮合检查仪测量径向综合偏差的步骤。

（9）简述用齿轮径向跳动检查仪测量齿轮径向跳动的步骤。

（三）引导问题3

如何制订子弹膛零件的加工工艺？

（1）各小组分析、讨论并制订计划。

1）根据加工要求，考虑现场的实际条件，小组成员共同分析、讨论并确定合理的加工计划，填写表2-2-3。

表2-2-3　加工计划表

序号	加工内容	尺寸精度	刀具规格/mm	主轴转速/$(r \cdot min^{-1})$	进给量/$(mm \cdot r^{-1})$	切削深度/mm	备注

2）组内及组间对加工计划的评价及改进建议。

3）指导教师的评价与结论。

（2）各小组根据计划，完成工量刃具、设备和材料的准备，填写表2-2-4。

表2-2-4 工量刃具、设备和材料的准备

序号	工量刃具、设备和材料的名称	要求	数量

（四）引导问题4

（1）参考表2-2-5子弹膛的刀路设计表，设置零件的刀路。

2号零件加工过程

表2-2-5 子弹膛的刀路设计表

序号	加工图示	编程图示	仿真图示	加工参数设置
1				加工刀路：挖槽粗加工 余量：0.2 mm 刀具：ϕ12 mm 转速：4 000 r/min 切削速度（F）：1 500 mm/min
2				加工刀路：清根加工 余量：0.2 mm 刀具：ϕ8 mm 转速：4 000 r/min 切削速度（F）：1 000 mm/min

序号	加工图示	编程图示	仿真图示	加工参数设置
3		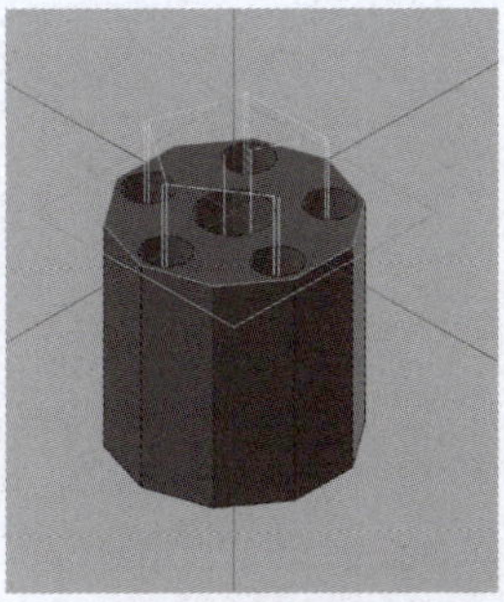	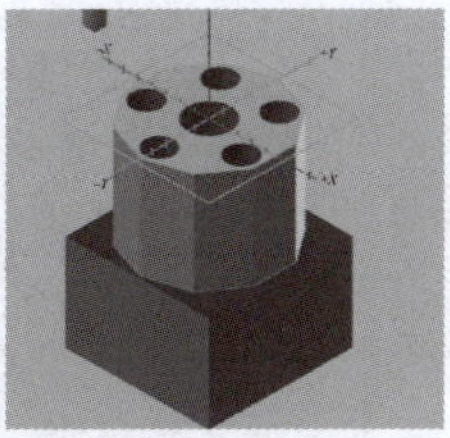	加工刀路：底部精加工 刀具：$\phi 8$ mm 转速：4 000 r/min 切削速度（F）：600 mm/min 精加工刀次：1
4		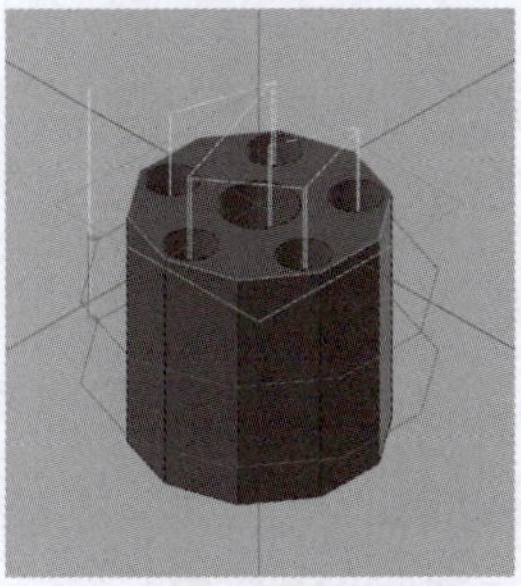	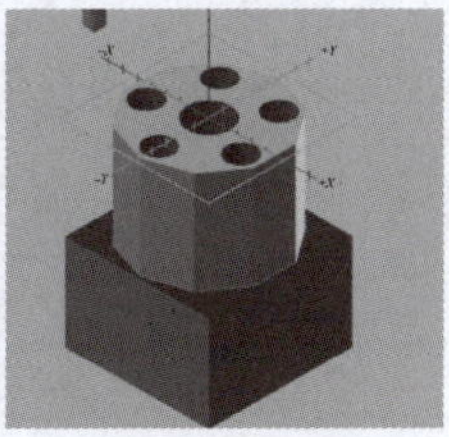	加工刀路：侧壁精加工 刀具：$\phi 8$ mm 转速：5 000 r/min 切削速度（F）：1 000 mm/min 精加工刀次：1
5		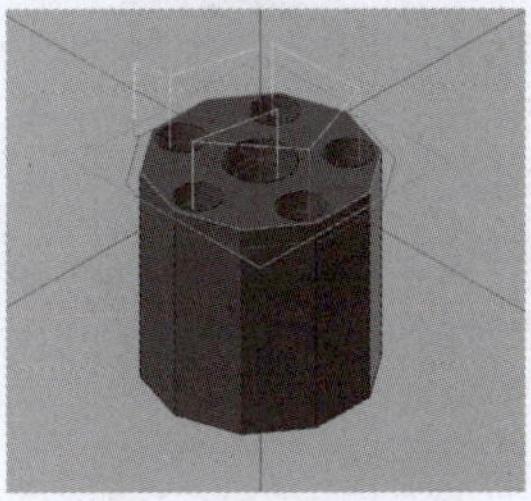	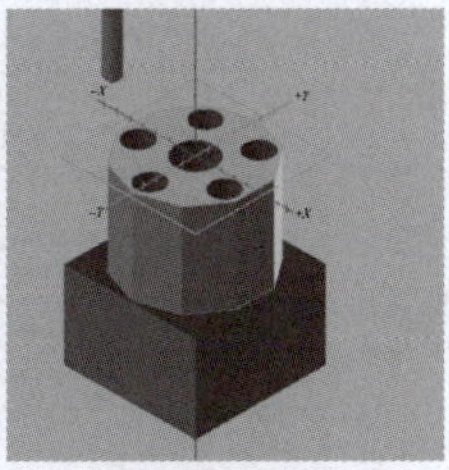	加工刀路：倒角 刀具：$\phi 6$ mm 转速：4 000 r/min 切削速度（F）：600 mm/min
6		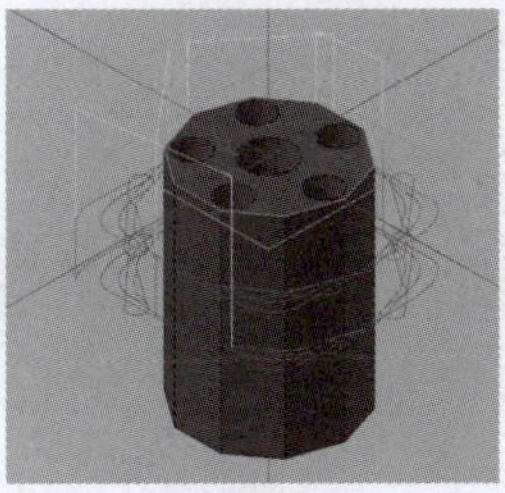	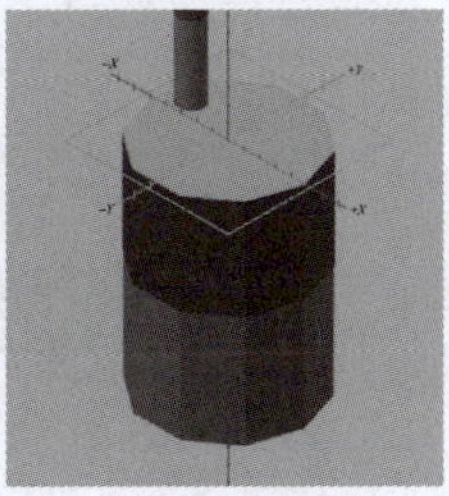	加工刀路：挖槽粗加工 余量：0.2 mm 刀具：$\phi 12$ mm 转速：4 000 r/min 切削速度（F）：1 500 mm/min
7		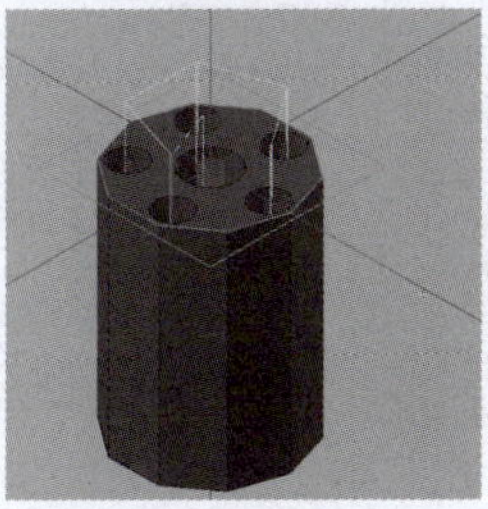	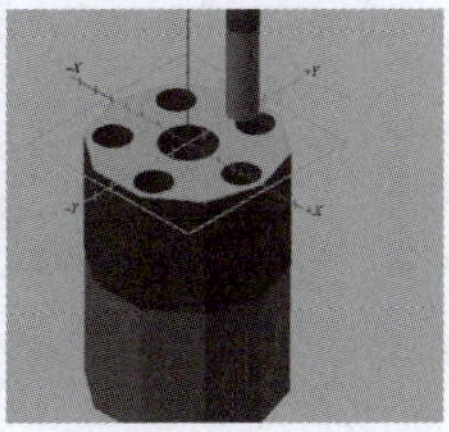	加工刀路：清根加工 余量：0.2 mm 刀具：$\phi 8$ mm 转速：4 000 r/min 切削速度（F）：1 000 mm/min

序号	加工图示	编程图示	仿真图示	加工参数设置
8		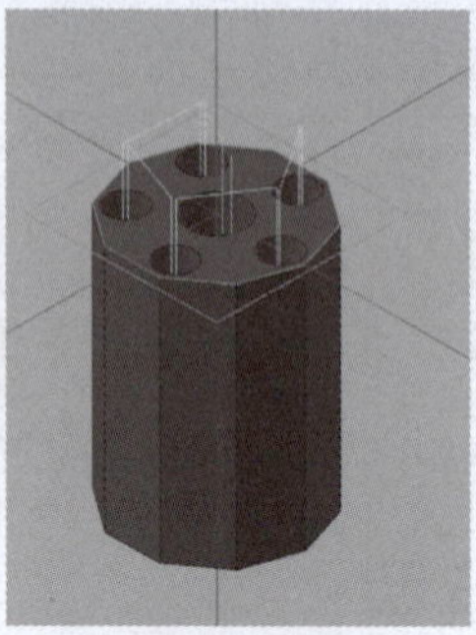	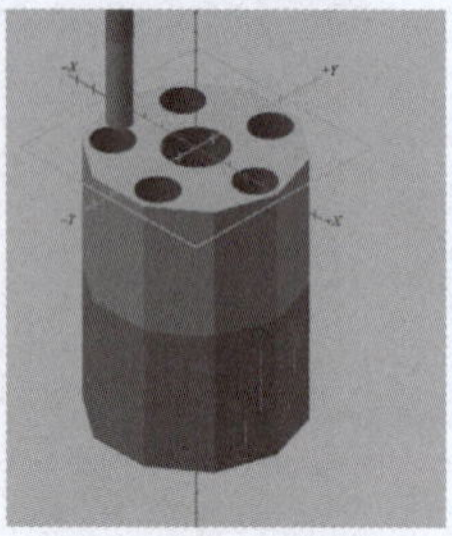	加工刀路：底部精加工 刀具：$\phi8$ mm 转速：4 000 r/min 切削速度（F）：600 mm/min 精加工刀次：1
9		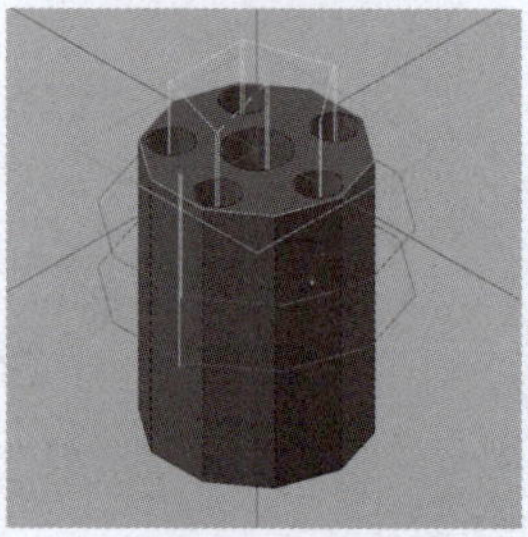	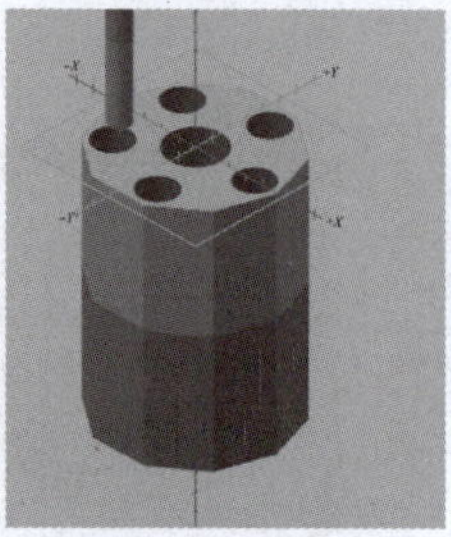	加工刀路：外形精加工 刀具：$\phi8$ mm 转速：4 000 r/min 切削速度（F）：600 mm/min 精加工刀次：1
10		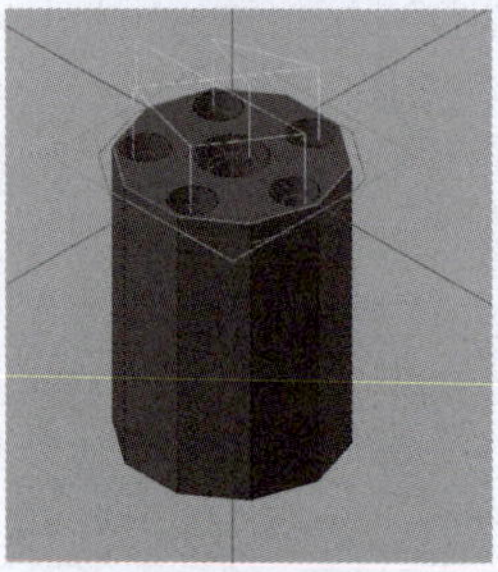	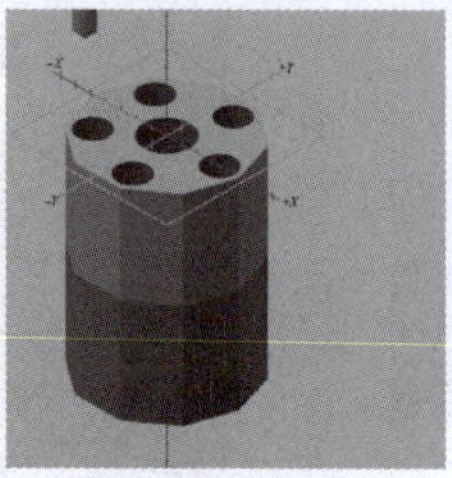	加工刀路：倒角 刀具：$\phi6$ mm 转速：4 000 r/min 切削速度（F）：600 mm/min
11		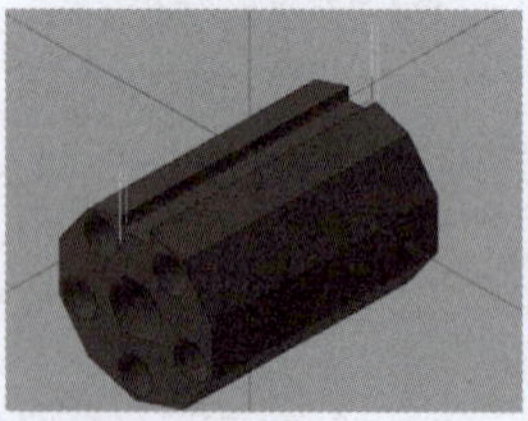		加工刀路：挖槽粗加工 余量：0.2 mm 刀具：$\phi6$ mm 转速：4 000 r/min 切削速度（F）：1 000 mm/min
12		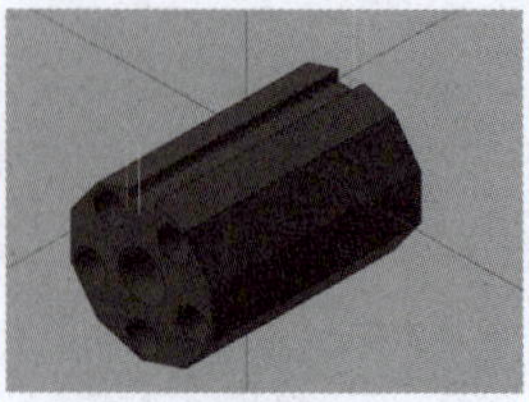		加工刀路：底部精加工 刀具：$\phi6$ mm 转速：4 000 r/min 切削速度（F）：600 mm/min 精加工刀次：1

学习笔记

序号	加工图示	编程图示	仿真图示	加工参数设置
13				加工刀路：外形精加工 刀具：$\phi6$ mm 转速：4 000 r/min 切削速度（F）：600 mm/min 精加工刀次：1
14				加工刀路：倒角 刀具：$\phi6$ mm 转速：4 000 r/min 切削速度（F）：600 mm/min

（2）安全提示。

1）工作时应穿工作服、戴袖套。长头发同学应戴工作帽，将长发塞入帽子里。夏季禁止穿裙子、短裤和凉鞋上机操作。

2）为防切屑崩碎飞散，对于有防护外罩的封闭型数控铣床必须关闭防护门，对于半开放式数控铣床必须戴防护眼镜。工作时，头部不能离工件加工区域太近，以防切屑伤人。

3）工作时，必须集中精力，注意手、身体和衣服不能靠近正在旋转的机件，如铣床主轴、工件、带轮、皮带、齿轮等。

4）工件和铣刀必须装夹牢固，以防飞出伤人。

5）凡装卸工件、更换刀具、测量加工表面及变换速度时，必须先停机，再进行调整。

6）铣床运转时，不得用手去摸刀具及刀具加工区域。严禁用纱布擦抹转动的铣削刀具。

7）使用专用铁钩清除切屑，严禁用手直接清除。

8）在数控铣床上操作时禁止戴手套。

9）不要随意拆装电气设备，以免发生触电事故。

10）工作中若发现机床、电气设备有故障，要及时申报，由专业人员检修，未修复不得使用。

（五）引导问题 5

（1）加工仿真应注意什么问题？

（2）后置处理应注意什么问题？

小 资 料

单个齿轮偏差项目及其检测见表2-2-6。

表 2-2-6　单个齿轮偏差项目及其检测

偏差项目名称及符号			对齿轮传动影响	常用检测仪器
轮齿同侧齿面偏差	齿距偏差	单个齿距偏差 f_{pt}	影响运动平稳性，是必检项目	常用齿距仪、万能测齿仪或坐标测量机、角度分度仪测量
		齿距累积总偏差 F_p	影响运动平稳性，一般高速齿轮传动中检测	
	齿廓偏差	齿廓总偏差 F_α	影响运动平稳性，是必检项目	常用渐开线检查仪展成法测量
		齿廓形状偏差 $f_{f\alpha}$	影响运动平稳性，不是必检项目，工艺分析时用	
		齿廓倾斜偏差 $f_{H\alpha}$	影响运动平稳性，不是必检项目，工艺分析时用	
	螺旋线偏差	螺旋线总偏差 F_β	影响载荷分布均匀性，是必检项目	常用螺旋线检查仪展成法测量
		螺旋线形状偏差 $f_{f\beta}$	影响载荷分布均匀性，不是必检项目，工艺分析时用	
		螺旋线倾斜偏差 $f_{H\beta}$	影响载荷分布均匀性，不是必检项目，工艺分析时用	

六、总结与评价

（一）引导问题1

如何使用合适的量具检测子弹膛零件的加工质量？

（1）请把检测结果填写在表 2-2-7 子弹膛零件加工评分表中。

学习笔记

表 2-2-7　子弹膛零件加工评分表　　　　mm

选手姓名			选手编码			总成绩				
项目	数控铣		试题图号	SXXS03-02-02		总时间				

A-主要尺寸

序号	配分/分	方位	尺寸类型	公称尺寸	上偏差	下偏差	上极限尺寸	下极限尺寸	实际尺寸	得分/分	修正值
1	15	B4	L	8	0.06	0	8.06	8			
2	15	C5	φ	10	0.03	0	10.03	10			
小计	30										

B-次要尺寸

序号	配分/分	方位	尺寸类型	公称尺寸	上偏差	下偏差	上极限尺寸	下极限尺寸	实际尺寸	得分/分	修正值
1	10	B2	φ	35	0.04	−0.04	35.04	34.96			
2	10	C5	φ	15	0.04	−0.04	15.04	14.96			
3	7	B5	φ	48	0.04	−0.04	48.04	47.96			
4	7	C2	H	19	0.04	−0.04	19.04	18.96			
小计	34										

C-表面质量

序号	配分/分	方位	尺寸类型	公称尺寸	上偏差	下偏差	上极限尺寸	下极限尺寸	实际尺寸	得分/分	修正值
1	6	C4	Ra	0.80 μm							
小计	6										

D-主观评判

序号	配分/分	评判要求	情况记录	得分/分
1	5	零件加工要素完整度		
2	5	零件损伤（振纹、夹伤、过切等）		
3	5	倒角（1 处未加工扣 0.3 分，1 处毛刺锐边扣 0.2 分）		
小计	15			

E-职业素养

序号	配分/分	规范要求	情况记录	得分/分
1	2	工具、量具、刀具分区摆放		
2	2	工具摆放整齐、规范、不重叠		
3	1	量具摆放整齐、规范、不重叠		

模块二　左轮模型的制作　81

		E-职业素养		
序号	配分/分	规范要求	情况记录	得分/分
4	1	刀具摆放整齐、规范、不重叠		
5	1	防护用具佩戴规范		
6	1	工作服、工作帽、工作鞋穿戴规范		
7	1	加工后清理现场、清洁及其他		
8	1	现场表现		
小计	10			
		F-增加毛坯		
序号	配分/分	其他要求	情况记录	得分/分
1	5	增加毛坯		
小计	5			

G-技术总结		
学生总结		教师评价
存在问题	改进方向	
日期		

（2）填写子弹膛零件加工不达标尺寸分析表，见表2-2-8。

表 2-2-8　子弹膛零件加工不达标尺寸分析表

序号	图位	尺寸类型	公称尺寸	实际测量数值	出错原因	解决方案	
						学生分析	教师分析

（二）引导问题2

针对本项目所学的知识进行自我评价与总结。

（1）子弹膛零件加工学习效果自我评价见表2-2-9。

表2-2-9 子弹膛零件加工学习效果自我评价表

序号	学习任务内容	学习效果			备注
		优秀	良好	较差	
1	轴承的相关知识有哪些				
2	轴承间隙调整的相关知识有哪些				
3	如何制订子弹膛零件的加工工艺				
4	实施过程中要注意哪些问题				
5	如何使用合适的量具检测子弹膛零件的加工质量				

（2）请总结评价不足与需要改进的地方。

1）通过以上检测，分析所做零件的不足以及解决的办法。

2）写出在操作过程中存在的问题和以后需要改进的地方。

项目三 枪管的加工

一、项目描述

本项目主要学习液压传动的相关知识，并辅助学习联轴器、离合器和制动器等内容，采用 Mastercam 软件自动编程加工枪管零件，保证零件的尺寸和表面粗糙度。枪管加工任务书如图 2-3-1 所示，任务图纸如图 2-3-2 所示。通过完成本项目，学生应学会用 Mastercam 软件自动编程加工复杂零件。

零件名称	枪管	材料	AL6061	毛坯尺寸	130 mm×30 mm×80 mm

图 2-3-1 枪管加工任务书

二、学习目标

（一）素质目标

1. 培养学生独立思考能力、分析判断与决策能力；
2. 培养学生良好的沟通能力及团队合作意识。

（二）知识目标

1. 了解联轴器和离合器的功用、类型、特点及应用；
2. 掌握管类零件的测量方法；
3. 掌握 2D 动态铣削、外形铣削、区域铣削等加工方法。

（三）能力目标

1. 能够正确选择联轴器和离合器；
2. 能够保证管类零件的形状、尺寸精度；
3. 能够使用合适的量具检测管类零件。

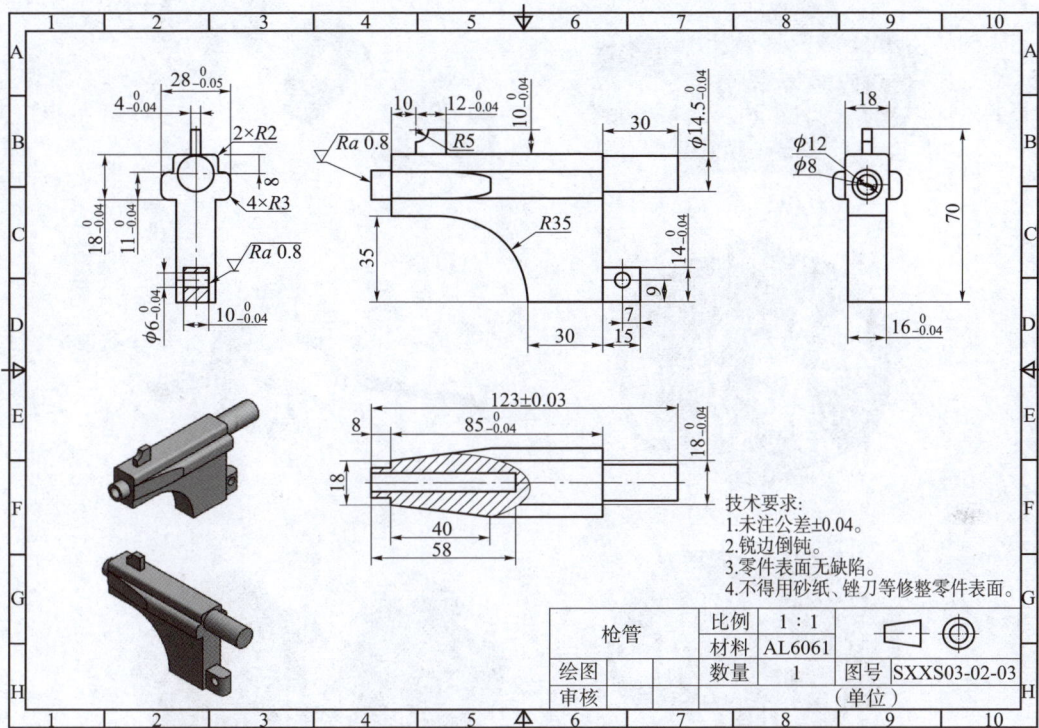

图 2-3-2　枪管加工任务图纸

三、知识储备

引导问题

为了更好地完成枪管的加工任务，请查找资料，回答下面联轴器的相关问题。

（1）联轴器是一种＿＿＿＿＿＿＿装置，主要作用是将＿＿＿＿＿＿（或＿＿＿＿＿＿）连成一体，使其一同＿＿＿＿＿＿＿并＿＿＿＿＿＿。

（2）填写图 2-3-3 所示各类联轴器的名称。

（　　　　　　）　　　　　　　　（　　　　　　）

图 2-3-3　联轴器

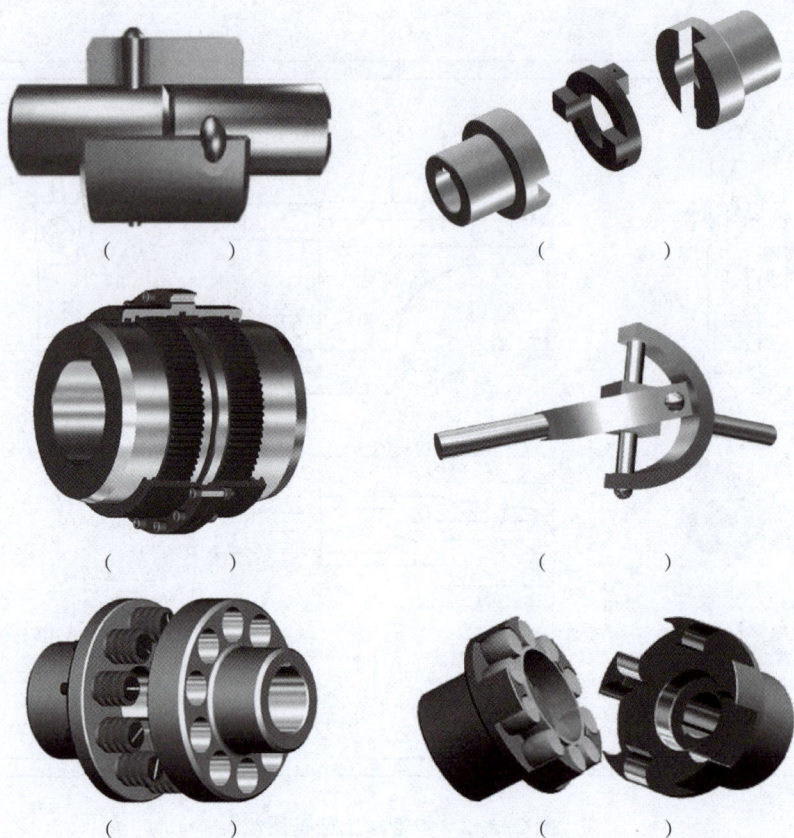

（ ）　　　　　（ ）　　　（ ）

（ ）　　　　　　（ ）

（ ）　　　　　　（ ）

图 2-3-3　联轴器（续）

（3）选择联轴器的类型时需要考虑哪些方面的因素？

（4）联轴器的型号是根据_____、_____和_____，从联轴器标准中选用的。

（5）离合器是一种随时将两轴_____或_____的可动连接装置。工作特点：接合_____，分离_____而_____，操纵_____、_____，调节和修理_____，外形_____，质量_____。

（6）离合器类型很多，常用的可分为_____、_____、_____，判断图 2-3-4 所示的离合器类型，并在括号内填写其名称。

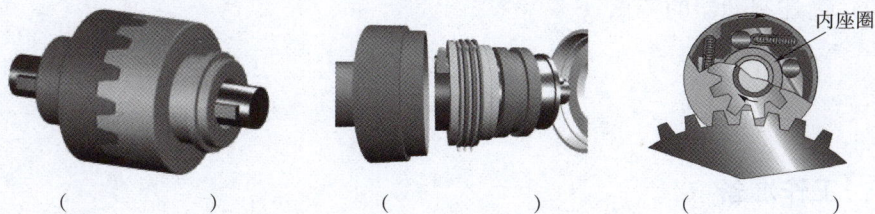

（　　　　　）　　　　（　　　　　　）　　　　（　　　　　）

图 2-3-4　离合器

（7）制动器是利用＿＿＿＿使机器（或机构）＿＿＿＿或使其＿＿＿＿的装置，是保证机器（或机构）＿＿＿＿的重要部件。

（8）常用的制动器有＿＿＿＿、＿＿＿＿、＿＿＿＿、＿＿＿＿和＿＿＿＿，在图 2-3-5 中的括号内分别填写其名称。

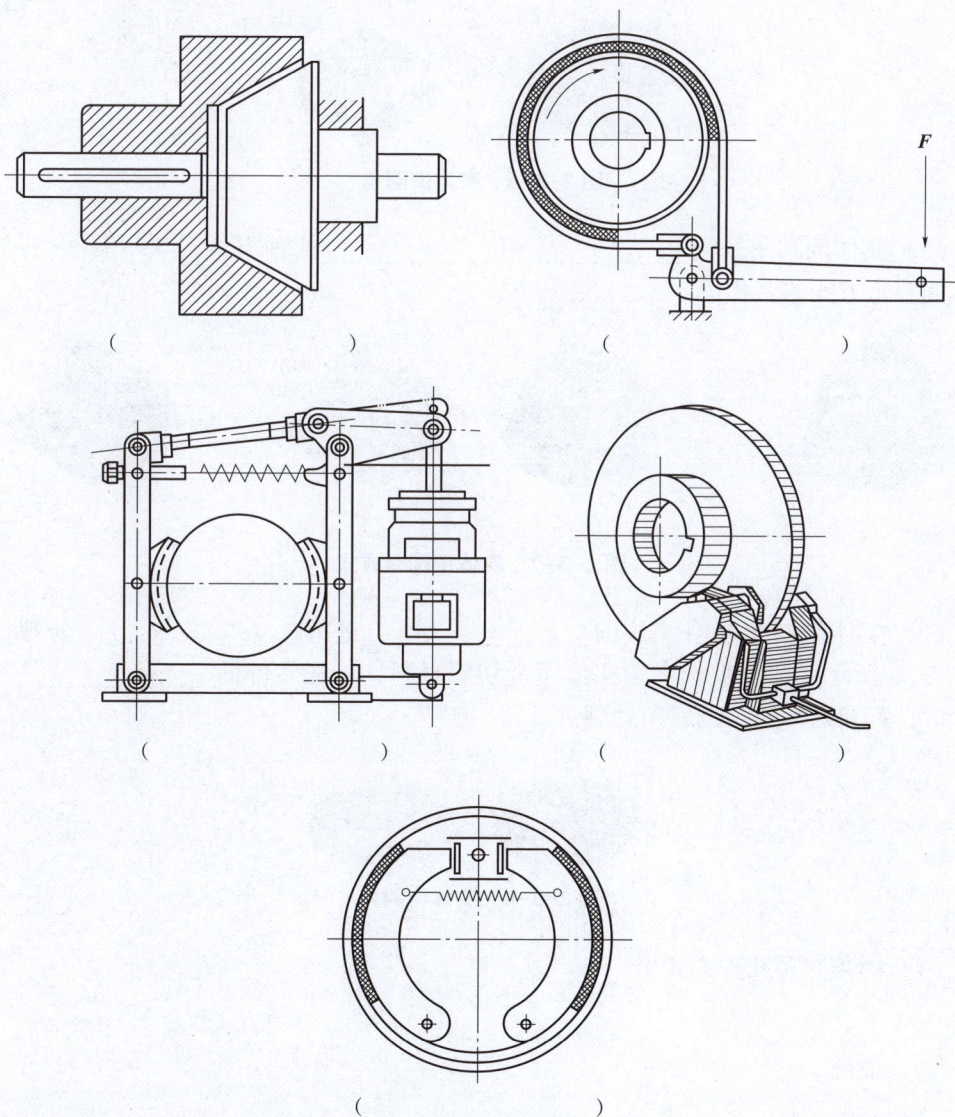

（　　　　　）　　　　　　　　（　　　　　）

（　　　　　）　　　　　　　　（　　　　　）

（　　　　　）

图 2-3-5　制动器

（9）简述制动器的特点。

四、工作准备

引导问题

为了更好地完成枪管的加工任务，请查找资料，回答下面 Mastercam 软件三维实体编辑知识的相关问题。

（1）如图 2-3-6 所示，实体倒圆角是对实体的边缘进行_____操作，按设置的_____生成实体的一个_____表面，且与边的两个邻接面_____。

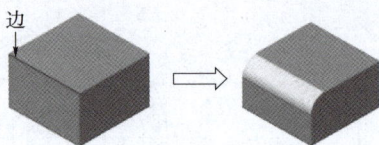

图 2-3-6 实体倒圆角

（2）实体倒圆角分为_____和_____两种方式，填写图 2-3-7 中实体倒圆角方式的名称。

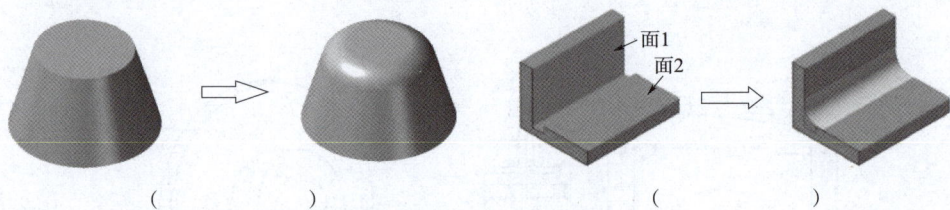

（   ）   （   ）

图 2-3-7 实体倒圆角方式

（3）实体倒斜角是对实体的_____进行_____处理，如图 2-3-8 所示，即在被选定的实体边上切除材料，一般零件的_____在设计时，都要进行这种倒斜角处理。

图 2-3-8 实体倒斜角

（4）倒角有哪几种方式?

五、计划与实施

（一）引导问题 1

为了更好地完成枪管的加工任务，请查找资料，回答下面液压传动的相关问题。

（1）液压传动的工作原理是以_____为工作介质，依靠_____在密封容积变化中的_____实现_____和_____。液压传动装置本质上是一种_____装置，它首先将_____转换为便于输送的_____，然后又将_____转换为_____做功，驱动工作机构完成各种动作。液压传动实际上就是_____—_____—_____的能量转化过程。

（2）液压传动系统的组成如图 2-3-9 所示，在括号中填写各组成部分的名称。

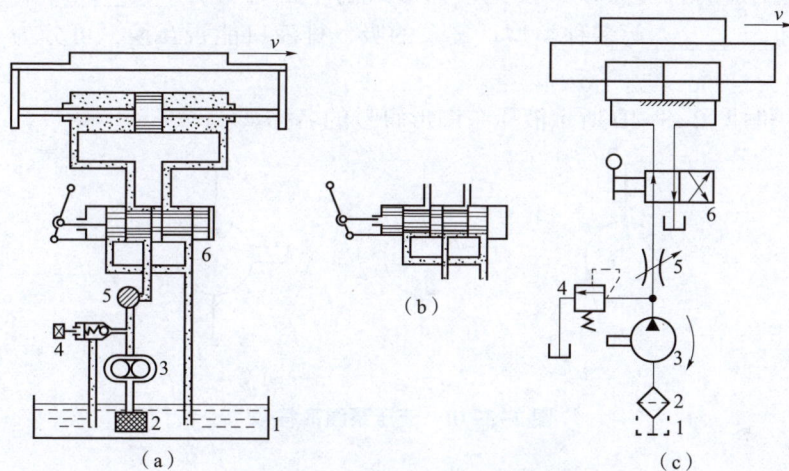

图 2-3-9　液压传动系统的组成

1—（　　　）; 2—（　　　）; 3—（　　　）; 4—（　　　）; 5—（　　　）; 6—（　　　）

（3）液压传动系统除工作介质（液压油）之外，由哪 4 个部分组成？

（4）油液是液压传动系统中最常用的工作介质，同时也是液压元件的_____。油液的主要性质有_____、_____和_____等。

（5）液压油必须具备哪些性能要求？

(6) 液压传动具有哪些特点？

(7) 液压泵是液压系统的_____元件，是将输入的_____转换为工作液体的_____的能量转换装置，是系统的_____。

(8) 液压马达是液压系统的_____元件，把输入的_____转换成输出的_____，驱动工作机构做功。

(9) 液压泵的种类很多，按其结构形式的不同可分为_____、_____、_____和_____等多种类型；按泵的吸、排液口能否互换，可分为_____和_____。

(10) 填写图2-3-10所示液压泵图形符号的名称。

（　　　　）　　　　（　　　　）　　　　（　　　　）

图2-3-10　液压泵图形符号

(11) 简述图2-3-11所示容积泵的工作原理。

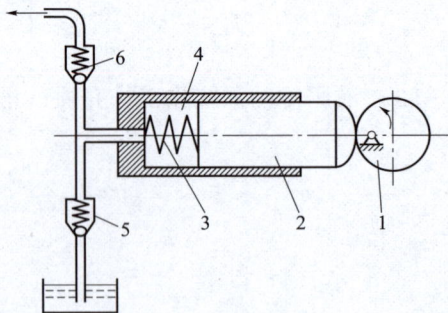

图2-3-11　容积泵
1—偏心轮；2—柱塞；3—弹簧；
4—密封腔；5，6—单向阀

(12) 齿轮泵是一种常用的液压泵。它结构_____，体积_____，制造_____，价格_____，质量_____，自吸性能_____，对油的污染_____；但_____和_____脉动大，噪声_____，排量_____，一般做成_____泵。齿轮泵广泛用于各个行业。

（13）齿轮泵按照啮合形式的不同，有_____啮合和_____啮合两种结构形式，其中_____啮合齿轮泵应用较广。

（14）简述图 2-3-12 所示外啮合齿轮泵的工作原理。

图 2-3-12　外啮合齿轮泵

1，3—齿轮；2，4—传动轴；5—泵体

（15）外啮合齿轮泵由于结构上的因素会存在哪些问题？

（16）叶片泵具有_____、运转_____、噪声_____、体积_____、质量_____等优点。它多用于对_____要求较高的_____系统。

（17）如图 2-3-13、图 2-3-14 所示，按照工作原理，叶片泵可分为_____和_____两类。

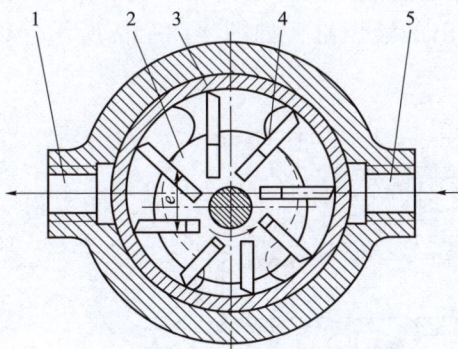

图 2-3-13　单作用叶片泵

1—压油口；2—转子；3—定子；
4—叶片；5—吸油口

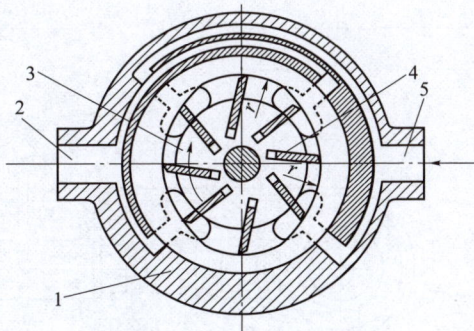

图 2-3-14　双作用叶片泵

1—定子；2—压油口；3—转子；
4—叶片；5—吸油口

（18）柱塞泵是依靠_____在缸体_____内做往复运动，使_____产生变化来实现_____、_____的。由于柱塞和缸体孔的配合表面为_____，工艺性能_____，容易获得较高的_____，因此密封性能_____，泄漏_____，容积效率_____；同时由于柱塞泵主要零件处于受压状态，受力状态_____，材料的_____性能得到充分_____，能承受很高的_____，故柱塞泵在高压系统中应用很_____。

（19）轴向柱塞泵是指_____平行于_____的一种_____泵。它分为_____和_____两种。

（20）简述图2-3-15所示斜盘式轴向柱塞泵的工作原理。

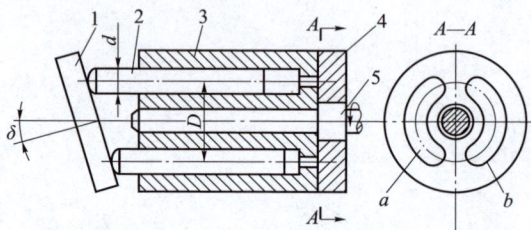

图2-3-15　斜盘式轴向柱塞泵

1—斜盘；2—柱塞；3—缸体；4—配流盘；5—传动轴

（21）液压缸是液压系统的_____元件之一。液压缸是将油液的_____转换成为_____，用以驱动工作机构做_____或_____的一种能量转换装置。

（22）液压缸有多种形式，按结构特点可分为_____、_____和_____三大类；按作用方式又可分为_____和_____两种。

（23）液压缸结构_____，工作_____，维修_____，可_____使用，也可_____使用。如与其他机构（杠杆、齿轮齿条、连杆、棘轮棘爪、凸轮等）配合使用还可以实现多种机械运动。

（24）活塞上所固定的_____从某一侧伸出的液压缸，如图2-3-16所示，称为_____；活塞杆从_____侧伸出的液压缸，如图2-3-17所示，称为_____。

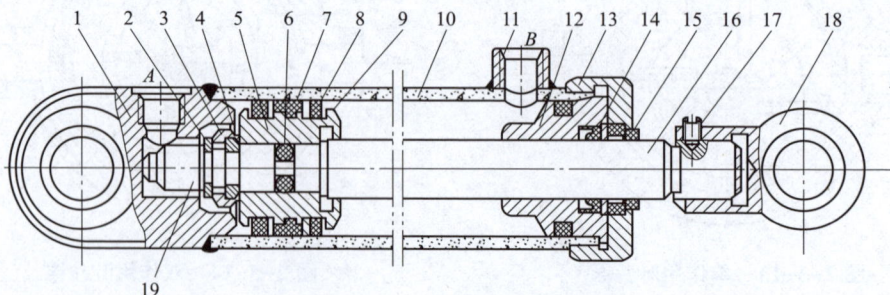

图2-3-16　双作用单活塞杆液压缸

1—缸体；2—弹簧挡圈；3—卡环帽；4—轴用卡环；5—活塞；6—O形密封圈；7—支承环；8—挡圈；9，14—Y形密封圈；10—缸筒；11—管接头；12—导向套；13—缸盖；15—防尘圈；16—活塞杆；17—紧定螺钉；18—耳环；19—缓冲柱塞

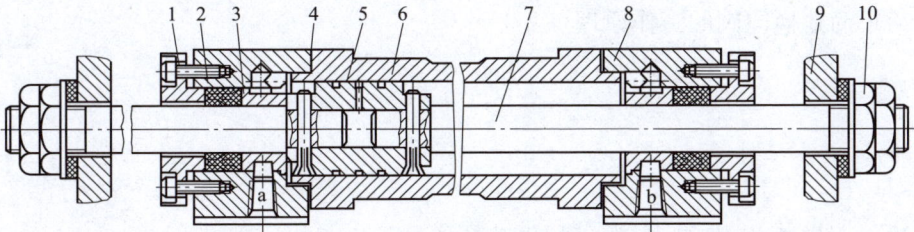

图 2-3-17　双活塞杆液压缸

1—压盖；2—V 形密封圈；3—导向套；4—销；5—活塞；6—缸体；

7—活塞杆；8—端盖；9—工作台；10—螺母；a，b—液压缸安装孔位

（25）简述单活塞杆液压缸的特点。

（26）液压阀是液压系统的_____件。用来控制液压系统中油液的_____、_____和_____。所以一般将阀按照此三种作用划分为三大类：_____、_____和_____。

（27）方向控制阀主要用来控制液压系统中油液的_____或油路的_____，如图 2-3-18、图 2-3-19 所示，它分为_____和_____两类。

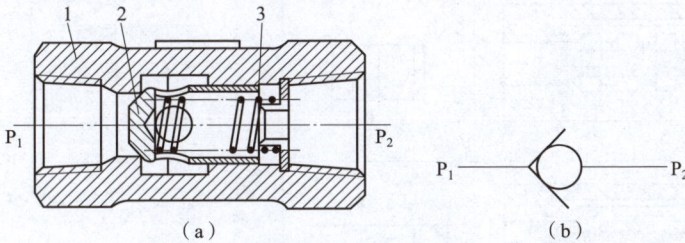

图 2-3-18　单向阀

（a）结构原理；（b）图形符号

1—阀体；2—阀芯；3—弹簧

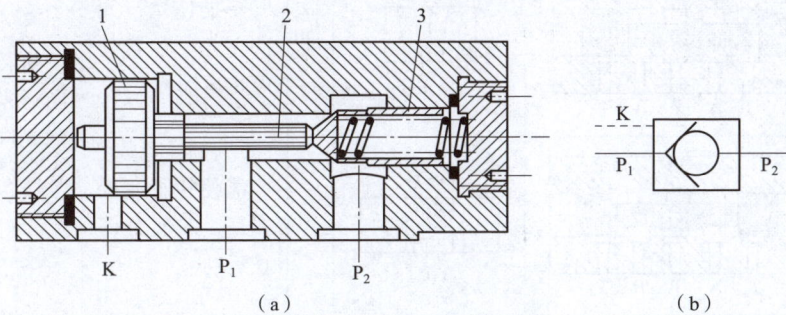

图 2-3-19　液控单向阀

（a）结构原理；（b）图形符号

1—活塞；2—杠杆；3—阀芯

（28）简述换向阀的工作原理。

（29）按操作方式的不同，换向阀可分为＿＿＿＿＿、＿＿＿＿＿、＿＿＿＿＿、＿＿＿＿＿、＿＿＿＿＿等；按工作位数的不同，换向阀可分为＿＿＿＿、＿＿＿＿、＿＿＿＿等；按控制的通道数不同，换向阀可分为＿＿＿＿、＿＿＿＿、＿＿＿＿等。

（30）根据表 2-3-1 的内容完成填空。

表 2-3-1　滑阀式换向阀的机构原理和图形符号

名称	结构原理图	图形符号	使用场合	
二位二通阀			控制油路的接通与切断（相当于一个开关）	
二位三通阀			控制液流方向（从一个方向变换成另一个方向）	
二位四通阀			不能使执行元件在任一位置处停止运动	执行元件正反向运动时回油方式相同
三位四通阀			能使执行元件在任一位置处停止运动	
二位五通阀			不能使执行元件在任一位置处停止运动	执行元件正反向运动时可以得到不同的回油方式
三位五通阀			能使执行元件在任一位置处停止运动	

（中间列纵排文字：控制执行元件换向）

1）换向阀位数为图形符号的＿＿＿＿＿数，表示换向阀的＿＿＿＿＿，二格即代表＿＿＿＿＿，三格即代表＿＿＿＿＿等。

2）在一个方格内，_____或_____符号与方格的_____为油口的通路数，即"通"数。箭头表示_____，但不表示_____，"⊥"表示该油口_____。

3）P 表示_____；T 表示通油箱的_____；A，B 表示_____或两腔连接的油口。

4）_____和_____的符号画在方格的两侧。

（31）如图 2-3-20 所示，手动换向阀是依靠_____的作用力驱动_____的运动来实现油路的_____或_____的液压阀。

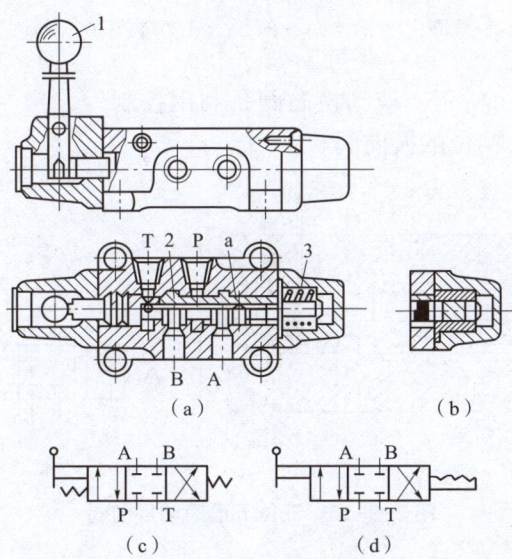

图 2-3-20　手动换向阀
（a）自动复位式；（b）弹簧钢珠定位式；（c）自动复位式符号；（d）弹簧钢珠定位式符号
1—手柄；2—阀芯；3—弹簧

（32）机动换向阀又称_____阀，如图 2-3-21 所示，它是通过机器上的_____或_____推动_____运动来实现油液换向的。

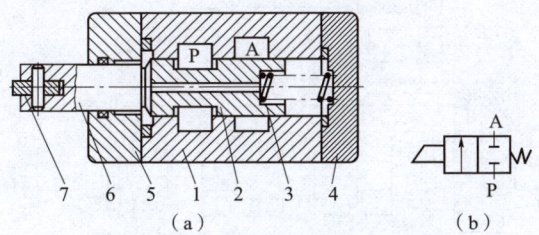

图 2-3-21　二位二通机动换向阀
（a）结构原理；（b）图形符号
1—阀体；2—阀芯；3—弹簧；4—前盖；5—后盖；6—顶杆；7—滚轮

（33）如图 2-3-22 所示，电磁换向阀是利用_____操纵_____换位的方向控制阀。

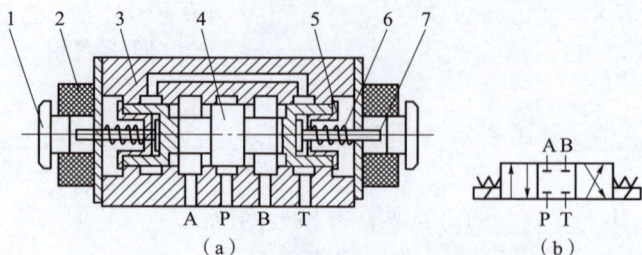

图 2-3-22　三位四通电磁换向阀

(a) 结构；(b) 图形符号

1—衔铁；2—线圈；3—阀体；4—阀芯；5—定位套；6—弹簧；7—推杆

（34）如图 2-3-23 所示，液动换向阀是利用控制＿＿＿＿＿＿＿＿＿＿来控制＿＿＿＿＿＿＿＿＿＿换位的换向阀。

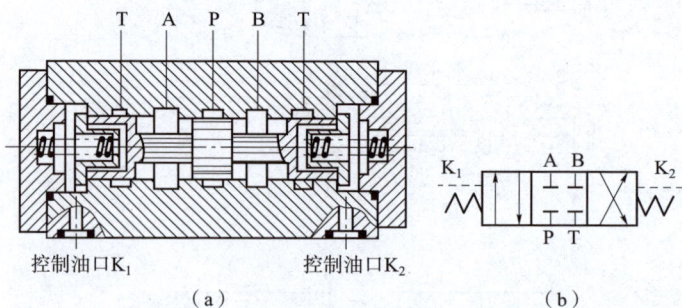

图 2-3-23　三位五通液动换向阀

（35）如图 2-3-24 所示，电液换向阀是由＿＿＿＿＿＿＿＿和＿＿＿＿＿＿＿＿组合而成的组合式换向阀，其中＿＿＿＿＿＿＿＿＿起先导作用，它可以改变控制＿＿＿＿＿＿＿＿＿，从而改变＿＿＿＿＿＿＿＿＿阀芯的位置，液动阀则控制主油路的＿＿＿＿＿＿。电液换向阀可以用＿＿＿＿＿的电磁铁来控制＿＿＿＿＿的液流。

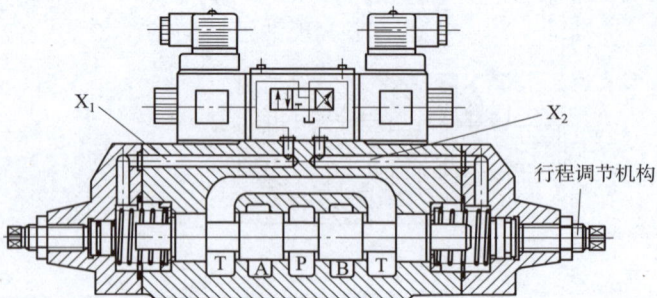

图 2-3-24　电液换向阀

（36）控制油液压力＿＿＿＿＿或利用＿＿＿＿＿实现某种动作的阀统称为压力控制阀。常用的压力阀有＿＿＿＿＿、＿＿＿＿＿、＿＿＿＿＿、＿＿＿＿＿等。

（37）溢流阀的作用主要是＿＿＿＿＿＿＿＿＿＿，同时使液压泵的供油压力得到＿＿＿＿＿并＿＿＿＿＿。按其结构原理，溢流阀分为＿＿＿＿＿和＿＿＿＿＿两种。

（38）填写图 2-3-25 所示各溢流阀的名称。

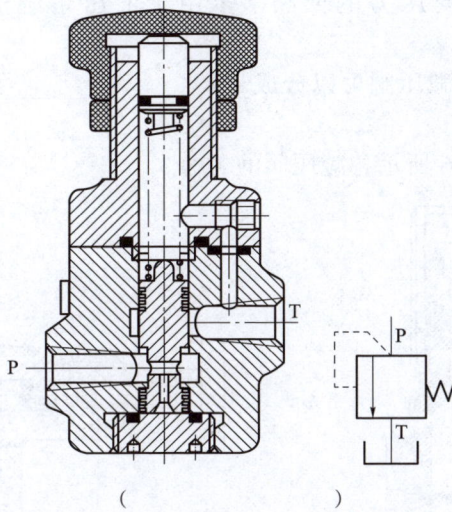

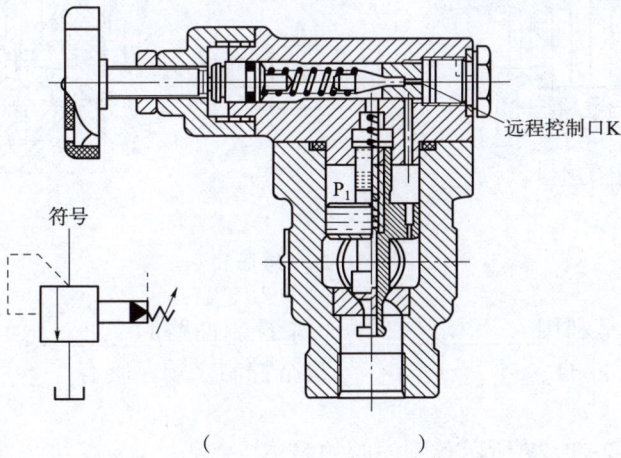

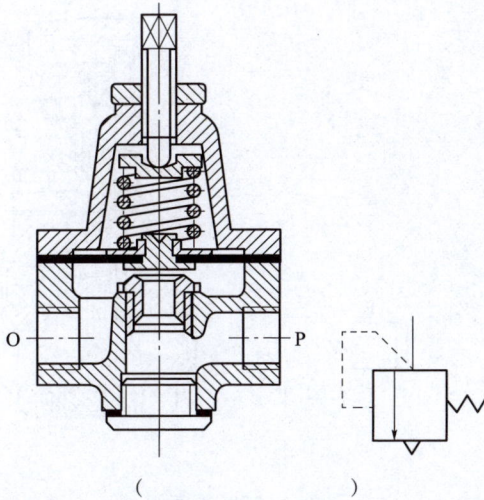

图 2-3-25　溢流阀

（39）减压阀主要用来_____液压系统某一支路的_____，使同一系统能有_____或_____不同压力的回路，多用于液压系统的_____、_____、_____回路中。

（40）按工作原理，减压阀可以分成_____和_____两种。_____减压阀应用较多。

（41）填写图2-3-26所示各减压阀的名称。

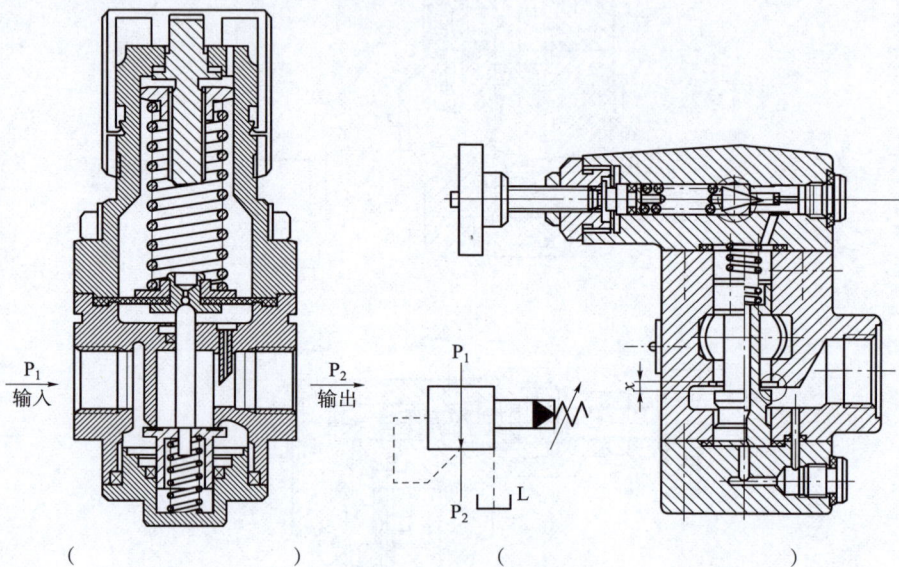

（　　　　　）　　　　（　　　　　　　　　）

图 2-3-26　减压阀

（42）顺序阀是利用_____来控制油路的_____与_____，从而实现对多个执行元件的_____进行控制。顺序阀有_____和_____两种结构。

（43）填写图2-3-27所示各顺序阀的名称。

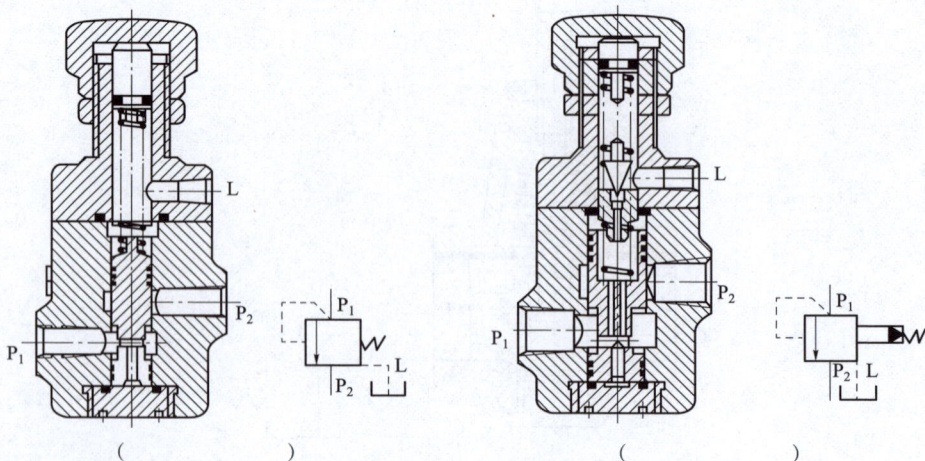

（　　　　　）　　　　　　　　（　　　　　）

图 2-3-27　顺序阀

（44）压力继电器是一种_____信号转换元件，图2-3-28所示为单柱塞式压力继电器的结构原理和图形符号。压力油从_____进入，作用于柱塞的_____，当其压力达到_____的调定值时，推动_____克服阻力上升，通过_____触动_____发出电信号，实现液压系统的自动控制。

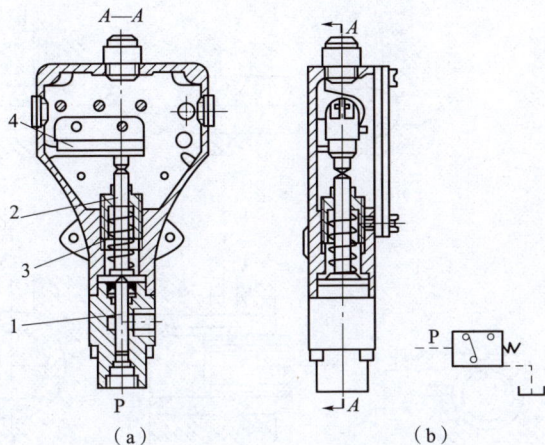

图 2-3-28　单柱塞式压力继电器

1—柱塞；2—顶杆；3—弹簧；4—微动开关

（45）流量控制阀是借改变阀口（截流口）的_____来调节阀口的_____，从而改变由_____所控制执行元件的_____。

（46）常用液压附件有哪些?

（47）液压基本回路是指由_____组成并能完成_____的典型回路。按基本回路的功能可分为_____回路、_____回路、_____回路和_____回路等。

小 资 料

节流口的形式如图 2-3-29 所示。

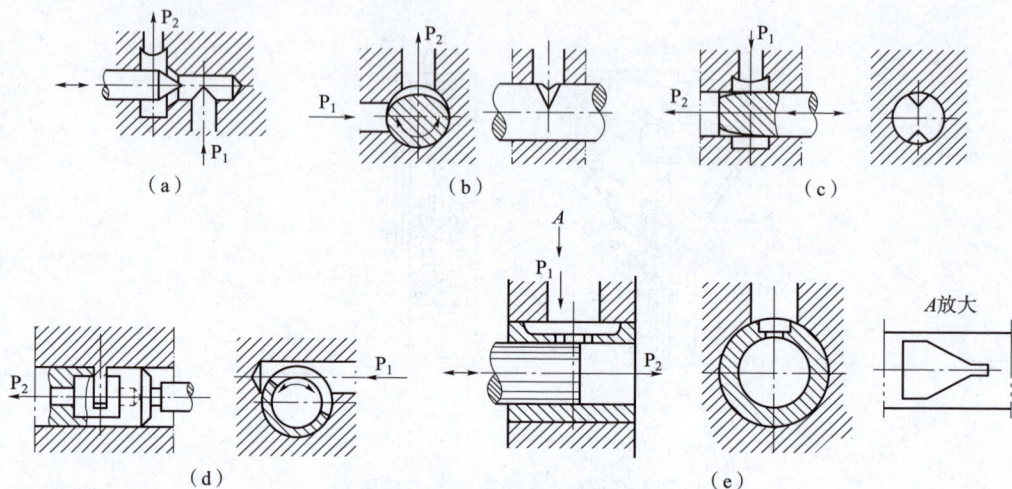

图 2-3-29　节流口的形式

（二）引导问题 2

如何制订枪管零件的加工工艺？

（1）各小组分析、讨论并制订计划。

1）根据加工要求，考虑现场的实际条件，小组成员共同分析、讨论并确定合理的加工计划，填写表 2-3-2。

表 2-3-2　加工计划表

序号	加工内容	尺寸精度	刀具规格/mm	主轴转速/(r·min^{-1})	进给量/(mm·r^{-1})	切削深度/mm	备注

2）组内及组间对加工计划的评价及改进建议。

3）指导教师的评价与结论。

（2）各小组根据计划，完成工量刃具、设备和材料的准备，填写表2-3-3。

表2-3-3　工量刃具、设备和材料的准备

序号	工量刃具、设备和材料的名称	要求	数量

（三）引导问题3

（1）参考表2-3-4枪管的刀路设计表，设置零件的刀路。

表2-3-4　枪管的刀路设计表

序号	加工图示	编程图示	仿真图示	加工参数设置
1		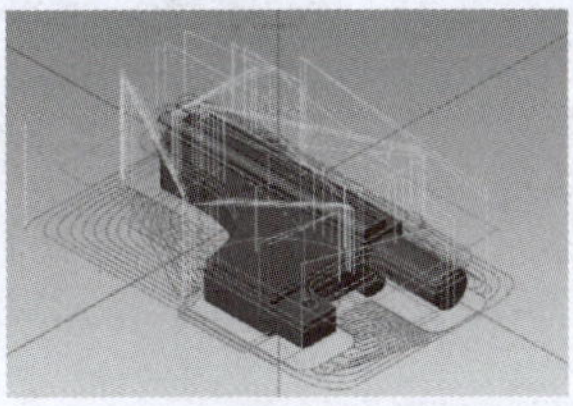	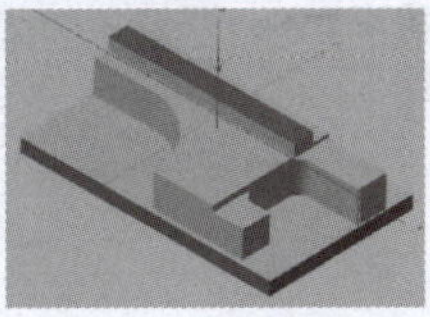	加工刀路：2D动态铣削 余量：0.25 mm 刀具：ϕ12 mm 转速：4 500 r/min 切削速度（F）：2 000 mm/min
2		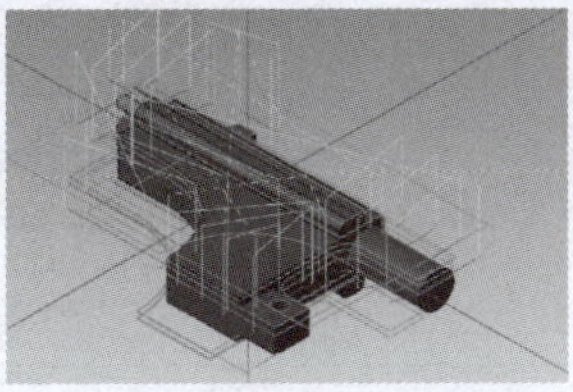	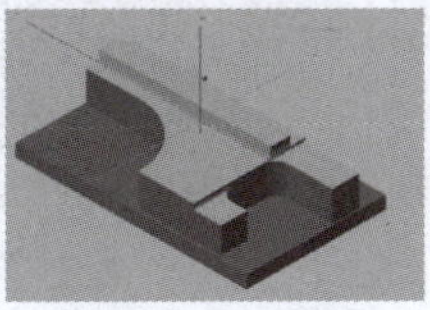	加工刀路：区域铣削 刀具：ϕ12 mm 转速：5 500 r/min 切削速度（F）：800 mm/min
3		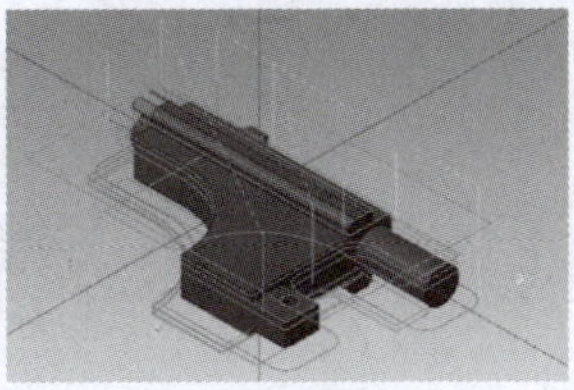	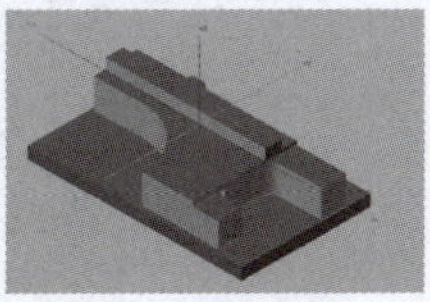	加工刀路：外形铣削 刀具：ϕ12 mm 转速：5 000 r/min 切削速度（F）：800 mm/min 精加工刀次：1

序号	加工图示	编程图示	仿真图示	加工参数设置
4		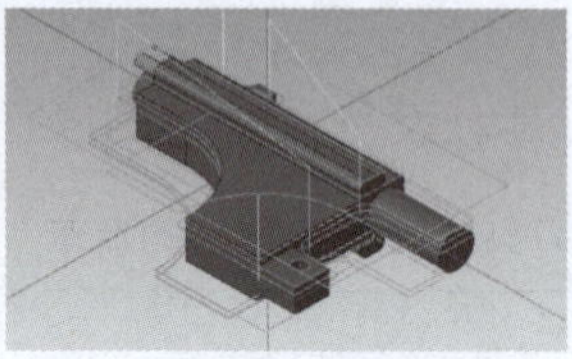	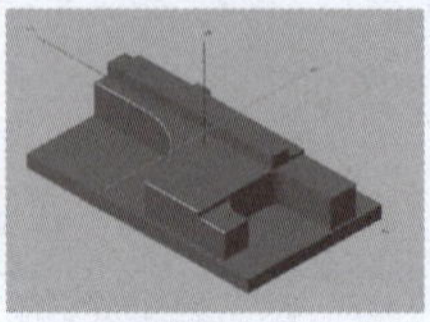	加工刀路：2D倒角 刀具：ϕ6 mm 转速：5 000 r/min 切削速度（F）：1 000 mm/min 精加工刀次：3
5		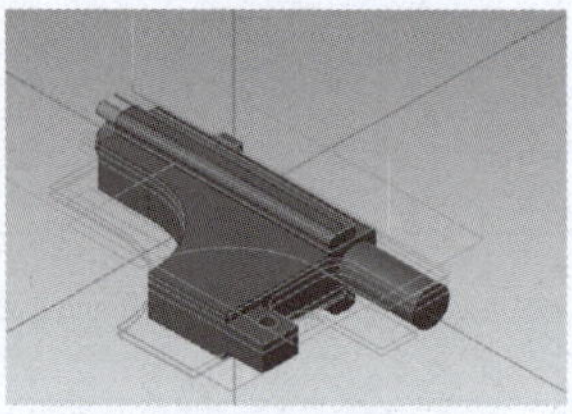	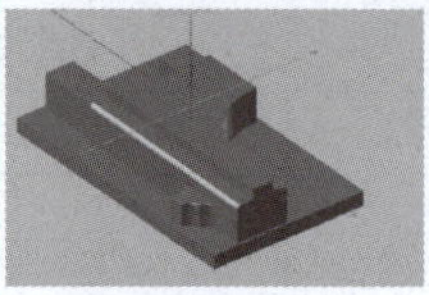	加工刀路：2D倒角 刀具：ϕ6 mm 转速：5 500 r/min 切削速度（F）：800 mm/min
6		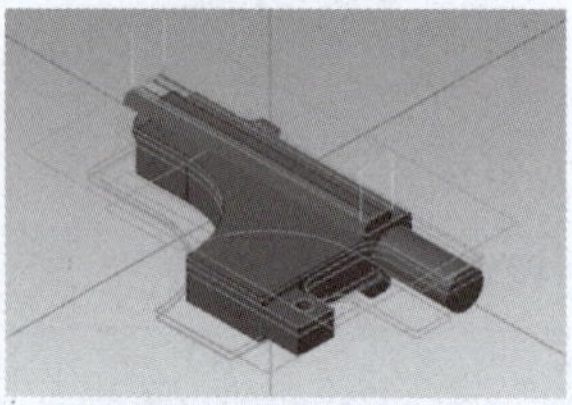	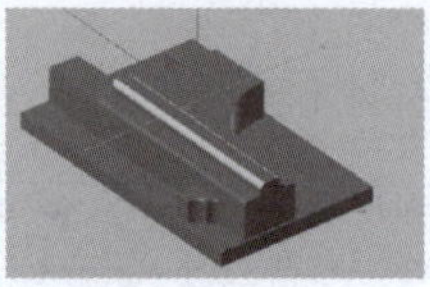	加工刀路：流线铣曲面 刀具：ϕ6 mm 转速：5 500 r/min 切削速度（F）：2 000 mm/min
7		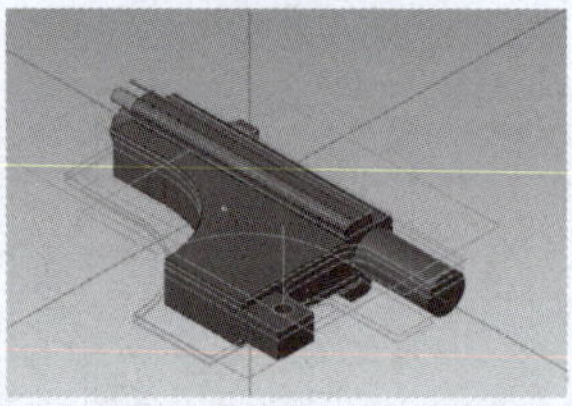	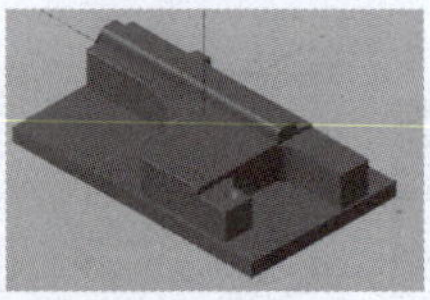	加工刀路：钻孔 刀具：ϕ6 mm 转速：1 200 r/min 切削速度（F）：120 mm/min
8		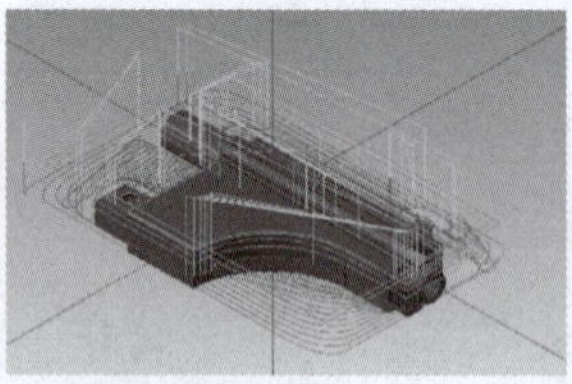	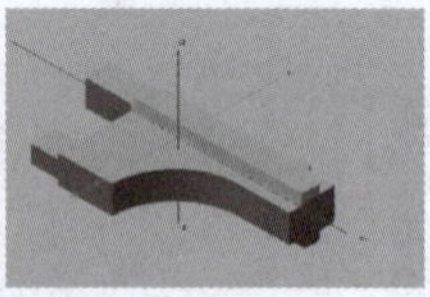	加工刀路：2D动态铣削 余量：0.25 mm 刀具：ϕ12 mm 转速：4 500 r/min 切削速度（F）：2 000 mm/min
9	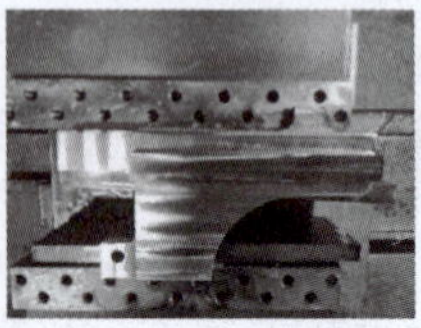	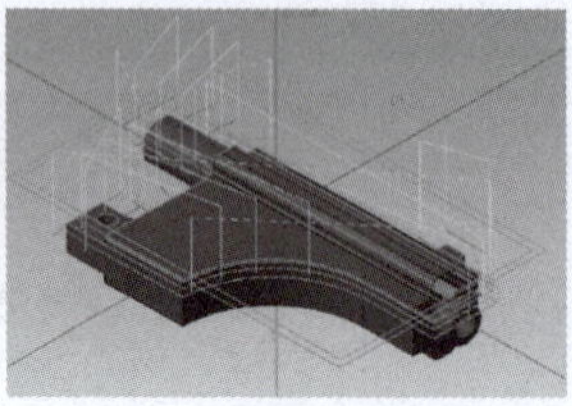	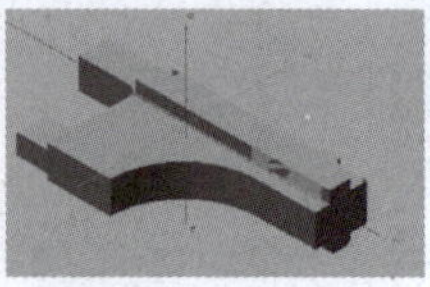	加工刀路：区域精加工 刀具：ϕ12 mm 转速：5 000 r/min 切削速度（F）：800 mm/min 精加工刀次：1

学习笔记

序号	加工图示	编程图示	仿真图示	加工参数设置
10		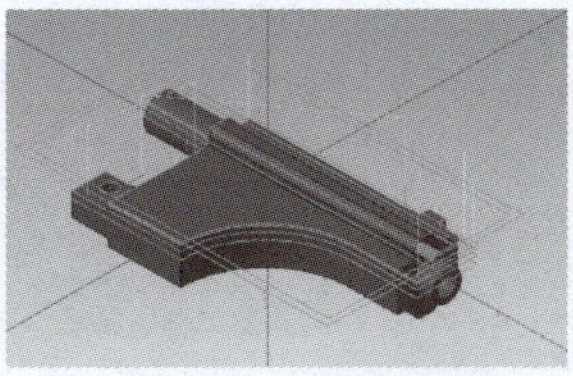	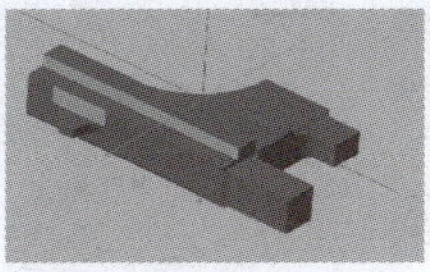	加工刀路：外形精加工 刀具：ϕ12 mm 转速：5 000 r/min 切削速度（F）：800 mm/min 精加工刀次：3
11		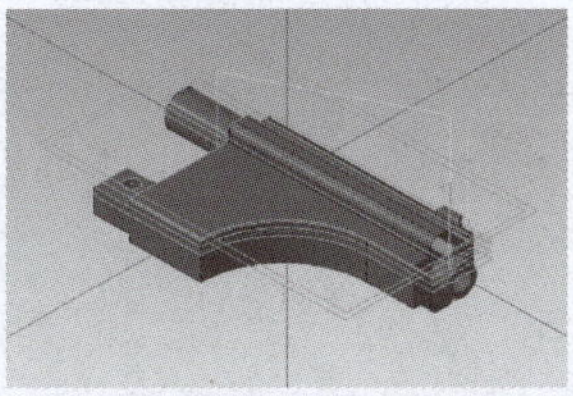	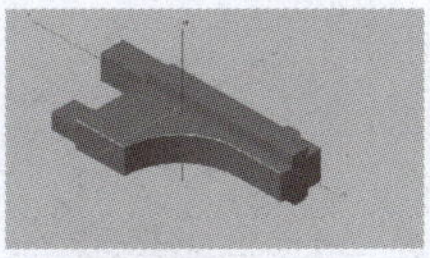	加工刀路：2D 倒角 刀具：ϕ6 mm 转速：6 000 r/min 切削速度（F）：1 000 mm/min
12		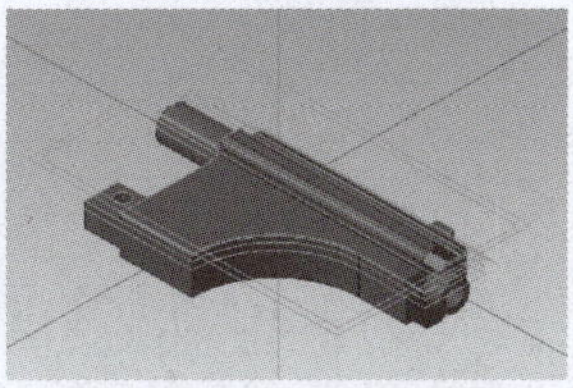	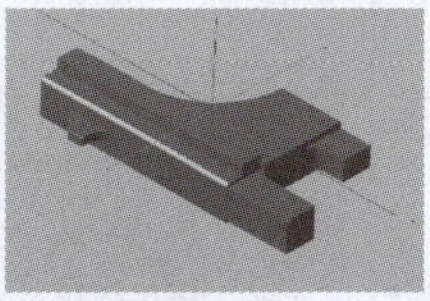	加工刀路：2D 倒角 刀具：ϕ6 mm 转速：6 000 r/min 切削速度（F）：1 000 mm/min
13		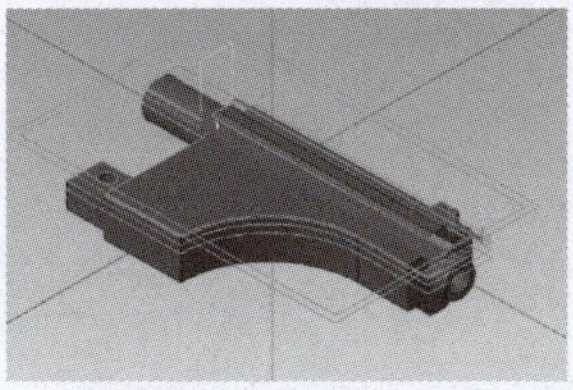	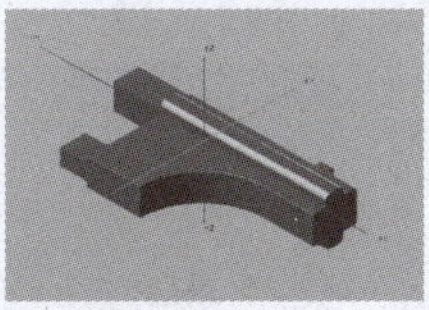	加工刀路：流线铣曲面 刀具：ϕ6 mm 转速：5 500 r/min 切削速度（F）：2 000 mm/min
14		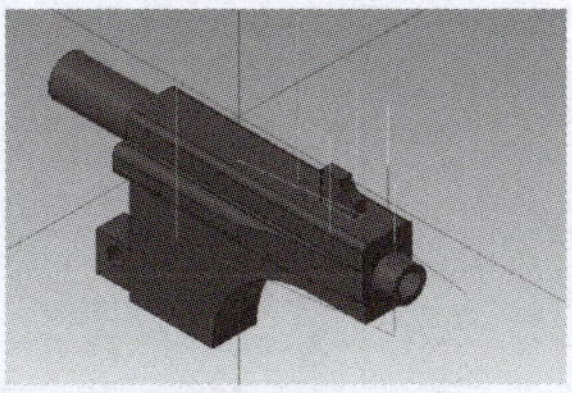	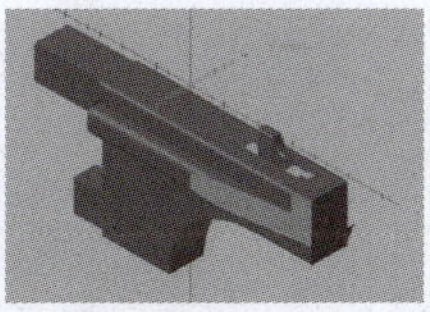	加工刀路：外形精加工 刀具：ϕ12 mm 转速：5 000 r/min 切削速度（F）：800 mm/min 精加工刀次：3
15		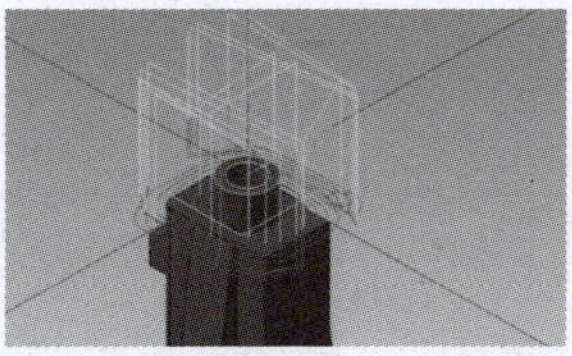	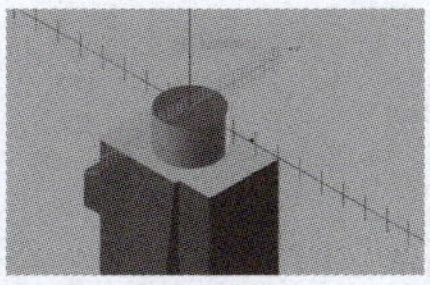	加工刀路：2D 动态铣削 余量：0.25 mm 刀具：ϕ8 mm 转速：4 500 r/min 切削速度（F）：2 000 mm/min

学习笔记

序号	加工图示	编程图示	仿真图示	加工参数设置
16		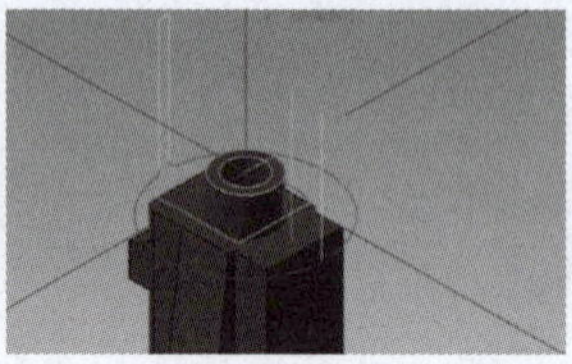		加工刀路：区域精加工 刀具：$\phi 8$ mm 转速：5 000 r/min 切削速度（F）：800 mm/min 精加工刀次：1
17		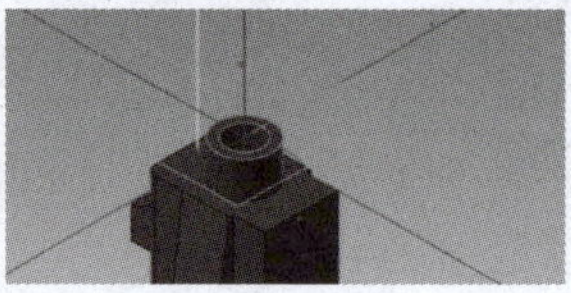	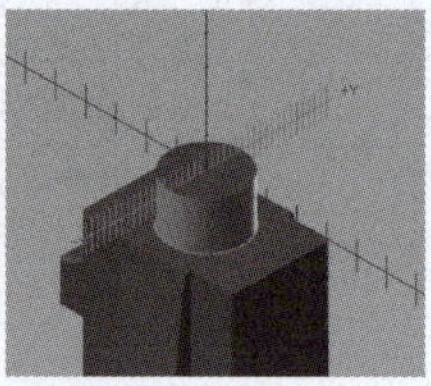	加工刀路：外形铣削 刀具：$\phi 8$ mm 转速：5 000 r/min 切削速度（F）：800 mm/min 精加工刀次：1
18		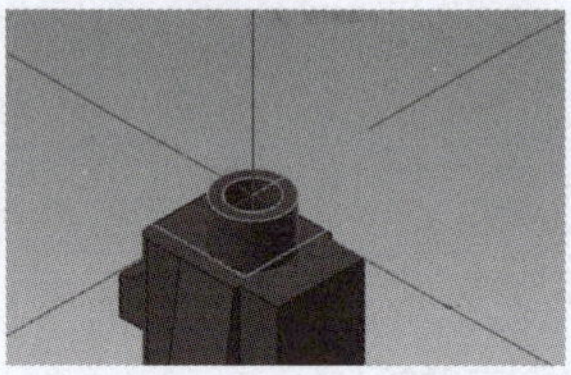		加工刀路：钻孔 刀具：$\phi 8$ mm 转速：1 200 r/min 切削速度（F）：120 mm/min
19		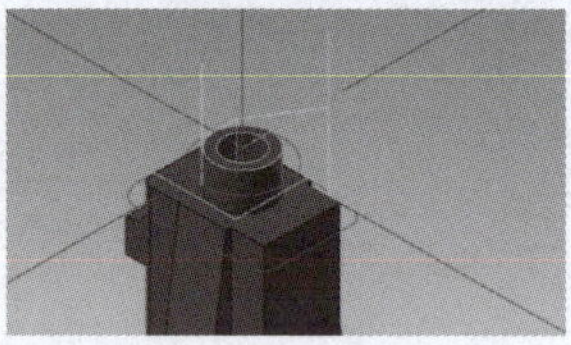	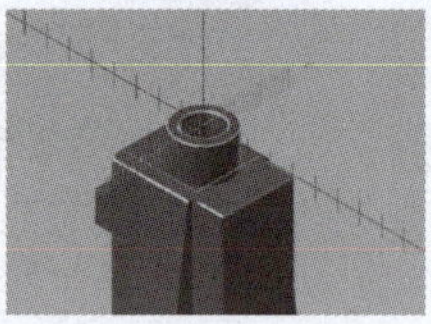	加工刀路：2D 倒角 刀具：$\phi 6$ mm 转速：6 000 r/min 切削速度（F）：1 000 mm/min
20				加工刀路：外形铣削 刀具：$\phi 12$ mm 转速：3 500 r/min 切削速度（F）：200 mm/min 精加工刀次：1
21		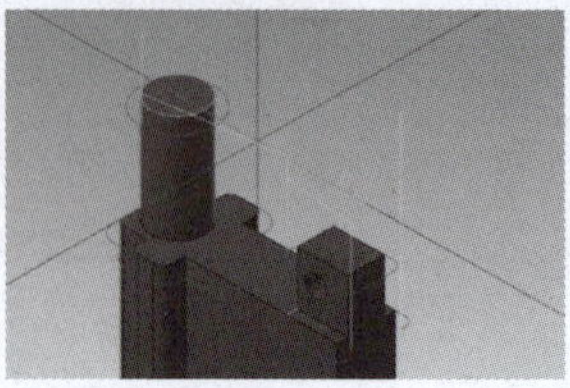		加工刀路：2D 倒角 刀具：$\phi 6$ mm 转速：6 000 r/min 切削速度（F）：1 000 mm/min

（2）安全提示。

1）工作时应穿工作服、戴袖套。长头发同学应戴工作帽，将长发塞入帽子里。夏季禁止穿裙子、短裤和凉鞋上机操作。

2）为防切屑崩碎飞散，对于有防护外罩的封闭型数控铣床必须关闭防护门，对于半开放式数控铣床必须戴防护眼镜。工作时，头部不能离工件加工区域太近，以防切屑伤人。

3）工作时，必须集中精力，注意手、身体和衣服不能靠近正在旋转的机件，如铣床主轴、工件、带轮、皮带、齿轮等。

4）工件和铣刀必须装夹牢固，以防飞出伤人。

5）凡装卸工件、更换刀具、测量加工表面及变换速度时，必须先停机，再进行调整。

6）铣床运转时，不得用手去摸刀具及刀具加工区域。严禁用纱布擦抹转动的铣削刀具。

7）使用专用铁钩清除切屑，严禁用手直接清除。

8）在数控铣床上操作时禁止戴手套。

9）不要随意拆装电气设备，以免发生触电事故。

10）工作中若发现机床、电气设备有故障，要及时申报，由专业人员检修，未修复不得使用。

（四）引导问题 4

（1）加工仿真应注意什么问题？

（2）后置处理应注意什么问题？

六、总结与评价

（一）引导问题 1

如何使用合适的量具检测枪管零件的加工质量？

（1）请把检测结果填写在表 2-3-5 枪管零件加工评分表中。

表 2-3-5　枪管零件加工评分表　　　　　　　　　　　　　　　　mm

选手姓名			选手编码				总成绩			
项目	数控铣		试题图号		SXXS03-02-03		总时间			

A-主要尺寸										
序号	配分/分	方位	尺寸类型	公称尺寸	上偏差	下偏差	上极限尺寸	下极限尺寸	实际尺寸	得分/分	修正值
1	4	C1	L	18	0	-0.04	18	17.96			
2	4	C2	L	11	0	-0.04	11	10.96			
3	4	B2	H	4	0	-0.04	4	3.96			
4	4	A2	H	28	0	-0.05	28	27.95			
5	4	D2	ϕ	6	0	-0.04	6	5.96			
6	4	D3	H	10	0	-0.04	10	9.96			
7	4	B5	L	12	0	-0.04	12	11.96			
8	4	B6	L	10	0	-0.04	10	9.96			
9	4	B7	ϕ	14.5	0	-0.04	14.5	14.46			
10	4	D7	L	14	0	-0.04	14	13.96			
11	4	E5	L	85	0	-0.04	85	84.96			
12	4	E6	L	123	0.03	-0.03	123.03	122.97			
13	4	F7	H	18	0	-0.04	18	17.96			
14	3	D9	H	16	0	-0.04	16	15.96			
小计	55										

B-次要尺寸										
序号	配分/分	方位	尺寸类型	公称尺寸	上偏差	下偏差	上极限尺寸	下极限尺寸	实际尺寸	得分/分	修正值
1	1	B4	L	10	0.04	-0.04	10.04	9.96			
2	1	E4	L	8	0.04	-0.04	8.04	7.96			
3	1	G5	D	58	0.04	-0.04	58.04	57.96			
4	1	C4	L	35	0.04	-0.04	35.04	34.96			
5	1	D6	L	30	0.04	-0.04	30.04	29.96			
6	1	D7	D	15	0.04	-0.04	15.04	14.96			
7	1	B7	D	30	0.04	-0.04	30.04	29.96			
8	1	B8	ϕ	12	0.04	-0.04	12.04	11.96			
9	1	C8	ϕ	8	0.04	-0.04	8.04	7.96			
10	1	B9	H	18	0.04	-0.04	18.04	17.96			
11	1	C10	L	70	0.04	-0.04	70.04	69.96			
小计	11										

C-表面质量

序号	配分/分	方位	尺寸类型	公称尺寸	上偏差	下偏差	上极限尺寸	下极限尺寸	实际尺寸	得分/分	修正值
1	4	B4	Ra	0.8 μm							
小计	4										

D-主观评判

序号	配分/分	评判要求	情况记录	得分/分
1	5	零件加工要素完整度		
2	5	零件损伤（振纹、夹伤、过切等）		
3	5	倒角（1 处未加工扣 0.3 分，1 处毛刺锐边扣 0.2 分）		
小计	15			

E-职业素养

序号	配分/分	规范要求	情况记录	得分/分
1	2	工具、量具、刀具分区摆放		
2	2	工具摆放整齐、规范、不重叠		
3	1	量具摆放整齐、规范、不重叠		
4	1	刀具摆放整齐、规范、不重叠		
5	1	防护用具佩戴规范		
6	1	工作服、工作帽、工作鞋穿戴规范		
7	1	加工后清理现场、清洁及其他		
8	1	现场表现		
小计	10			

F-增加毛坯

序号	配分/分	其他要求	情况记录	得分/分
1	5	增加毛坯		
小计	5			

G-技术总结		
学生总结		教师评价
存在问题	改进方向	
日期		

（2）填写枪管零件加工不达标尺寸分析表，见表2-3-6。

表2-3-6　枪管零件加工不达标尺寸分析表

序号	图位	尺寸类型	公称尺寸	实际测量数值	出错原因	解决方案	
						学生分析	教师分析

（二）引导问题2

针对本项目所学的知识进行自我评价与总结。

（1）枪管零件加工学习效果自我评价见表2-3-7。

表2-3-7　枪管零件加工学习效果自我评价表

序号	学习任务内容	学习效果			备注
		优秀	良好	较差	
1	轴承的相关知识有哪些				
2	夹具的相关知识有哪些				
3	齿轮测量的知识有哪些				
4	如何制订枪管零件的加工工艺				
5	实施过程中要注意哪些问题				
6	如何使用合适的量具检测枪管零件的加工质量				

（2）请总结评价不足与需要改进的地方。

1）通过以上检测，分析所做零件的不足以及解决的办法。

2）写出在操作过程中存在的问题和以后需要改进的地方。

项目四 发动部位的加工

一、项目描述

本项目主要学习气压传动系统的知识，并辅助学习夹具的知识，采用 Mastercam 软件自动编程加工发动部位零件，保证零件的尺寸和表面粗糙度。发动部位加工任务书如图 2-4-1 所示，任务图纸如图 2-4-2 所示。通过完成本项目，学生应学会用 Mastercam 软件自动编程加工复杂零件。

| 零件名称 | 发动部位 | 材料 | AL6061 | 毛坯尺寸 | ϕ50 mm×80 mm |

图 2-4-1　发动部位加工任务书

二、学习目标

(一) 素质目标

1. 培养学生一丝不苟、严谨认真的工作态度；
2. 培养学生勤俭、奋斗、创新、奉献的劳动精神和精益求精的工匠精神。

(二) 知识目标

1. 了解气压传动系统的基本工作原理；
2. 了解气压传动系统各组成元件的结构、工作原理和应用；
3. 掌握 2D 动态铣削、区域铣削和曲面加工等加工方法。

(三) 能力目标

1. 能熟练初步看懂回路图并能分析简单的气压传动系统；
2. 能熟练运用 Mastercam 软件和 FANUC 系统机床完成发动部位零件的加工；
3. 能熟练运用测量知识和仪器设备完成发动部位零件的检测。

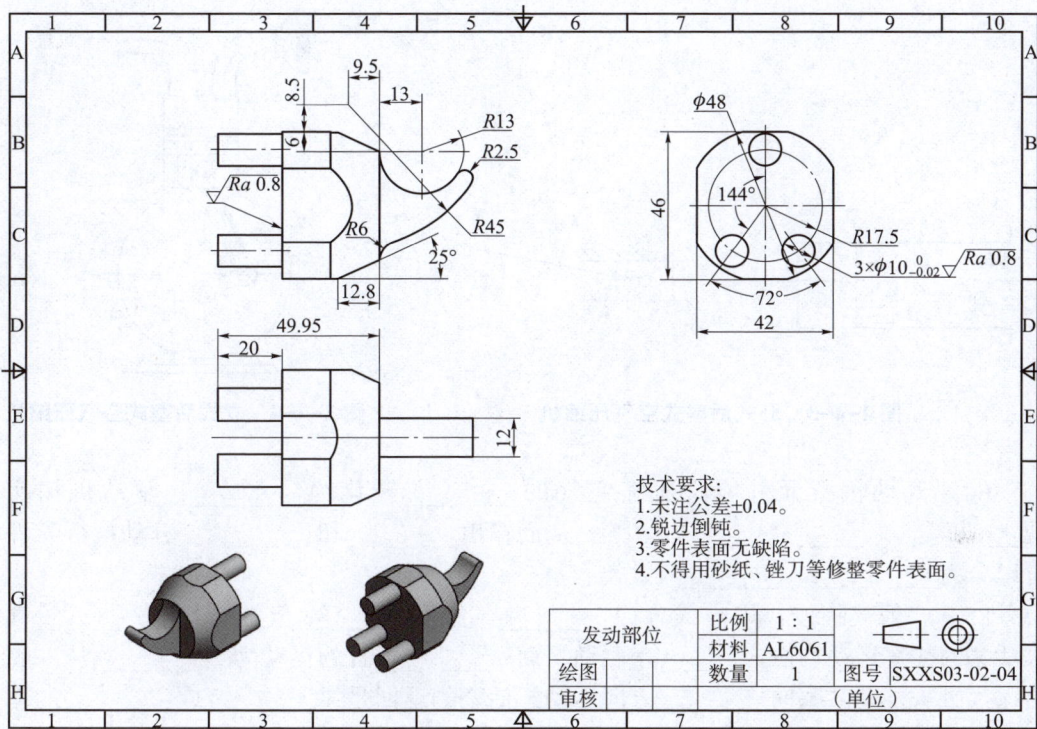

图 2-4-2　发动部位加工任务图纸

三、知识储备

引导问题

为了更好地完成发动部位的加工任务，请查找资料，回答下面气压传动系统基础知识的相关问题。

（1）气压传动系统是利用_____为工作介质，将电动机或其他原动机输出的_____转变为_____，然后在_____的控制和辅助元件的配合下，通过_____把空气的_____转变为_____，从而完成_____或_____运动，并对外做功。

（2）气压传动系统根据气动元件和装置的不同功能，可以分成哪几个部分？

（3）空气压缩机（简称空压机）是把原动机的_____转变成气体的_____装置。空压机的种类很多，如图 2-4-3、图 2-4-4 所示，按工作原理可分为_____和_____两类。

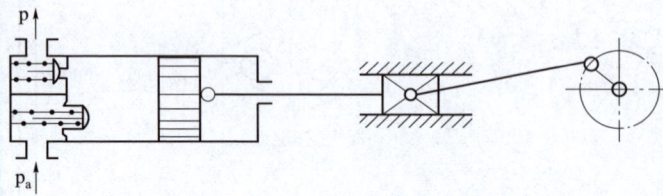

图 2-4-3　卧式活塞式空气压缩机

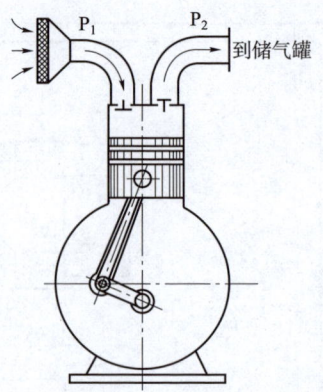

图 2-4-4　立式活塞式空气压缩机

（4）气动执行元件能将压缩空气的_____转化为_____，驱动机构实现_____、_____、_____等，从而输出_____和_____。气动执行元件可以分为_____和_____两大类。

（5）一般气缸按作用方式分为_____气缸和_____气缸。其中_____气缸活塞的往复运动均由_____来驱动；而_____气缸的运动为_____只从一腔进入气缸来推动活塞向_____方向运动，活塞的返回是靠_____或_____的作用。按气缸的功能可分为_____气缸和_____气缸。

（6）气动马达（简称气马达）是把压缩空气的_____转变成_____的能量转换装置，使机构实现_____或_____运动。气动马达的作用相当于_____或_____。在气动系统中，只能做_____运动的马达称为摆动式气马达，能够做_____的马达称为回转式气马达。

（7）简述图 2-4-5 所示叶片式气动马达的工作原理。

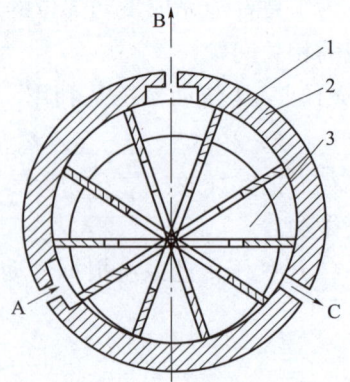

图 2-4-5　叶片式气动马达

1—叶片；2—定子；3—转子

（8）气动控制元件是控制和调节压缩空气的_____、_____、_____和_____的重要元件，气动控制元件按其作用和功能可分为_____、_____和_____三大类。

(9) 气源净化元件包括哪些?

(10) 填写图2-4-6所示各气源净化元件的名称。

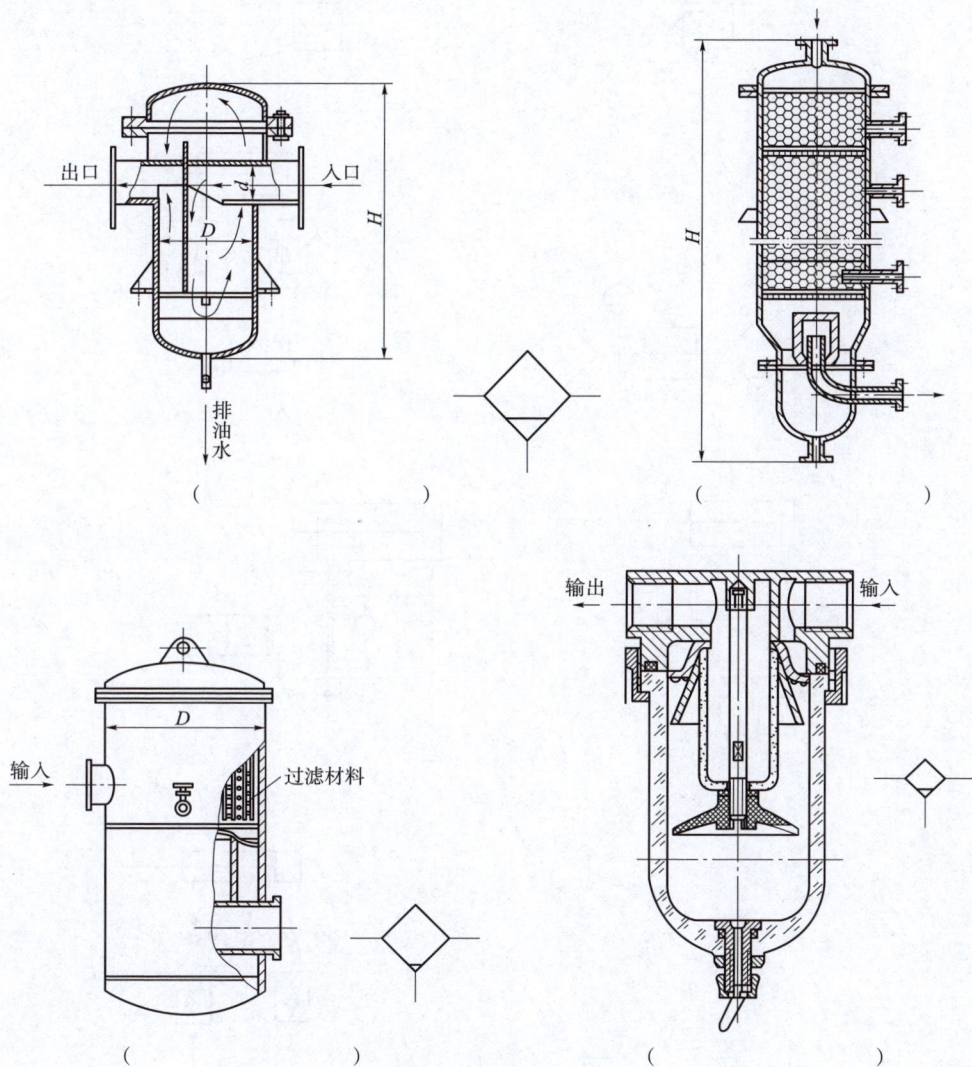

图 2-4-6　气源净化元件

(11) 其他气压传动系统辅助元件还包含哪些?

（12）填写图 2-4-7 所示各基本控制回路的名称。

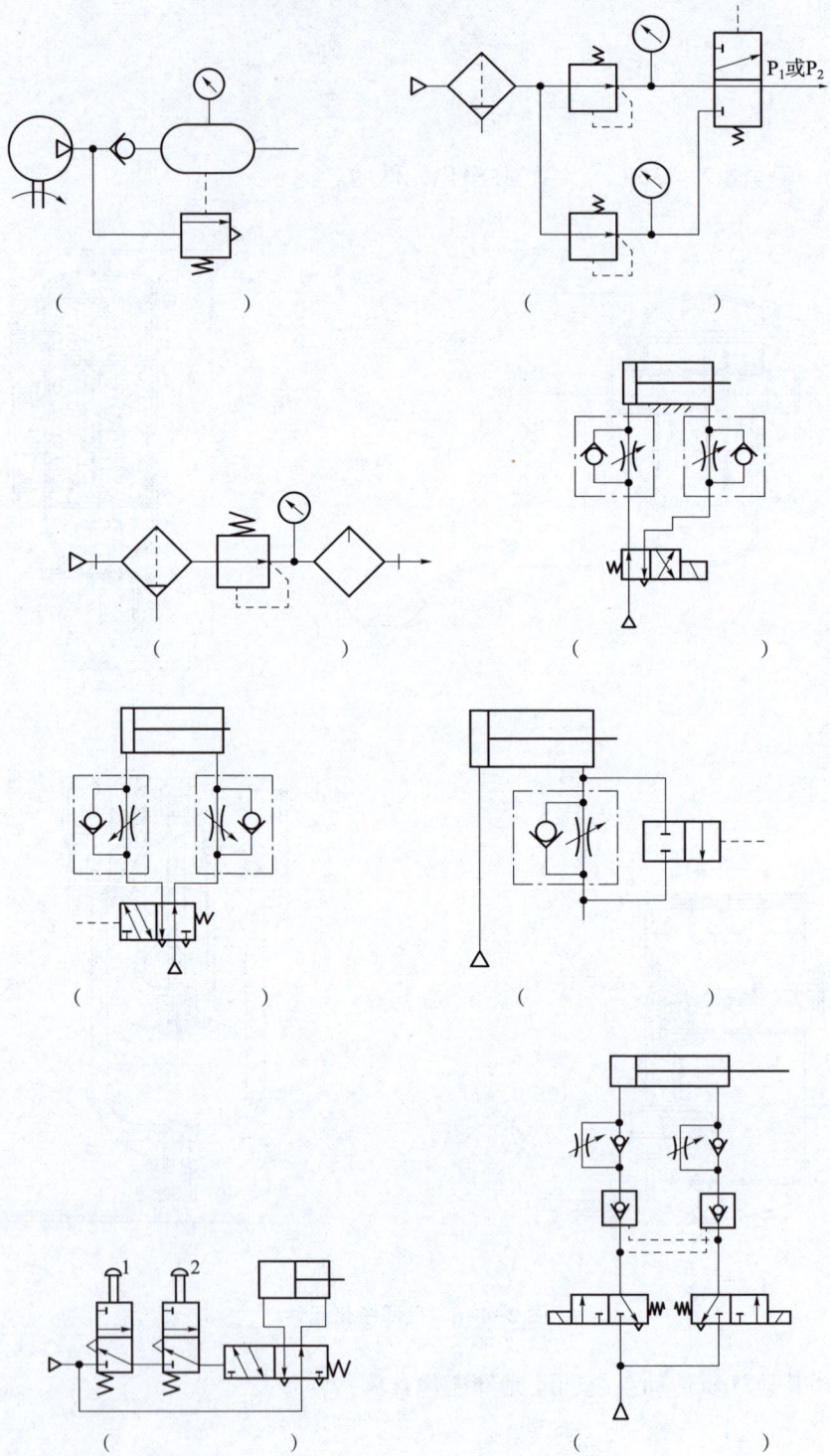

（　　　　　）　　　　　　　　　（　　　　　）

（　　　　　）　　　　　　　　　（　　　　　）

（　　　　　）　　　　　　　　　（　　　　　）

（　　　　　）　　　　　　　　　（　　　　　）

图 2-4-7　基本控制回路

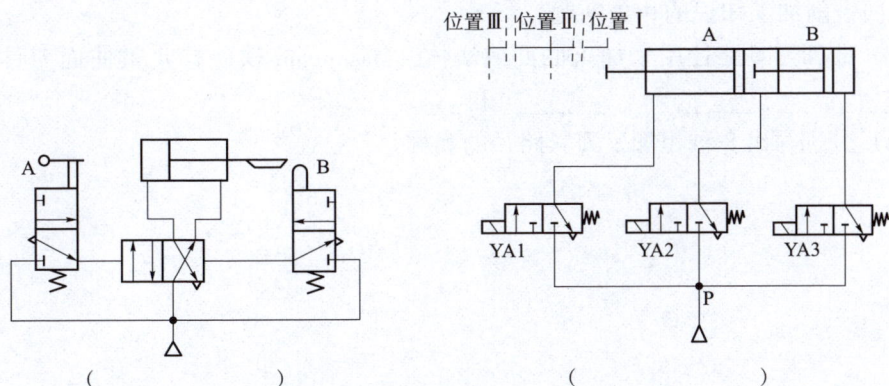

图 2-4-7　基本控制回路（续）

小资料

管接头是气动装置中管道与管道、管道与气动元件之间连接必不可少的连接件。对管接头不仅要求结构简单，制造装拆方便，同时应工作可靠，密封性能好，流动阻力小。管接头的连接形式有卡套式、插入式、扩口式、卡箍式、快速接头和回转接头（见表 2-4-1）。

表 2-4-1　管接头的连接形式

连接形式	图示	连接形式	图示
卡套式		快速接头	
插入式		回转接头	
扩口式		卡箍式	

四、工作准备

引导问题

为了更好地完成发动部位的加工任务，请查找资料，回答下面 Mastercam 软件的三维曲面铣削加工知识的相关问题。

（1）曲面刀具路径用来加工曲面或实体，Mastercam 软件有 4 类曲面刀具路径，分别是_____、_____、_____和_____。

（2）分别写出 8 种粗加工刀具路径的名称。

（3）填写图 2-4-8 所示各精加工刀具路径的名称。

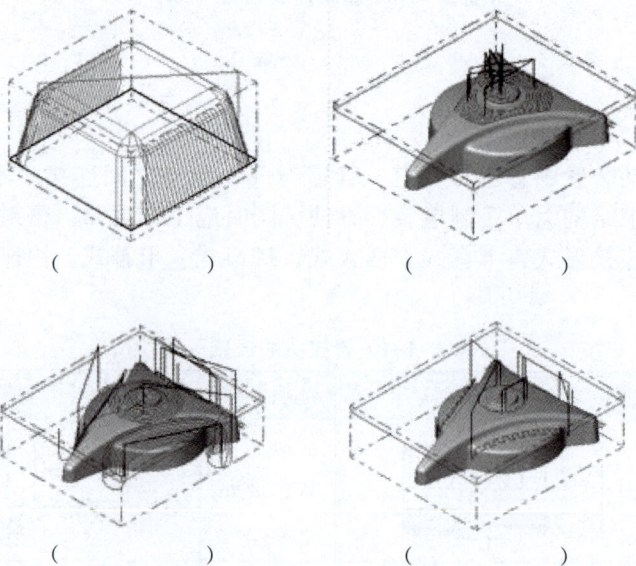

（　　　　　）　　　　　　　　（　　　　　）

（　　　　　）　　　　　　　　（　　　　　）

图 2-4-8　精加工刀具路径

五、计划与实施

（一）引导问题 1

为了更好地完成发动部位的加工任务，请查找资料，回答下面夹具基础知识的相关问题。

（1）铣床夹具按使用范围分为_____、_____和_____三类；按工件在铣床上加工的运动特点分为_____、_____、_____（如仿形装置）三类；还可按_____和_____（如气动、电动、液压），以及_____（如单件、双件、多件）等进行分类；其中，最常用的分类方法是按_____、_____和_____进行分类。

（2）如图 2-4-9、图 2-4-10 所示，铣床夹具与其他机床夹具的不同之处在于它是通过_____在机床上定位，用_____决定铣刀相对于夹具的位置。

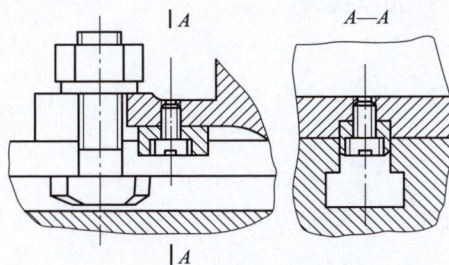

图 2-4-9　定位键及其连接

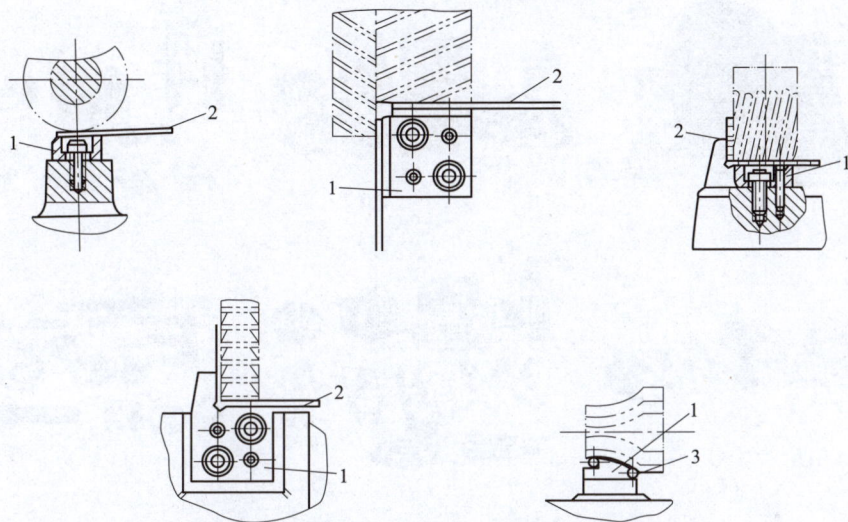

图 2-4-10　对刀装置

1—对刀块；2—对刀平塞尺；3—对刀圆柱塞尺

（3）典型数控机床夹具有何特点？

（4）数控铣床夹具的基本要求有哪些？

（5）常用数控铣床夹具种类有哪些？

（6）加工中心机床夹具有何特点？

（7）根据加工中心机床特点和加工需要，目前常用的夹具结构类型有_____、_____、_____和_____。

（8）图 2-4-11 所示为 T 形槽系组合夹具的元件，请简述组合夹具的特点。

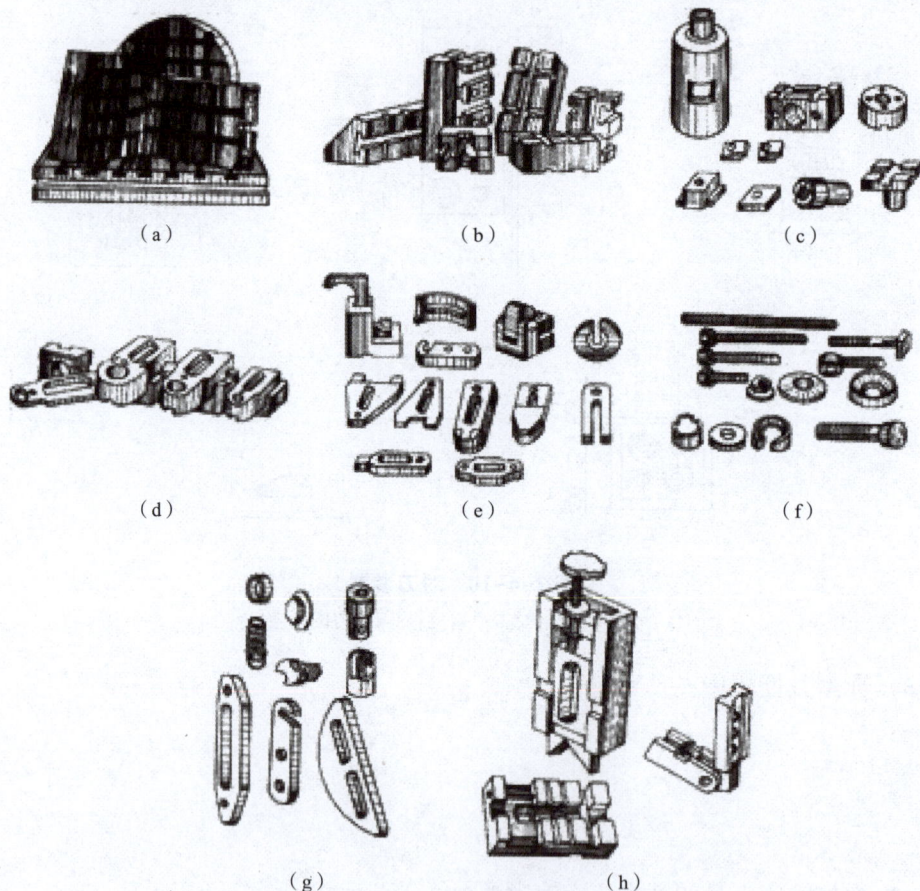

（a）

（b）

（c）

（d）

（e）

（f）

（g）

（h）

图 2-4-11　T 形槽系组合夹具的元件

（a）基础件；（b）支承件；（c）定位件；（d）导向件；（e）夹紧件；（f）紧固件；（g）其他件；（h）合件

（9）模块化夹具是一种_____的夹具，通常由_____和_____组成。

（10）自动线是由多台_____，借助工件_____、_____、_____等组成的一种加工系统。常见的自动线夹具有_____和_____两种。

（二）引导问题 2

如何制订发动部位零件的加工工艺？

（1）各小组分析、讨论并制订计划。

1）根据加工要求，考虑现场的实际条件，小组成员共同分析、讨论并确定合理的加工计划，填写表 2-4-2。

学习笔记

表 2-4-2　加工计划表

序号	加工内容	尺寸精度	刀具规格/mm	主轴转速/$(r \cdot min^{-1})$	进给量/$(mm \cdot r^{-1})$	切削深度/mm	备注

2）组内及组间对加工计划的评价及改进建议。

3）指导教师的评价与结论。

（2）各小组根据计划，完成工量刃具、设备和材料的准备，填写表 2-4-3。

表 2-4-3　工量刃具、设备和材料的准备

序号	工量刃具、设备和材料的名称	要求	数量

（三）引导问题3

（1）参考表2-4-4发动部位的刀路设计表，设置零件的刀路。

表2-4-4　发动部位的刀路设计表

序号	加工图示	编程图示	仿真图示	加工参数设置
1		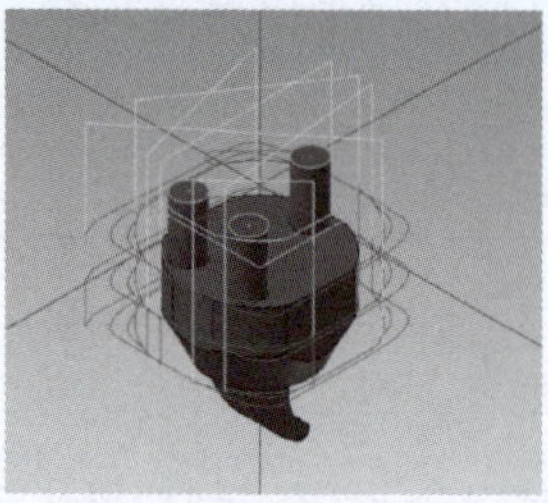	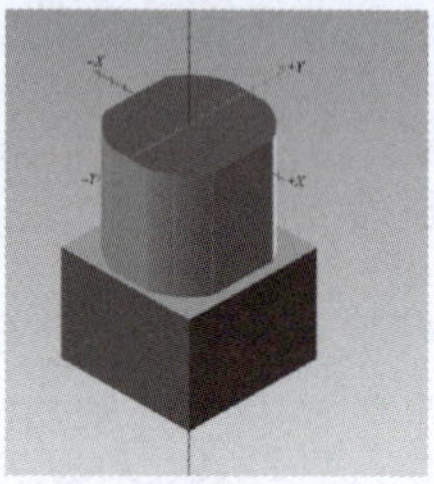	加工刀路：2D动态铣削 余量：0.25 mm 刀具：φ12 mm 转速：4 500 r/min 切削速度（F）：2 000 mm/min
2		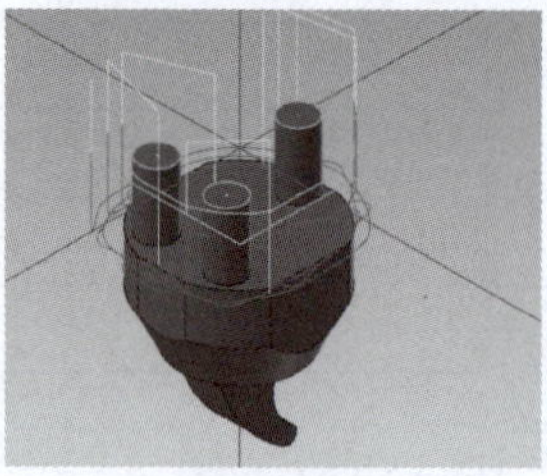	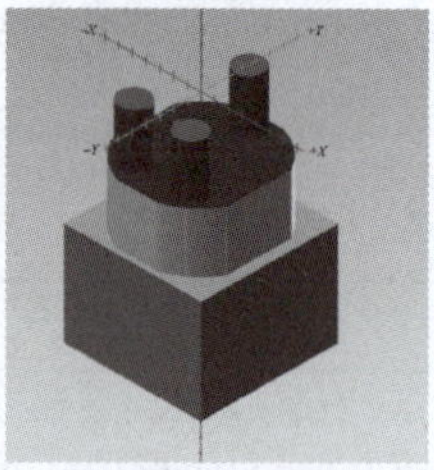	加工刀路：2D动态铣削 余量：0.25 mm 刀具：φ12 mm 转速：4 500 r/min 切削速度（F）：2 000 mm/min
3		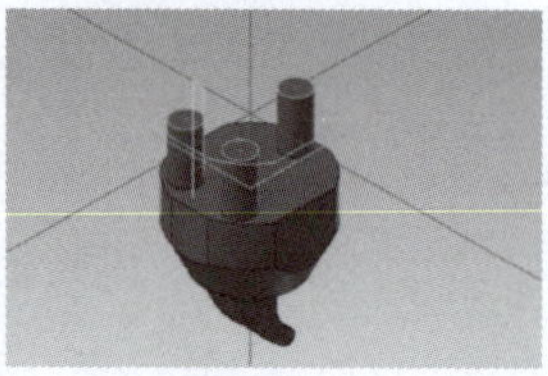	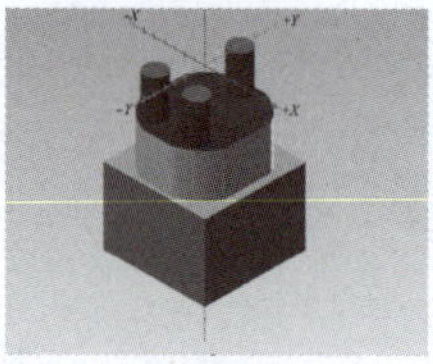	加工刀路：2D动态铣削 余量：0.25 mm 刀具：φ8 mm 转速：4 500 r/min 切削速度（F）：1 200 mm/min
4		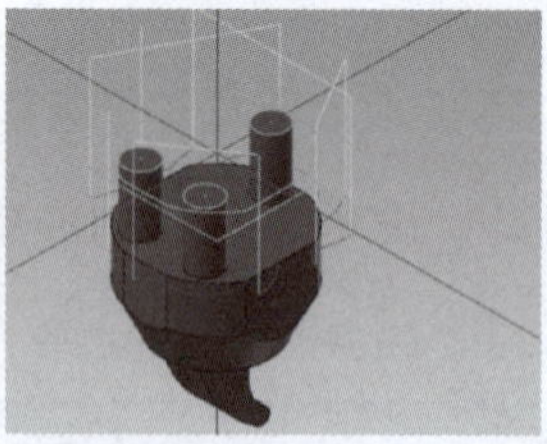	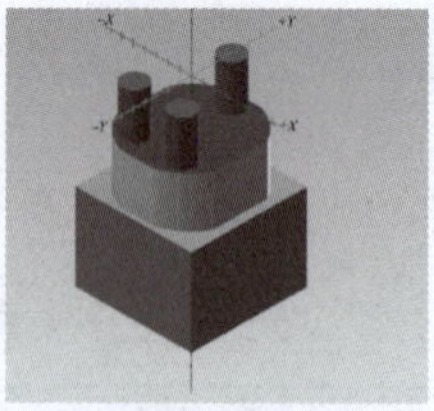	加工刀路：区域铣削 刀具：φ12 mm 转速：5 000 r/min 切削速度（F）：1 000 mm/min 精加工刀次：1
5	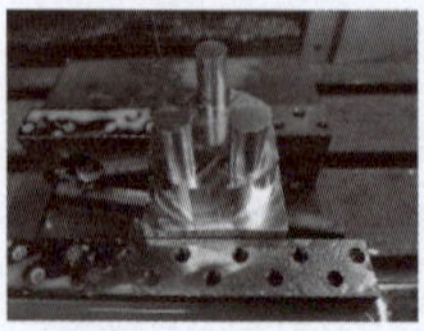	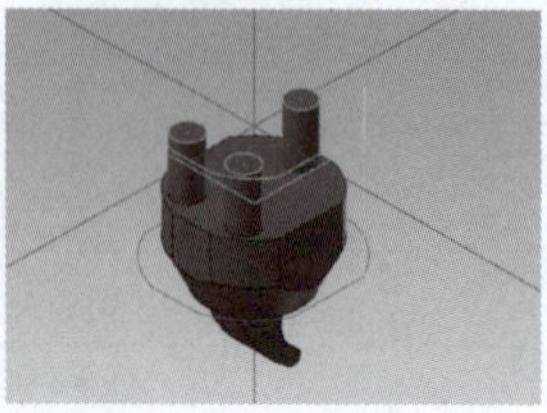	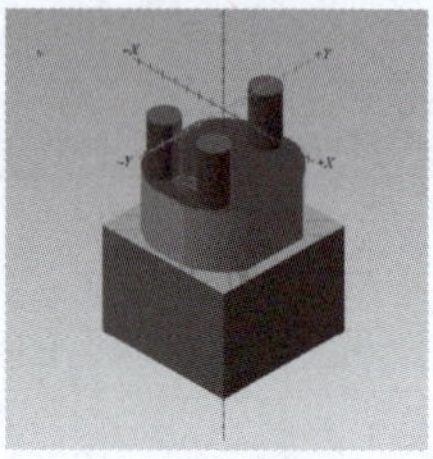	加工刀路：外形铣削 刀具：φ12 mm 转速：5 000 r/min 切削速度（F）：800 mm/min

序号	加工图示	编程图示	仿真图示	加工参数设置
6		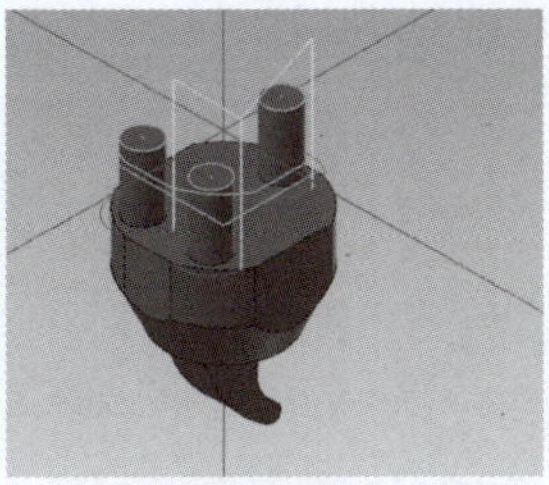	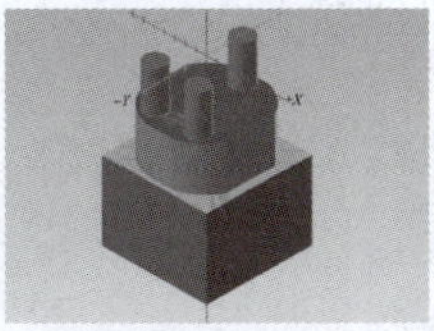	加工刀路：外形铣削 刀具：$\phi12$ mm 转速：5 500 r/min 切削速度（F）：800 mm/min
7		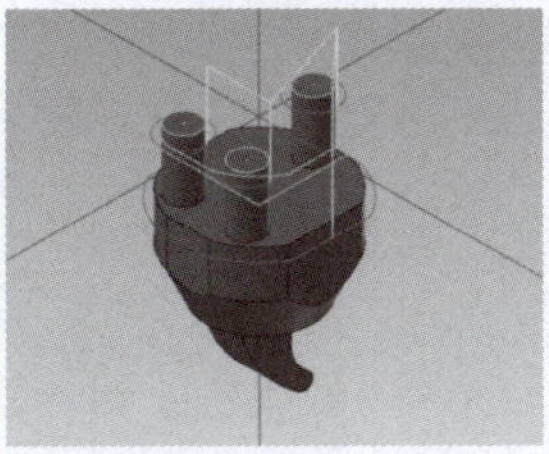	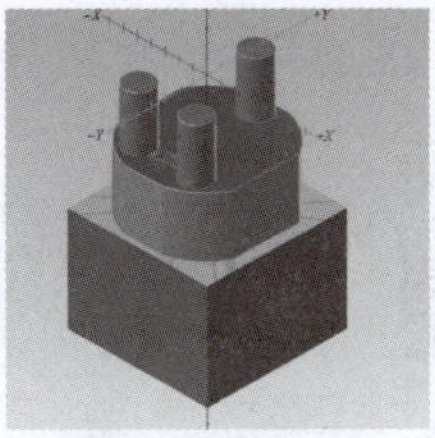	加工刀路：2D倒角 刀具：$\phi6$ mm 转速：5 500 r/min 切削速度（F）：800 mm/min
8		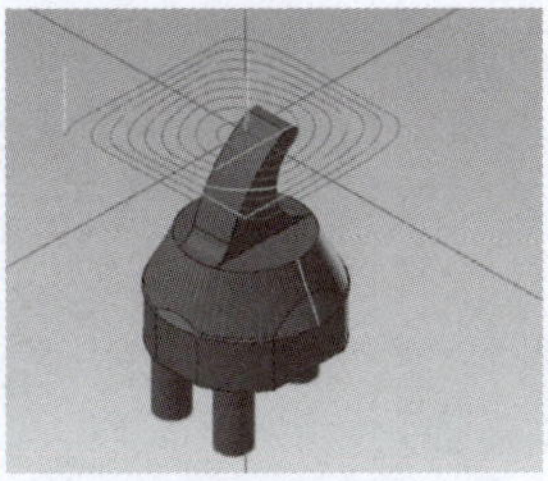	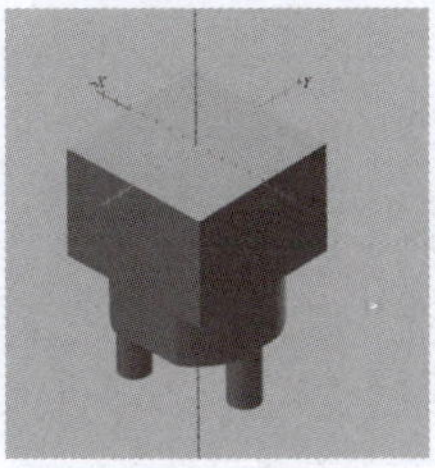	加工刀路：2D动态铣削 余量：0.25 mm 刀具：$\phi12$ mm 转速：4 500 r/min 切削速度（F）：2 000 mm/min
9		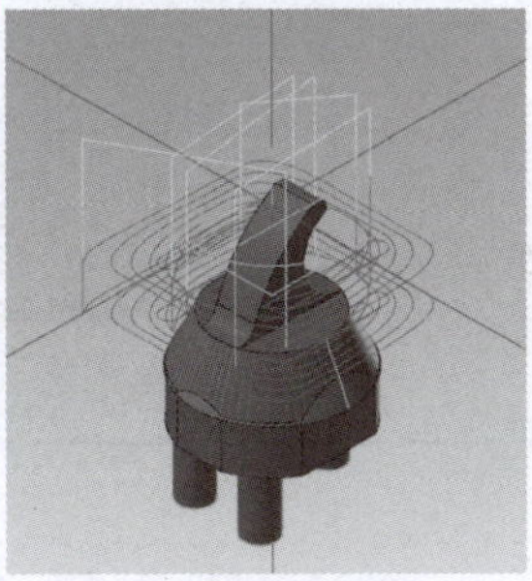	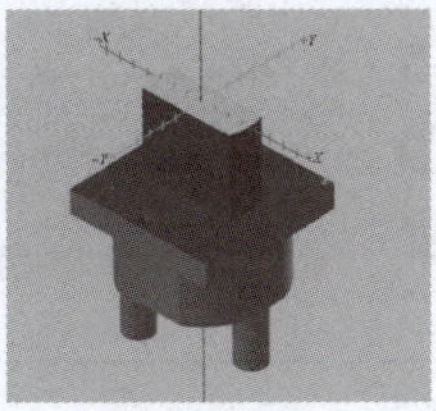	加工刀路：2D动态铣削 余量：0.25 mm 刀具：$\phi12$ mm 转速：4 500 r/min 切削速度（F）：2 000 mm/min
10		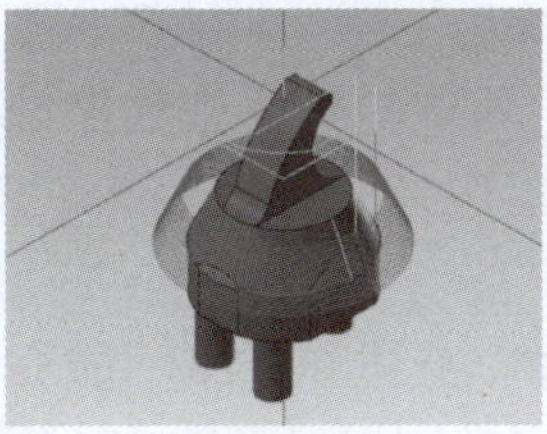	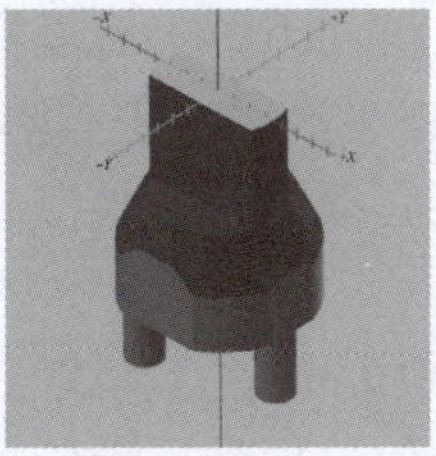	加工刀路：曲面加工 刀具：$\phi12$ mm 转速：5 000 r/min 切削速度（F）：800 mm/min 精加工刀次：2

序号	加工图示	编程图示	仿真图示	加工参数设置
11		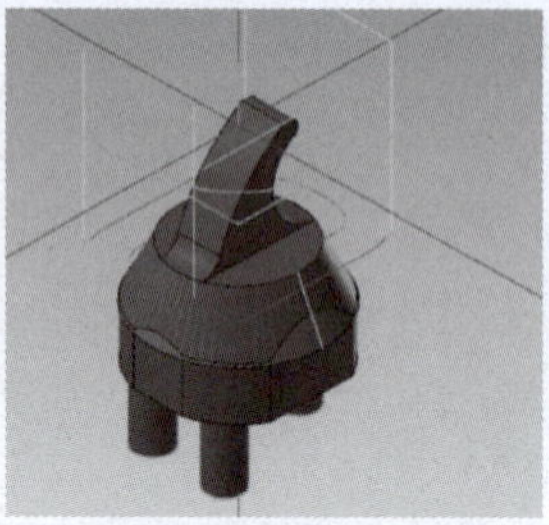		加工刀路：区域铣削 刀具：$\phi12$ mm 转速：5 500 r/min 切削速度（F）：800 mm/min
12		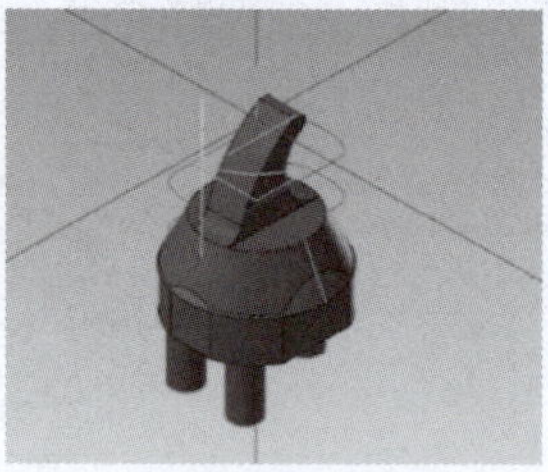	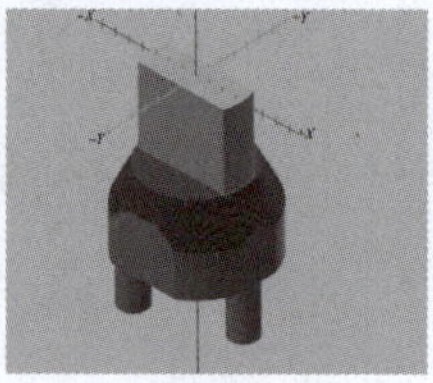	加工刀路：外形铣削 刀具：$\phi12$ mm 转速：5 500 r/min 切削速度（F）：800 mm/min
13		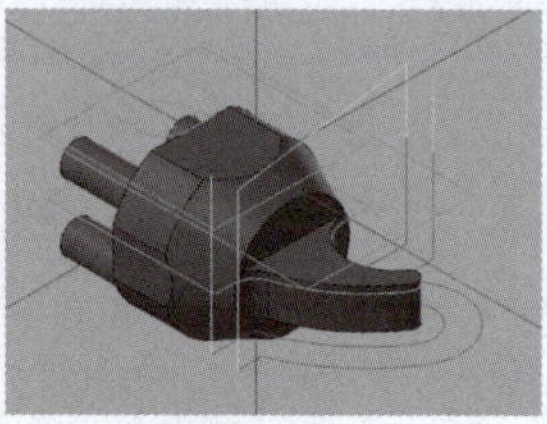	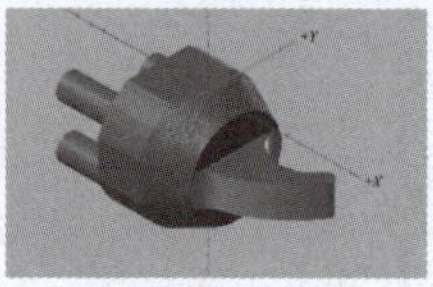	加工刀路：外形铣削 刀具：$\phi12$ mm 转速：5 500 r/min 切削速度（F）：300 mm/min
14		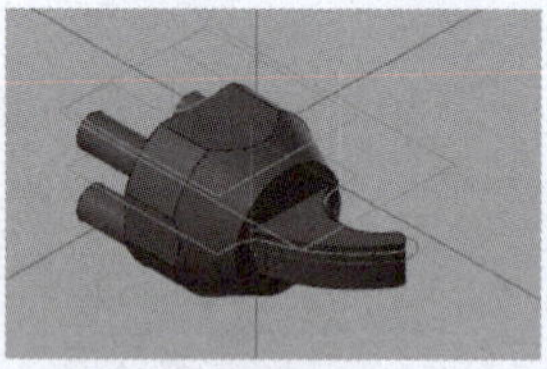	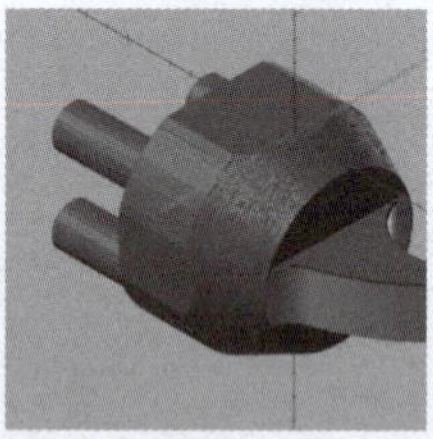	加工刀路：2D倒角 刀具：$\phi6$ mm 转速：5 500 r/min 切削速度（F）：800 mm/min

（2）安全提示。

1）工作时应穿工作服、戴袖套。长头发同学应戴工作帽，将长发塞入帽子里。夏季禁止穿裙子、短裤和凉鞋上机操作。

2）为防切屑崩碎飞散，对于有防护外罩的封闭型数控铣床必须关闭防护门，对于半开放式数控铣床必须戴防护眼镜。工作时，头部不能离工件加工区域太近，以防切屑伤人。

3）工作时，必须集中精力，注意手、身体和衣服不能靠近正在旋转的机件，如铣床主轴、工件、带轮、皮带、齿轮等。

4）工件和铣刀必须装夹牢固，以防飞出伤人。

5）凡装卸工件、更换刀具、测量加工表面及变换速度时，必须先停机，再进行调整。

6）铣床运转时，不得用手去摸刀具及刀具加工区域。严禁用纱布擦抹转动的铣削刀具。

7）使用专用铁钩清除切屑，严禁用手直接清除。

8）在数控铣床上操作时禁止戴手套。

9）不要随意拆装电气设备，以免发生触电事故。

10）工作中若发现机床、电气设备有故障，要及时申报，由专业人员检修，未修复不得使用。

（四）引导问题4

（1）加工仿真应注意什么问题？

（2）后置处理应注意什么问题？

六、总结与评价

（一）引导问题1

如何使用合适的量具检测发动部位的零件加工质量？

（1）请把检测结果填写在表2-4-5 发动部位零件加工评分表中。

表2-4-5　发动部位零件加工评分表　　　　　　　　　　　　　　mm

选手姓名				选手编码				总成绩		
项目	数控铣			试题图号	SXXS03-02-04			总时间		
A-主要尺寸										
序号	配分/分	方位	尺寸类型	公称尺寸	上偏差	下偏差	上极限尺寸	下极限尺寸	实际尺寸	得分/分	修正值
1	10	D9	φ	10	0	-0.02	10	9.98			
小计	10										

学习笔记

B-次要尺寸

序号	配分/分	方位	尺寸类型	公称尺寸	上偏差	下偏差	上极限尺寸	下极限尺寸	实际尺寸	得分/分	修正值
1	9	D3	D	20	0.04	-0.04	20.04	19.96			
2	9	D3	H	49.95	0.04	-0.04	49.99	49.91			
3	8	E5	H	12	0.04	-0.04	12.04	11.96			
4	8	B7	ϕ	48	0.04	-0.04	48.04	47.96			
5	8	C7	L	46	0.04	-0.04	46.04	45.96			
6	8	D8	L	42	0.04	-0.04	42.04	41.96			
小计	50										

C-表面质量

序号	配分/分	方位	尺寸类型	公称尺寸	上偏差	下偏差	上极限尺寸	下极限尺寸	实际尺寸	得分/分	修正值
1	10	C3	Ra	0.8 μm							
小计	10										

D-主观评判

序号	配分/分	评判要求	情况记录	得分/分
1	5	零件加工要素完整度		
2	5	零件损伤（振纹、夹伤、过切等）		
3	5	倒角（1 处未加工扣 0.3 分，1 处毛刺锐边扣 0.2 分）		
小计	15			

E-职业素养

序号	配分/分	规范要求	情况记录	得分/分
1	2	工具、量具、刀具分区摆放		
2	2	工具摆放整齐、规范、不重叠		
3	1	量具摆放整齐、规范、不重叠		
4	1	刀具摆放整齐、规范、不重叠		
5	1	防护用具佩戴规范		
6	1	工作服、工作帽、工作鞋穿戴规范		

学习笔记

序号	配分/分	规范要求	情况记录	得分/分
colspan-E		E-职业素养		
7	1	加工后清理现场、清洁及其他		
8	1	现场表现		
小计	10			

序号	配分/分	其他要求	情况记录	得分/分
colspan-F		F-增加毛坯		
1	5	增加毛坯		
小计	5			

G-技术总结

学生总结		教师评价
存在问题	改进方向	
日期		

（2）填写发动部位零件加工不达标尺寸分析表，见表2-4-6。

表2-4-6　发动部位零件加工不达标尺寸分析表

序号	图位	尺寸类型	公称尺寸	实际测量数值	出错原因	解决方案	
						学生分析	教师分析

（二）引导问题2

针对本项目所学的知识进行自我评价与总结。

（1）发动部位零件加工学习效果自我评价见表2-4-7。

表2-4-7 发动部位零件加工学习效果自我评价表

序号	学习任务内容	学习效果			备注
		优秀	良好	较差	
1	气压传动的基础知识都有哪些				
2	夹具的基础知识有哪些				
3	如何制订发动部位零件的加工工艺				
4	实施过程中要注意哪些问题				
5	如何使用合适的量具检测发动部位零件的加工质量				

（2）请总结评价不足与需要改进的地方。

1）通过以上检测，分析所做零件的不足以及解决的办法。

2）写出在操作过程中存在的问题和以后需要改进的地方。

模块三　世赛训练题加工

项目一　世赛训练题一

一、项目描述

世界技能大赛（简称世赛）由世界技能组织举办，被誉为"技能奥林匹克"，是世界技能组织成员展示和交流职业技能的重要平台。本项目任务是根据世界技能大赛数控车项目的加工零件进行设计的，与世界技能大赛数控车项目所加工的零件难度相当。通过本项目可训练学生加工高难度零件的能力。

本项目以 Mastercam 软件和 FANUC 系统机床作为学习工具，保证零件的尺寸和表面粗糙度。世赛训练题一任务书如图 3-1-1 所示，任务图纸如图 3-1-2 所示。通过完成本项目，学生应学会对 Mastercam 软件五轴加工知识进行综合运用。

零件名称	世赛训练题一	材料	AL6061	毛坯尺寸	135 mm×90 mm×50 mm

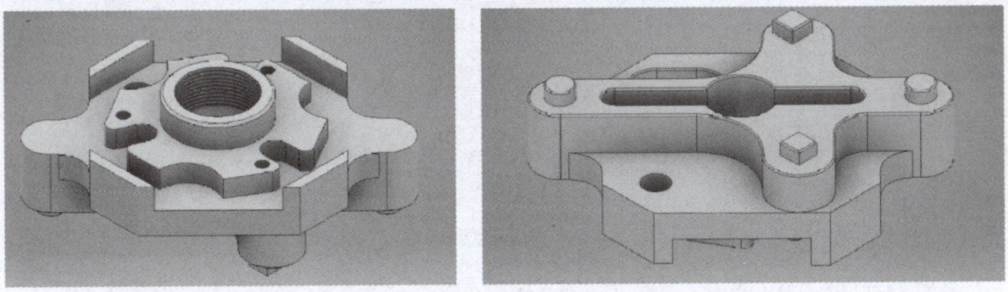

图 3-1-1　世赛训练题一任务书

二、学习目标

（一）素质目标

1. 培养学生服务人民、奉献社会的意识；
2. 培养学生对国家标准重要性的认识。

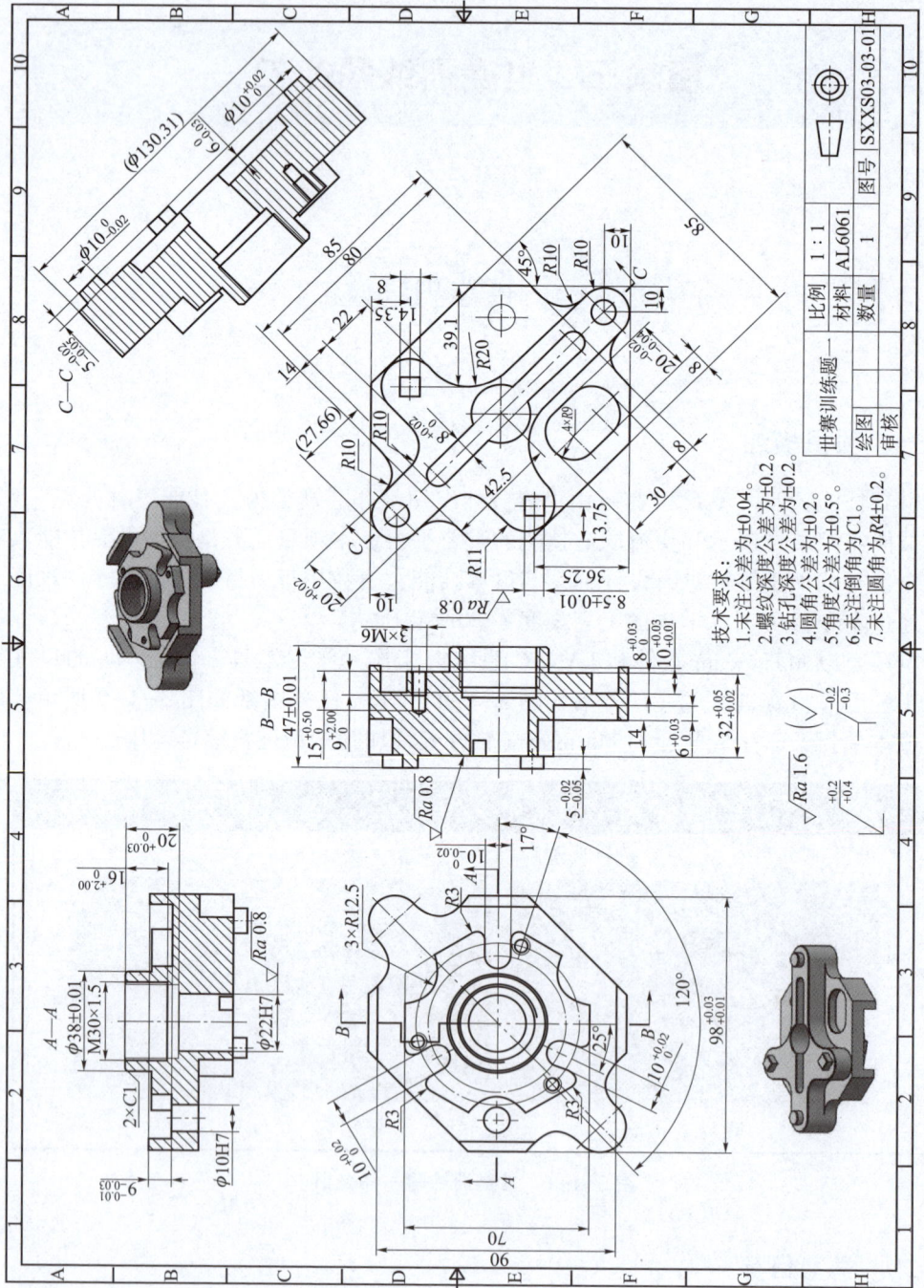

图 3-1-2 世赛训练题—任务图纸

技术要求:
1. 未注公差为±0.04。
2. 螺纹深度公差为±0.2。
3. 钻孔深度公差为±0.2。
4. 圆角公差为±0.2。
5. 角度公差为±0.5°。
6. 未注倒角为C1。
7. 未注圆角为R4±0.2。

（二）知识目标

1. 熟悉复杂零件的各种加工方法；
2. 掌握 Mastercam 软件五轴加工的综合知识；
3. 掌握复杂零件的工艺编制方法。

（三）能力目标

1. 能分析复杂零件的加工难点与重点；
2. 能制订复杂零件的加工工艺；
3. 能检测复杂零件的加工质量并分析尺寸不达标的原因。

三、知识储备

引导问题

为了更好地完成世赛训练题一的加工任务，请查找资料，回答下面 Mastercam 软件三维实体编辑知识的相关问题。

（1）实体抽壳是用_____的方法挖空实体，按设置的_____及_____生成一个壳体。

（2）当选择实体的一个_____进行取壳操作时，从_____的位置开始在实体上删除材料生成壳体。如图 3-1-3 所示，如果选取_____进行取壳操作时，将从_____删除材料，生成一个_____的壳体。

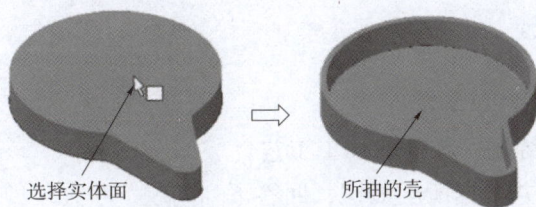

选择实体面　　　所抽的壳

图 3-1-3　取壳操作

四、准备工作

引导问题

为了更好地完成世赛训练题一的加工任务，请查找资料，回答下面 Mastercam 软件中刀具路径的管理与编辑的相关问题。

（1）零件的所有刀具路径都显示在操作管理器中。使用操作管理器可以对刀具路径进行_____，可以_____、_____、_____刀具路径，也可以进行_____、_____、_____等操作，以验证刀具路径是否正确，如图 3-1-4 所示。

（2）刀具路径模拟用于重新显示已经产生的刀具路径，以确认其_____，同时系统会报告理论上工件切削_____、_____、_____、_____等参数，如图 3-1-5 所示。

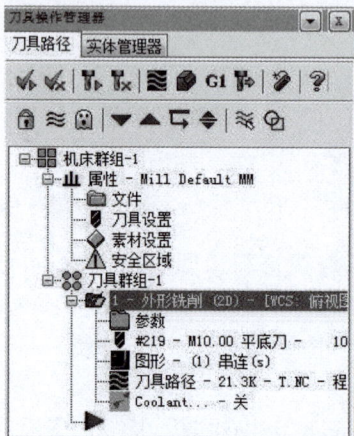

图 3-1-4　操作步骤图（1）

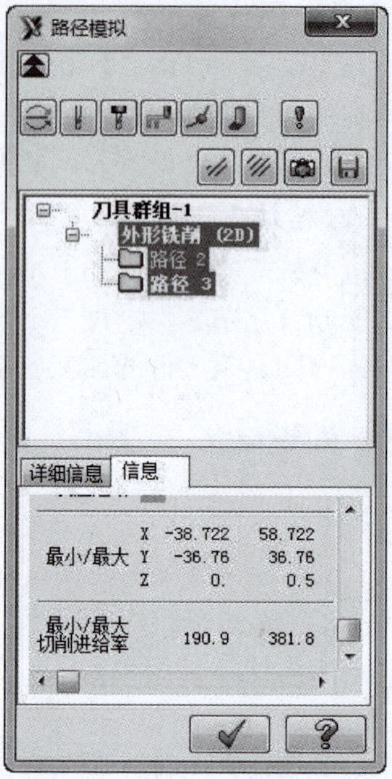

图 3-1-5　操作步骤图（2）

五、计划与实施

（一）引导问题 1

如何制订世赛训练题—零件的加工工艺？

（1）查找资料，并根据所学知识，回答下列问题。

1）根据加工要求，考虑现场的实际条件，小组成员共同分析、讨论并确定合理的加工计划，填写表 3-1-1。

表 3-1-1　加工计划表

序号	图示	加工内容	尺寸精度	注意事项	备注

2）组内及组间对加工计划的评价及改进建议。

3）指导教师的评价与结论。

（2）各小组根据计划，完成工量刃具、设备和材料的准备，填写表3-1-2。

表3-1-2　工量刃具、设备和材料的准备

序号	工量刃具、设备和材料的名称	要求	数量

（二）引导问题2

参考表3-1-3刀路设计表，设置零件的刀路。

零件刀路设置

表3-1-3　刀路设计表

序号	加工图示	编程图示	仿真图示	加工参数设置
1		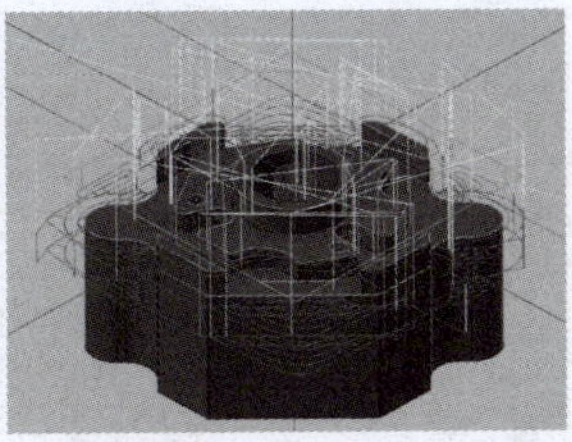	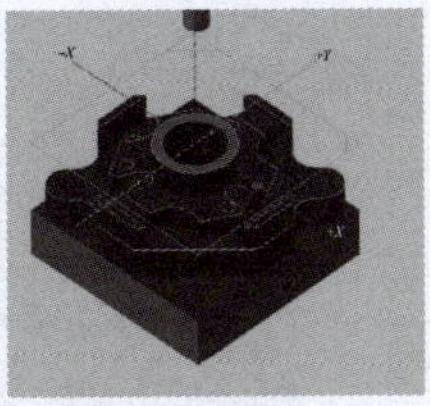	加工刀路：动态加工，外形 余量：0.2 mm 刀具：ϕ12 mm 转速：4 000 r/min 切削速度（F）：1 000 mm/min

序号	加工图示	编程图示	仿真图示	加工参数设置
2		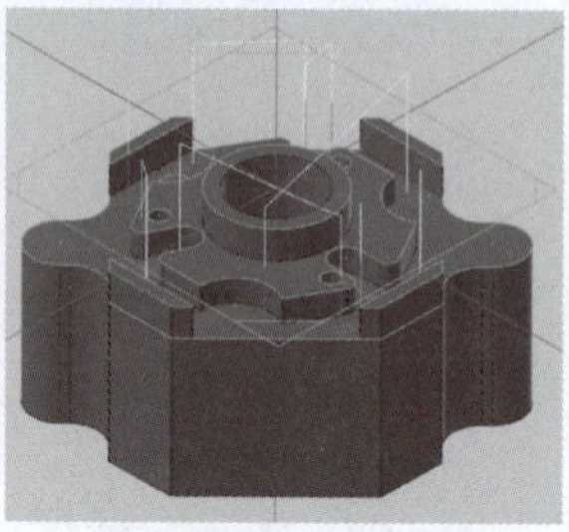	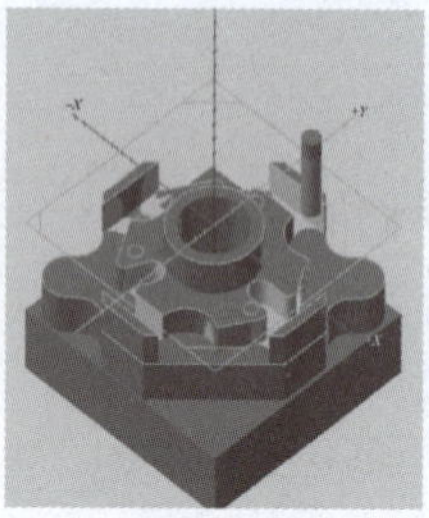	加工刀路：动态加工 刀具：$\phi 8$ mm 转速：5 000 r/min 切削速度（F）：1 000 mm/min
3		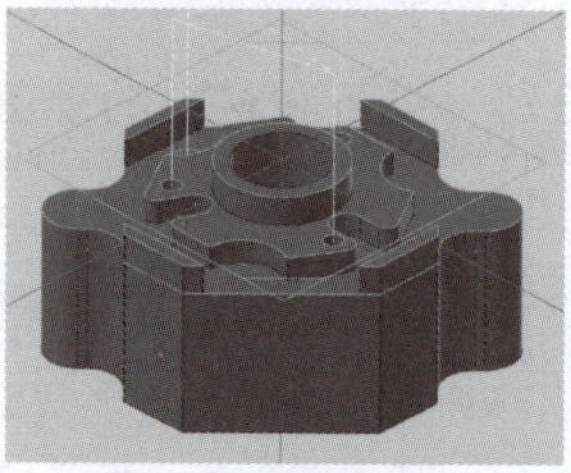	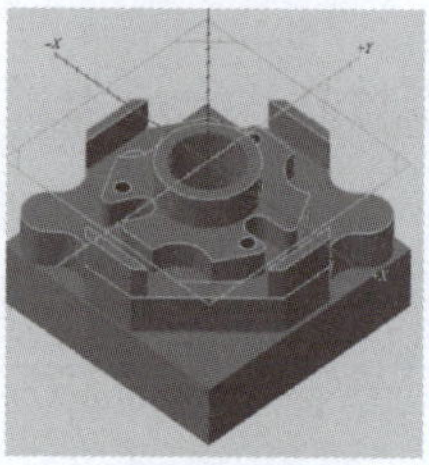	加工刀路：钻孔 $\phi 5$ mm 钻头 转速：1 100 r/min 切削速度（F）：100 mm/min
4		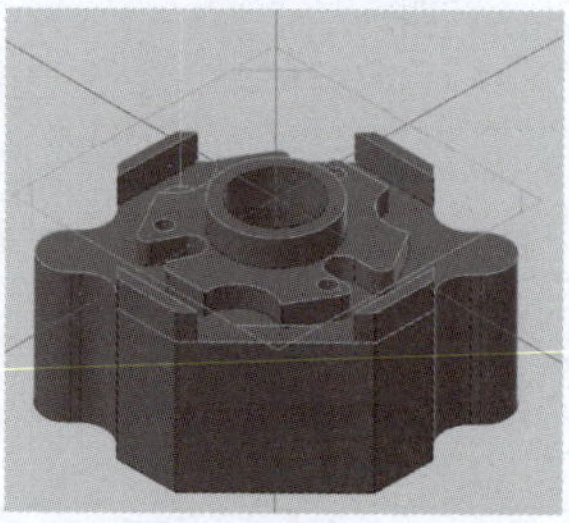	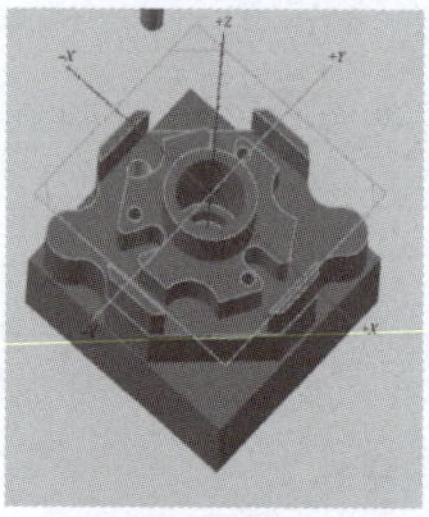	加工刀路：钻孔 刀具：$\phi 11.6$ mm 转速：800 r/min 切削速度（F）：100 mm/min
5		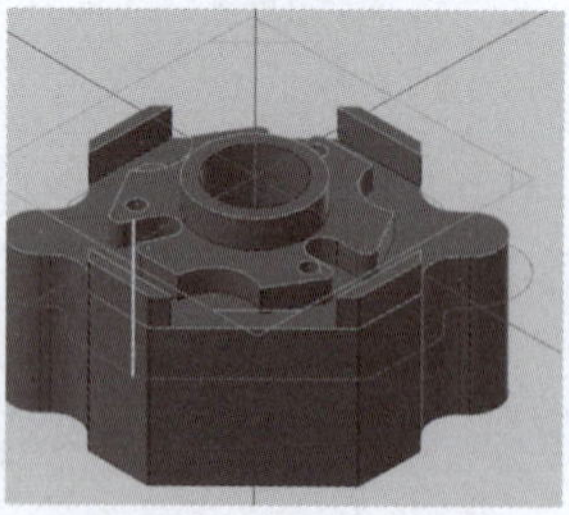	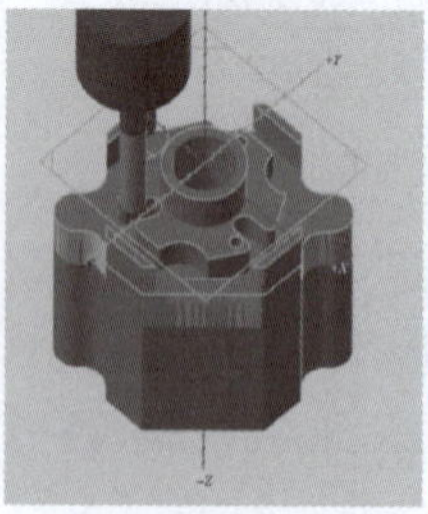	加工刀路：外形 刀具：$\phi 12$ mm 转速：4 500 r/min 切削速度（F）：800 mm/min
6		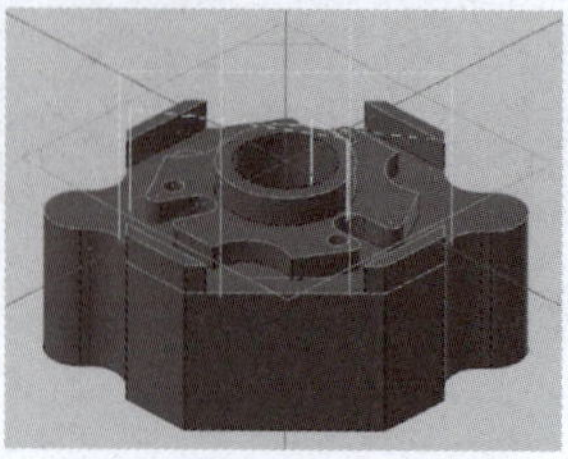	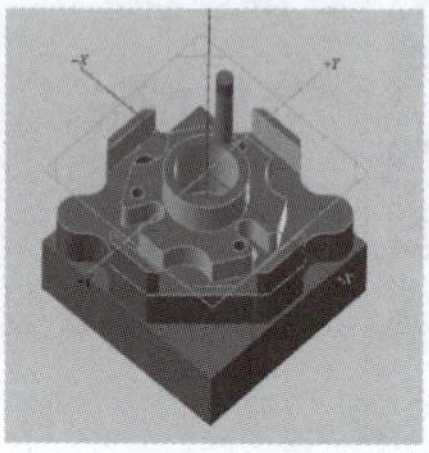	加工刀路：外形 刀具：$\phi 8$ mm 转速：5 000 r/min 切削速度（F）：800 mm/min

序号	加工图示	编程图示	仿真图示	加工参数设置
7	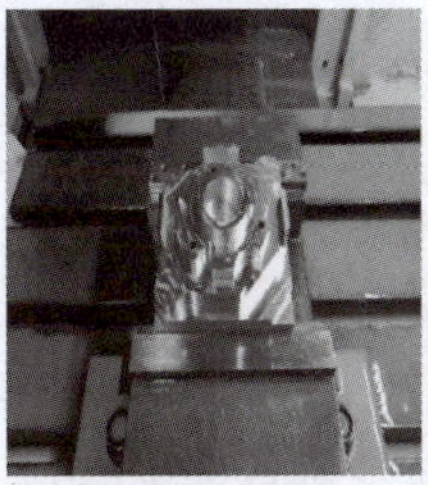	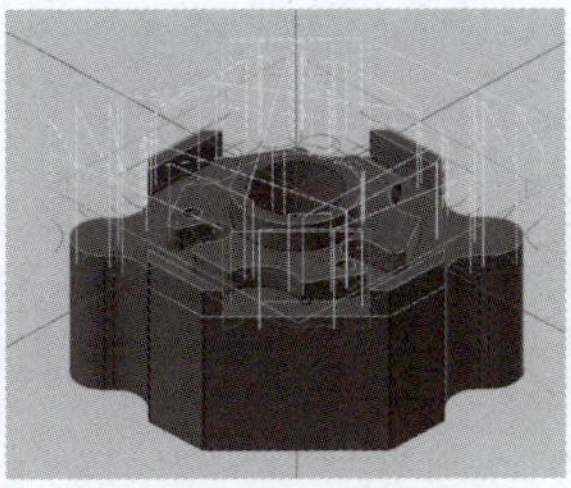	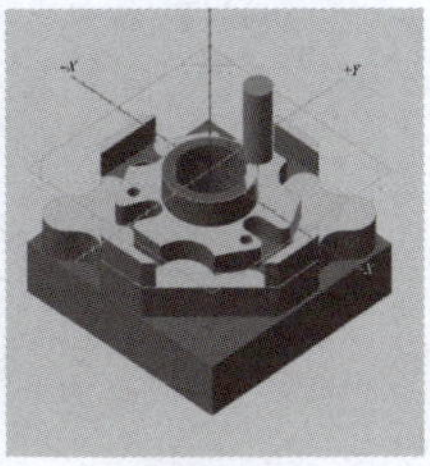	加工刀路：区域 刀具：$\phi12$ mm 转速：5 000 r/min 切削速度（F）：600 mm/min
8	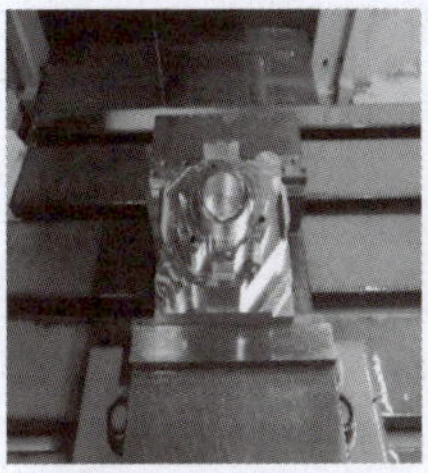	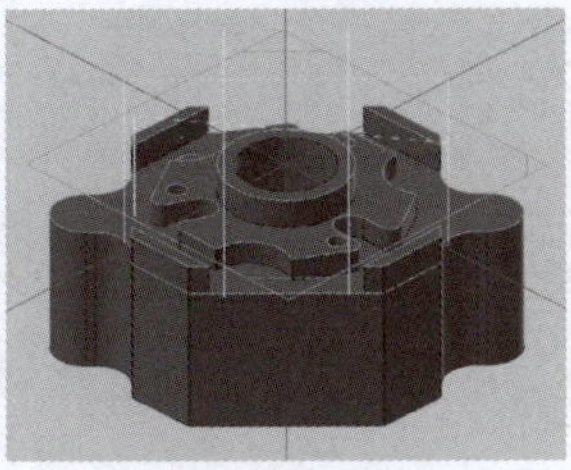	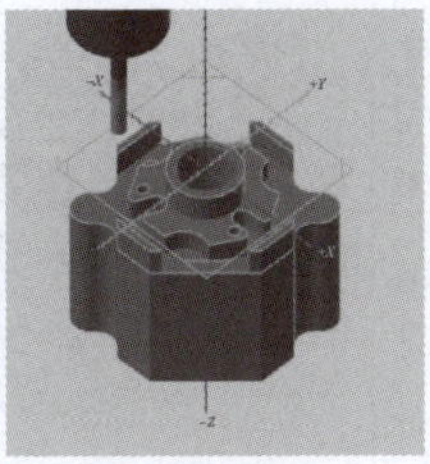	加工刀路：外形 刀具：$\phi8$ mm 转速：5 000 r/min 切削速度（F）：600 mm/min
9	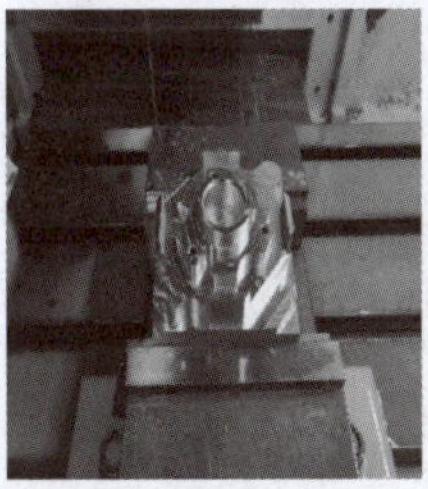	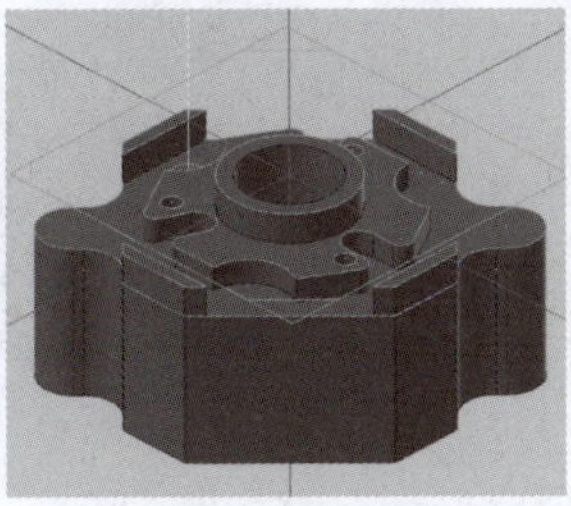	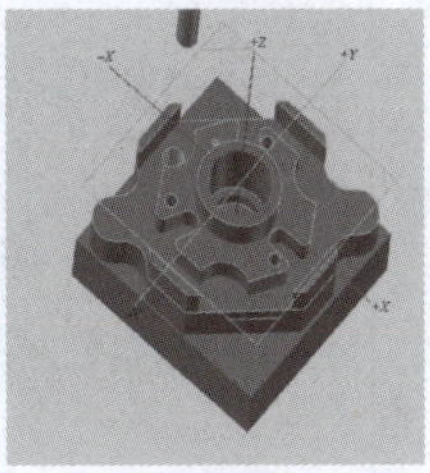	加工刀路：铰孔 刀具：$\phi12$ mm 转速：250 r/min 切削速度（F）：50 mm/min
10	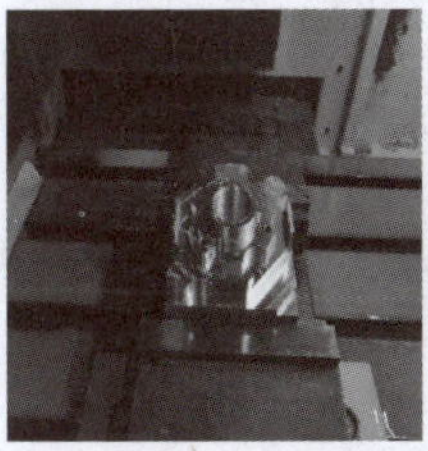	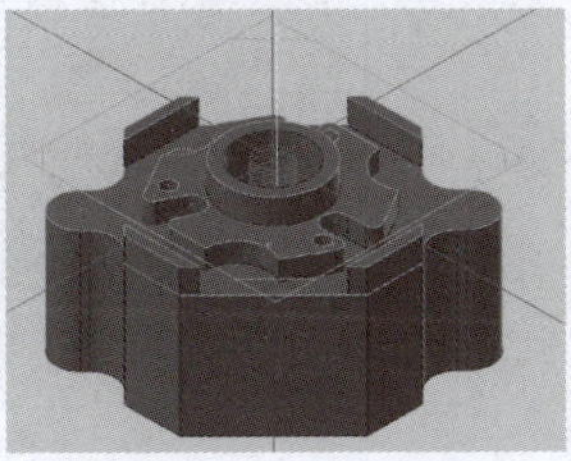	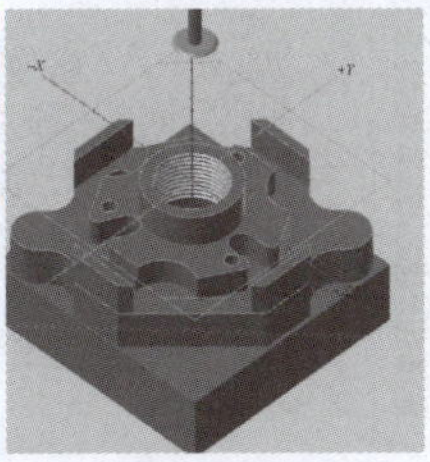	加工刀路：螺纹铣削 刀具：$\phi16.7$ mm 转速：5 000 r/min 切削速度（F）：800 mm/min
11	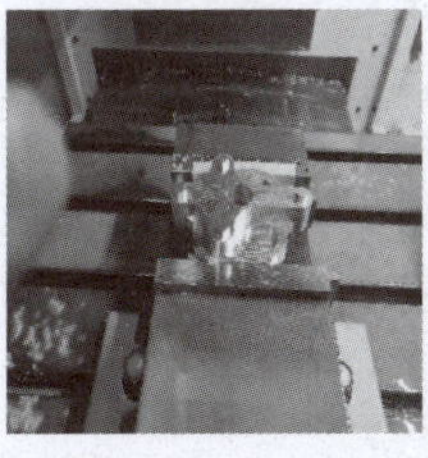	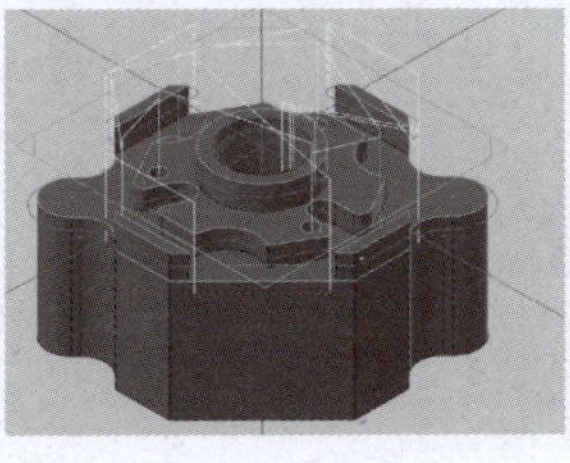	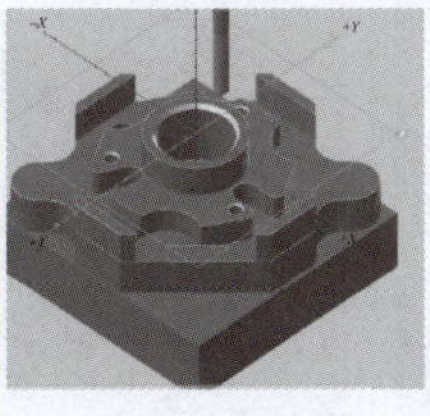	加工刀路：2D 倒角 刀具：$\phi6$ mm 转速：5 000 r/min 切削速度（F）：800 mm/min

序号	加工图示	编程图示	仿真图示	加工参数设置
12	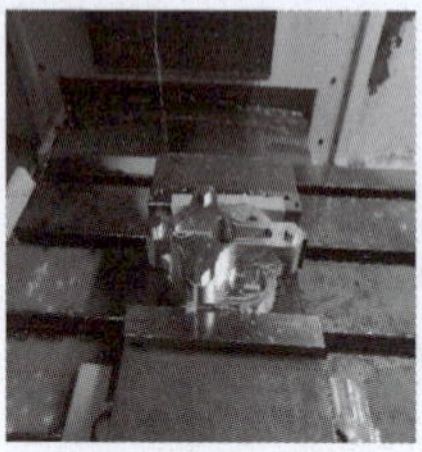	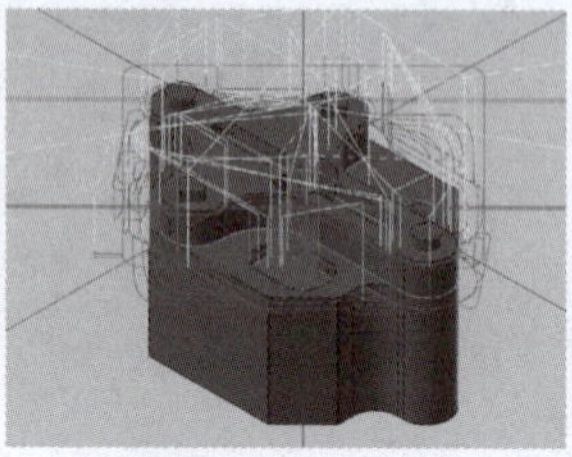	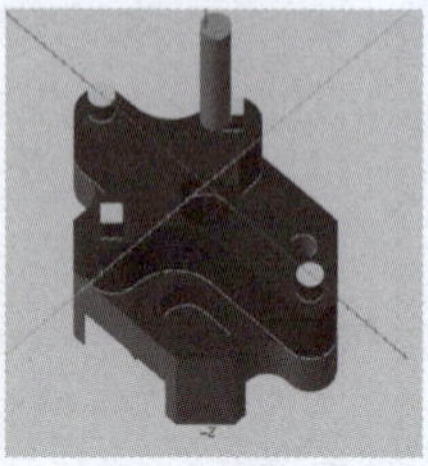	加工刀路：动态加工 余量：0.2 mm 刀具：ϕ12 mm 转速：5 000 r/min 切削速度（F）：1 000 mm/min
13		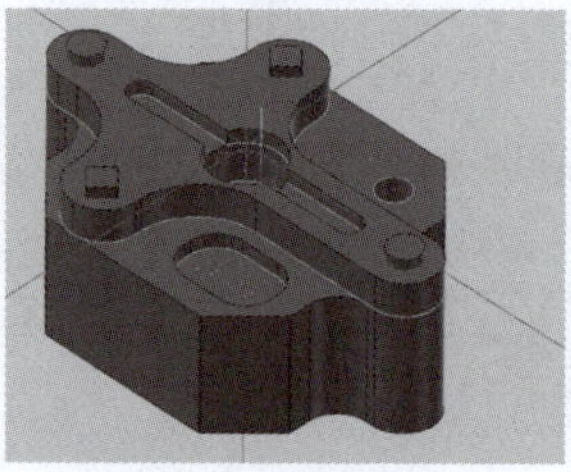	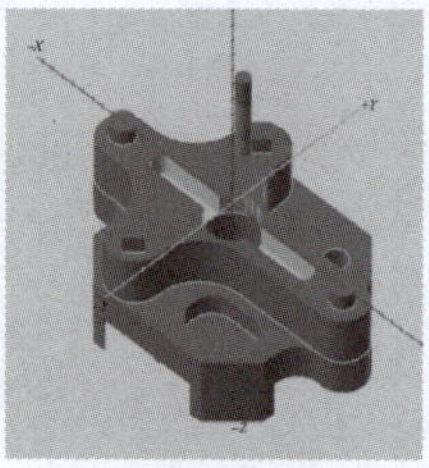	加工刀路：外形 刀具：ϕ6 mm 转速：5 000 r/min 切削速度（F）：800 mm/min
14		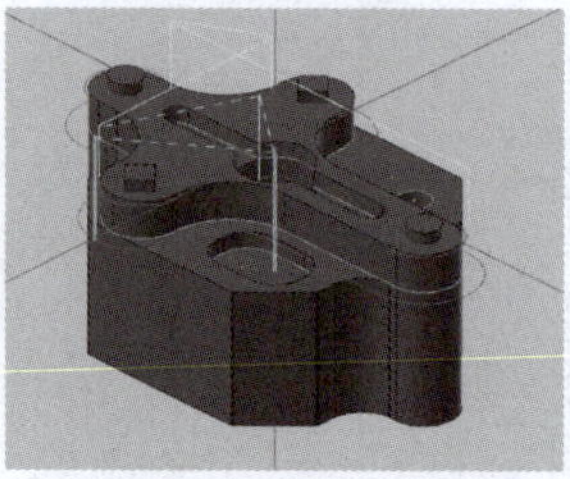	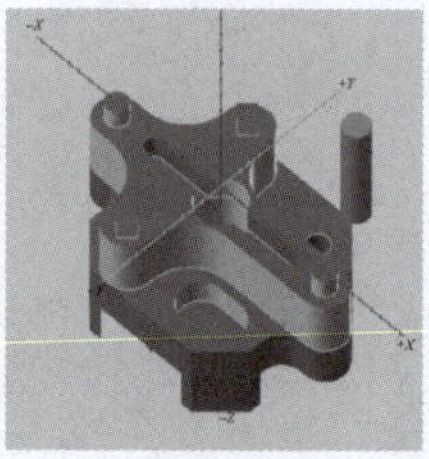	加工刀路：外形 刀具：ϕ12 mm 转速：5 000 r/min 切削速度（F）：800 mm/min
15		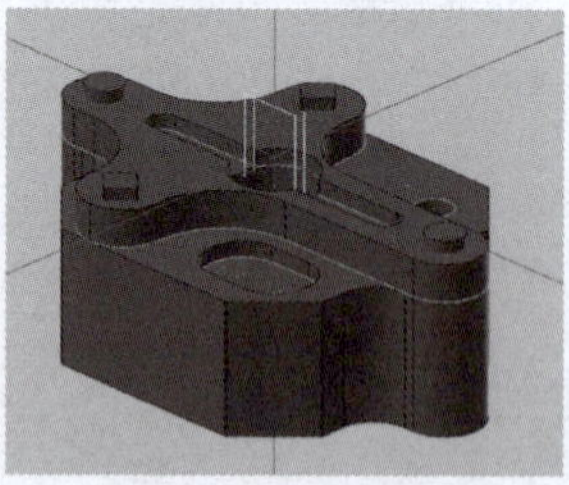	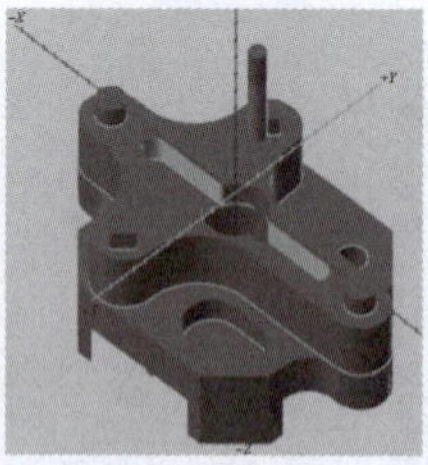	加工刀路：外形 刀具：ϕ6 mm 转速：5 000 r/min 切削速度（F）：800 mm/min
16		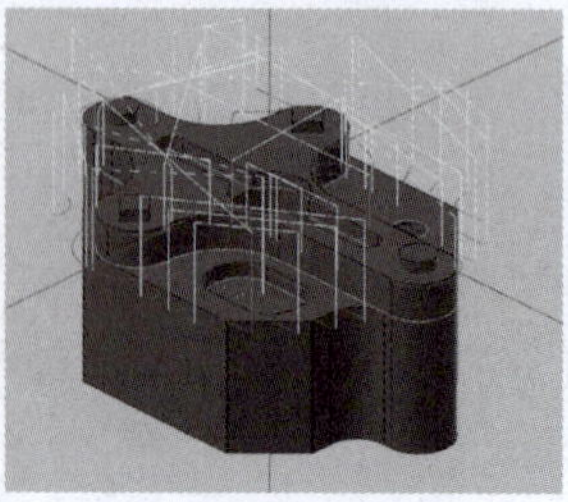	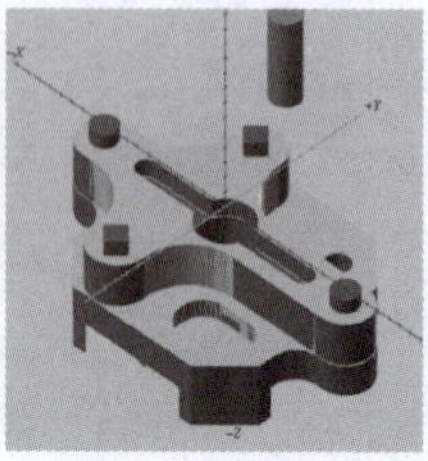	加工刀路：区域 刀具：ϕ12 mm 转速：5 000 r/min 切削速度（F）：800 mm/min

序号	加工图示	编程图示	仿真图示	加工参数设置
17				加工刀路：外形 刀具：$\phi 6$ mm 转速：5 000 r/min 切削速度（F）：800 mm/min
18				加工刀路：2D 倒角 刀具：$\phi 6$ mm 转速：5 000 r/min 切削速度（F）：800 mm/min

六、总结与评价

引导问题

请检测零件加工质量并分析尺寸不达标的原因。

（1）请把检测结果填写在表 3-1-4 世赛训练题一零件加工评分表中。

表 3-1-4　世赛训练题一零件加工评分表　　　　　　　　　　　　　　mm

选手姓名			选手编码			总成绩			
项目	数控铣		试题图号	SXXS03-03-01		总时间			

A-主要尺寸											

序号	配分/分	方位	尺寸类型	公称尺寸	上偏差	下偏差	上极限尺寸	下极限尺寸	实际尺寸	得分/分	修正值
1	2	B1	D	9	-0.01	-0.03	8.99	8.97			
2	2	C2	ϕ	10	0.018	0	10.018	10			
3	2	C3	ϕ	22	0.021	0	22.021	22			
4	2	A3	ϕ	38	0.01	-0.01	38.01	37.99			
5	2	B4	D	20	0.03	0	20.03	20			
6	2	D2	L	10	0.02	0	10.02	10			
7	2	F2	L	10	0.02	0	10.02	10			

| \multicolumn{13}{c}{A-主要尺寸} |
序号	配分/分	方位	尺寸类型	公称尺寸	上偏差	下偏差	上极限尺寸	下极限尺寸	实际尺寸	得分/分	修正值
8	2	G3	L	98	0.03	0.01	98.03	98.01			
9	2	G6	D	10	0.03	0.01	10.03	10.01			
10	2	G5	D	6	0.03	0	6.03	6			
11	2	G5	H	32	0.05	0.02	32.05	32.02			
12	2	F6	L	8.5	0.01	−0.01	8.51	8.49			
13	2	F8	L	20	−0.02	−0.04	19.98	19.96			
14	2	D7	H	8	0.02	0	8.02	8			
15	2	C6	H	20	0.02	0	20.02	20			
16	3	C5	H	47	0.01	−0.01	47.01	46.99			
17	3	A8	D	5	−0.02	−0.05	4.98	4.95			
18	3	A8	φ	10	0	−0.02	10	9.98			
19	3	C10	φ	10	0.02	0	10.02	10			
20	3	B9	D	6	0	−0.03	6	5.97			
21	3	F4	D	5	−0.02	−0.05	4.98	4.95			
22	3	E4	L	10	0	−0.02	10	9.98			
小计	51										

| \multicolumn{13}{c}{B-次要尺寸} |
序号	配分/分	方位	尺寸类型	公称尺寸	上偏差	下偏差	上极限尺寸	下极限尺寸	实际尺寸	得分/分	修正值
1	1	B3	M	M30×1.5							
2	1	D6	M	M6							
3	1	E1	L	90	0.04	−0.04	90.04	89.96			
4	1	E1	L	70	0.04	−0.04	70.04	69.96			
5	1	F5	D	14	0.04	−0.04	14.04	13.96			
6	1	D8	L	8	0.04	−0.04	8.04	7.96			
7	1	G9	L	85	0.04	−0.04	85.04	84.96			
8	1	C9	L	85	0.04	−0.04	85.04	84.96			
9	1	C9	L	80	0.04	−0.04	80.04	79.96			
10	1	F7	L	30	0.04	−0.04	30.04	29.96			
11	1	F7	L	8	0.04	−0.04	8.04	7.96			

<table>
<tr><td colspan="13" align="center">B-次要尺寸</td></tr>
<tr><td>序号</td><td>配分/分</td><td>方位</td><td>尺寸类型</td><td>公称尺寸</td><td>上偏差</td><td>下偏差</td><td>上极限尺寸</td><td>下极限尺寸</td><td>实际尺寸</td><td>得分/分</td><td>修正值</td></tr>
<tr><td>12</td><td>1</td><td>C8</td><td>L</td><td>22</td><td>0.04</td><td>-0.04</td><td>22.04</td><td>21.96</td><td></td><td></td><td></td></tr>
<tr><td>13</td><td>1</td><td>C8</td><td>L</td><td>14</td><td>0.04</td><td>-0.04</td><td>14.04</td><td>13.96</td><td></td><td></td><td></td></tr>
<tr><td>14</td><td>1</td><td>E6</td><td>R</td><td>11</td><td>0.04</td><td>-0.04</td><td>11.04</td><td>10.96</td><td></td><td></td><td></td></tr>
<tr><td>15</td><td>1</td><td>F9</td><td>R</td><td>10</td><td>0.04</td><td>-0.04</td><td>10.04</td><td>9.96</td><td></td><td></td><td></td></tr>
<tr><td>小计</td><td>15</td><td colspan="10"></td></tr>
</table>

<table>
<tr><td colspan="12" align="center">C-表面质量</td></tr>
<tr><td>序号</td><td>配分/分</td><td>方位</td><td>尺寸类型</td><td>公称尺寸</td><td>上偏差</td><td>下偏差</td><td>上极限尺寸</td><td>下极限尺寸</td><td>实际尺寸</td><td>得分/分</td><td>修正值</td></tr>
<tr><td>1</td><td>4</td><td>D4</td><td>Ra</td><td>0.8 μm</td><td></td><td></td><td></td><td></td><td></td><td></td><td></td></tr>
<tr><td>小计</td><td>4</td><td colspan="10"></td></tr>
</table>

<table>
<tr><td colspan="5" align="center">D-主观评判</td></tr>
<tr><td>序号</td><td>配分/分</td><td>评判要求</td><td>情况记录</td><td>得分/分</td></tr>
<tr><td>1</td><td>5</td><td>零件加工要素完整度</td><td></td><td></td></tr>
<tr><td>2</td><td>5</td><td>零件损伤（振纹、夹伤、过切等）</td><td></td><td></td></tr>
<tr><td>3</td><td>5</td><td>倒角（1处未加工扣 0.3分，1处毛刺锐边扣 0.2分）</td><td></td><td></td></tr>
<tr><td>小计</td><td>15</td><td colspan="3"></td></tr>
</table>

<table>
<tr><td colspan="5" align="center">E-职业素养</td></tr>
<tr><td>序号</td><td>配分/分</td><td>规范要求</td><td>情况记录</td><td>得分/分</td></tr>
<tr><td>1</td><td>2</td><td>工具、量具、刀具分区摆放</td><td></td><td></td></tr>
<tr><td>2</td><td>2</td><td>工具摆放整齐、规范、不重叠</td><td></td><td></td></tr>
<tr><td>3</td><td>1</td><td>量具摆放整齐、规范、不重叠</td><td></td><td></td></tr>
<tr><td>4</td><td>1</td><td>刀具摆放整齐、规范、不重叠</td><td></td><td></td></tr>
<tr><td>5</td><td>1</td><td>防护用具佩戴规范</td><td></td><td></td></tr>
<tr><td>6</td><td>1</td><td>工作服、工作帽、工作鞋穿戴规范</td><td></td><td></td></tr>
</table>

学习笔记

E-职业素养				
序号	配分/分	规范要求	情况记录	得分/分
7	1	加工后清理现场、清洁及其他		
8	1	现场表现		
小计	10			

F-增加毛坯				
序号	配分/分	其他要求	情况记录	得分/分
1	5	增加毛坯		
小计	5			

G-技术总结		
学生总结		教师评价
存在问题	改进方向	
日期		

（2）填写世赛训练题一零件加工不达标尺寸分析表，见表 3-1-5。

表 3-1-5　世赛训练题一零件加工不达标尺寸分析表

序号	图位	尺寸类型	公称尺寸	实际测量数值	出错原因	解决方案	
						学生分析	教师分析

（3）请总结评价不足与需要改进的地方。

1）通过以上检测，分析所做零件的不足以及解决的办法。

2）写出在操作过程中存在的问题和以后需要改进的地方。

项目二 世赛训练题二

技能大赛之
大国工匠

一、项目描述

本项目以 Mastercam 软件和 FANUC 系统机床作为学习工具，保证零件的尺寸和表面粗糙度。世赛训练题二任务书如图 3-2-1 所示，任务图纸如图 3-2-2 所示。通过完成本项目，学生应学会对 Mastercam 软件五轴加工知识进行综合运用。

| 零件名称 | 世赛训练题二 | 材料 | AL6061 | 毛坯尺寸 | 150 mm×100 mm×50 mm |

图 3-2-1　世赛训练题二任务书

二、学习目标

（一）素质目标

培养学生创新意识，鼓励学生勇于应用新技术，采用新方法。

（二）知识目标

1. 培养竞赛试题编程思路；
2. 提升对复杂零件图纸的识读能力；
3. 掌握复杂零件的快速编程方法。

（三）能力目标

1. 能够读懂复杂零件图纸；
2. 能够熟练使用 Mastercam 软件快速编制复杂零件的数控加工程序；
3. 能够保证复杂零件的尺寸和表面粗糙度要求。

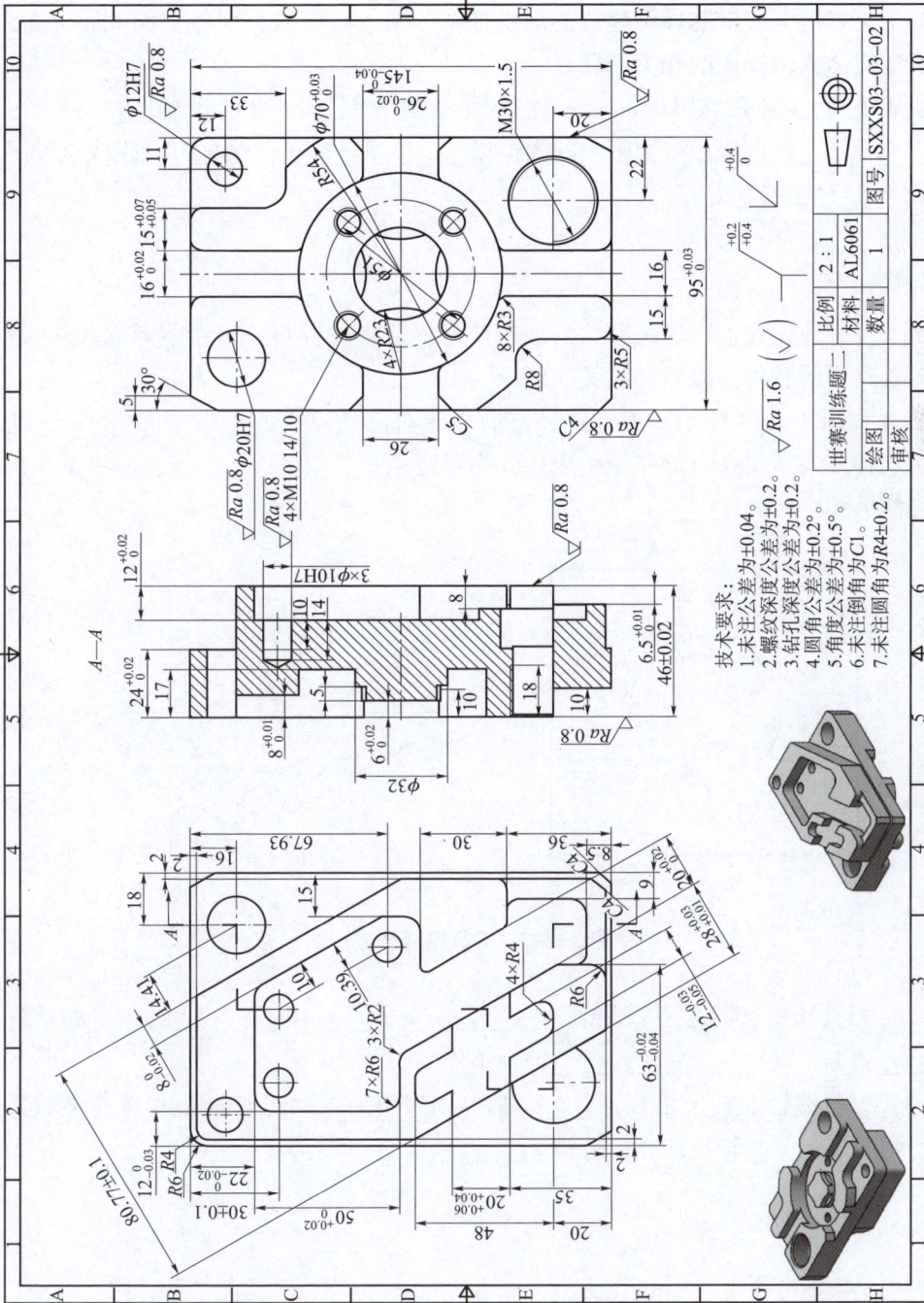

图 3-2-2 世赛训练题二任务图纸

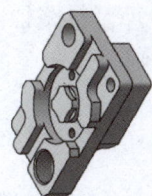

技术要求：
1.未注公差公差为±0.04。
2.螺纹深度公差为±0.2。
3.钻孔深度公差为±0.2。
4.圆角公差为±0.2°。
5.角度公差为±0.5°。
6.未注倒角为C1。
7.未注圆角为R4±0.2。

世赛训练题二		比例	2：1	材料	AL6061	图号	SXXS03-03-02
绘图				数量	1		
审核							

三、知识储备

引导问题

为了更好地完成世赛训练题二的加工任务，请查找资料，回答下面 Mastercam 软件中三维实体编辑知识的相关问题。

生成工程图就是将 Mastercam 软件所绘制的图形，通过设置_____、_____、_____等，将视图中的图形以_____模式自动生成工程图。

四、准备工作

引导问题

为了更好地完成世赛训练题二的加工任务，请查找资料，回答下面 Mastercam 软件中刀具路径的管理与编辑的相关问题。

（1）如图 3-2-3 所示，刀具路径修剪用于对已经完成的_____进行修剪。这种方式常用在刀具路径生成后，为了避免_____，而将某一部分的路径修剪掉。

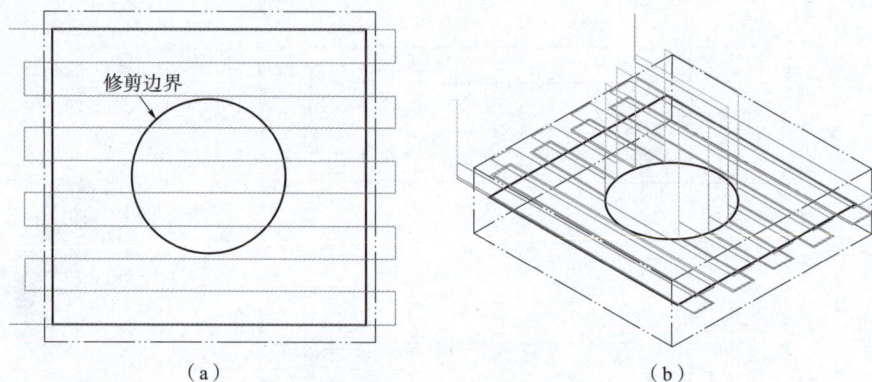

（a）　　　　　　　　　　　　　　（b）

图 3-2-3　刀具路径修剪

（2）刀具路径转换包括三种：_____、_____和_____。其目的是进行_____加工，以_____编程工作。

（3）刀具路径的转换是相_____的，如果第一个路径被操作和操作参数发生改变，则与之相关的转换路径也会被_____。

五、计划与实施

（一）引导问题 1

如何制订世赛训练题二零件的加工工艺？

（1）查找资料，并根据所学知识，回答下列问题。

1）根据加工要求，考虑现场的实际条件，小组成员共同分析、讨论并确定合理的加工计划，填写表 3-2-1。

表 3-2-1　加工计划表

序号	图示	加工内容	尺寸精度	注意事项	备注

2）组内及组间对加工计划的评价及改进建议。

3）指导教师的评价与结论。

（2）各小组根据计划，完成工量刃具、设备和材料的准备，填写表 3-2-2。

表 3-2-2　工量刃具、设备和材料的准备

序号	工量刃具、设备和材料的名称	要求	数量

（二）引导问题 2

参考表 3-2-3 刀路设计表，设置零件的刀路。

表 3-2-3　刀路设计表

序号	加工图示	编程图示	仿真图示	加工参数设置
1				加工刀路：挖槽粗加工 余量：0.2 mm 刀具：ϕ12 mm 转速：4 000 r/min 切削速度（F）：1 500 mm/min
2				加工刀路：钻孔 刀具：ϕ11.6 mm 转速：1 000 r/min 切削速度（F）：100 mm/min
3				加工刀路：钻孔 刀具：ϕ12 mm 铰刀 转速：300 r/min 切削速度（F）：30 mm/min
4				加工刀路：底部精加工 刀具：ϕ12 mm 转速：4 000 r/min 切削速度（F）：600 mm/min 精加工刀次：1
5				加工刀路：外形精加工 刀具：ϕ12 mm 转速：4 000 r/min 切削速度（F）：600 mm/min 精加工刀次：1
6				加工刀路：螺纹铣削 刀具：M30 mm 转速：5 000 r/min 切削速度（F）：1 000 mm/min

序号	加工图示	编程图示	仿真图示	加工参数设置
7		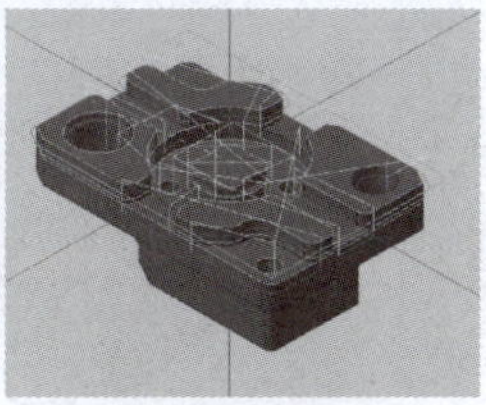	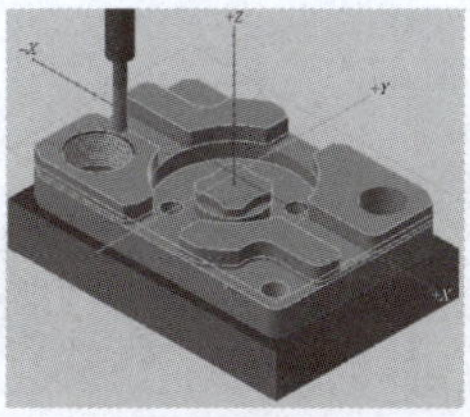	加工刀路：倒角 刀具：ϕ6 mm 转速：4 000 r/min 切削速度（F）：600 mm/min
8		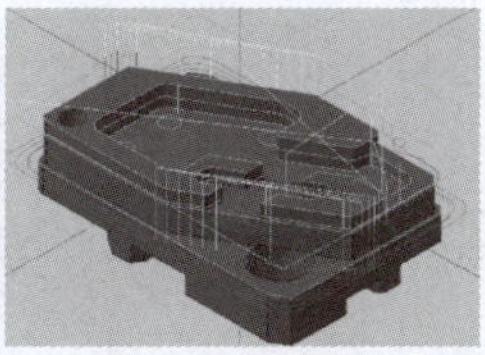	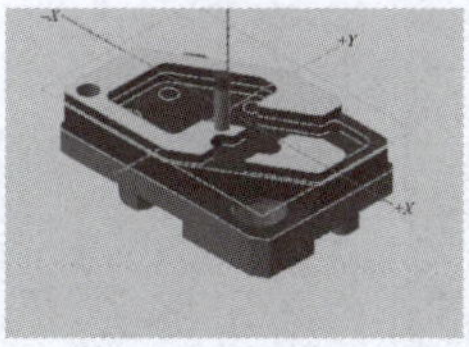	加工刀路：挖槽粗加工 余量：0.2 mm 刀具：ϕ12 mm 转速：4 000 r/min 切削速度（F）：1 500 mm/min
9		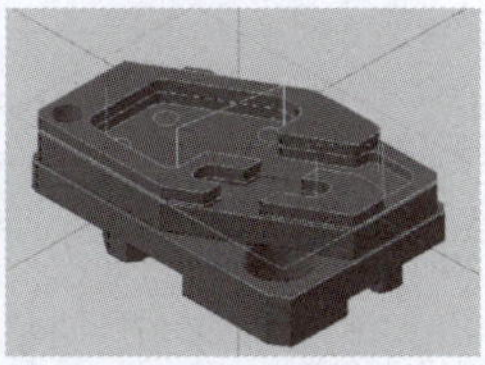	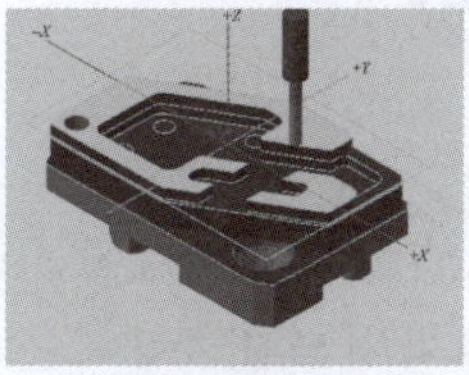	加工刀路：小刀清根 余量：0.2 mm 刀具：ϕ8 mm 转速：4 000 r/min 切削速度（F）：1 000 mm/min
10		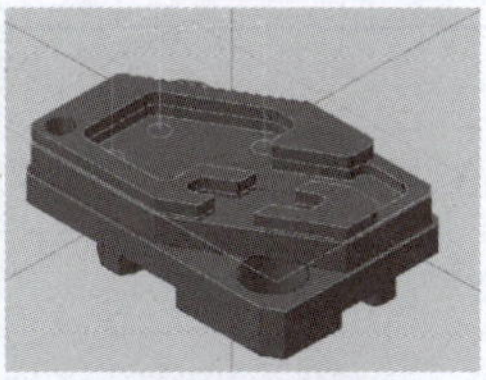	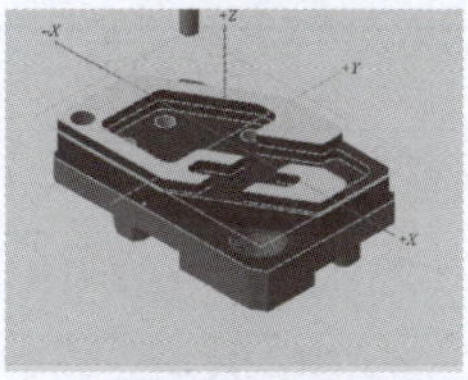	加工刀路：钻孔 刀具：ϕ9.6 mm 转速：1 000 r/min 切削速度（F）：100 mm/min
11		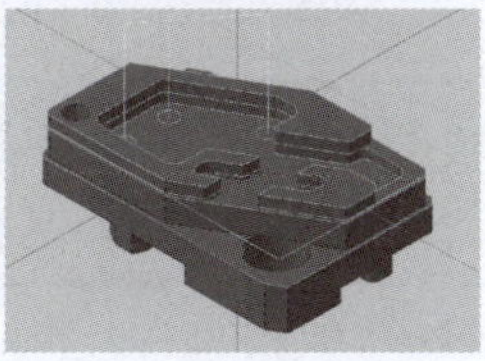	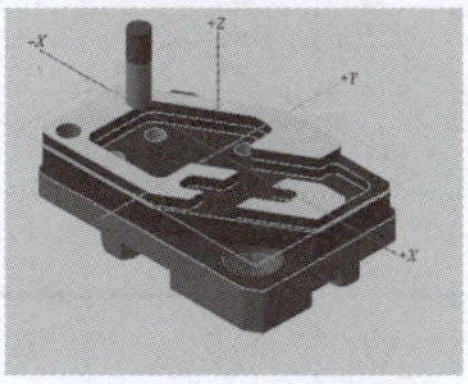	加工刀路：钻孔 刀具：10铰刀 转速：300 r/min 切削速度（F）：30 mm/min
12		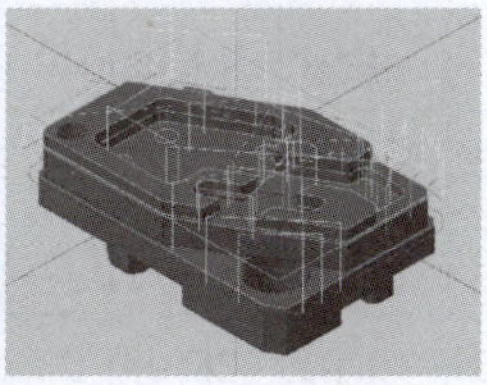	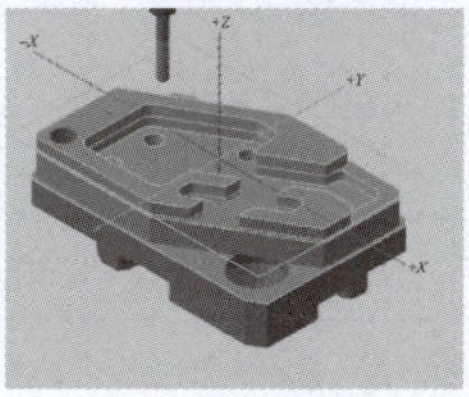	加工刀路：底部精加工 刀具：ϕ12 mm 转速：4 000 r/min 切削速度（F）：600 mm/min 精加工刀次：1

序号	加工图示	编程图示	仿真图示	加工参数设置
13				加工刀路：外形精加工 刀具：φ12 mm 转速：4 000 r/min 切削速度（F）：600 mm/min 精加工刀次：1
14				加工刀路：倒角 刀具：φ6 mm 转速：4 000 r/min 切削速度（F）：600 mm/min

六、总结与评价

引导问题

请检测零件加工质量并分析尺寸不达标的原因。

（1）请把检测结果填写在表 3-2-4 所示世赛训练题二零件加工评分表中。

表 3-2-4　世赛训练题二零件加工评分表　　　　　　　　　　　mm

选手姓名		选手编码		总成绩		
项目	数控铣	试题图号	SXXS03-03-02	总时间		
A-主要尺寸						

序号	配分/分	方位	尺寸类型	公称尺寸	上偏差	下偏差	上极限尺寸	下极限尺寸	实际尺寸	得分/分	修正值
1	2	B2	L	12	0	−0.03	12	11.97			
2	2	B2	L	8	0	−0.02	8	7.98			
3	2	B2	L	22	0	−0.02	22	21.98			
4	2	C1	L	50	0.02	0	50.02	50			
5	2	E1	L	20	0.06	0.04	20.06	20.04			
6	2	F2	L	63	−0.02	−0.04	62.98	62.96			
7	2	G3	L	12	−0.03	−0.05	11.97	11.95			
8	2	G3	L	28	0.03	0.01	28.03	28.01			

学习笔记

A-主要尺寸										
序号	配分/分	方位	尺寸类型	公称尺寸	上偏差	下偏差	上极限尺寸	下极限尺寸	实际尺寸	得分/分	修正值
9	2	F4	L	20	0.02	0	20.02	20			
10	2	B5	H	24	0.02	0	24.02	24			
11	2	B6	D	12	0.02	0	12.02	12			
12	2	C5	D	8	0.01	0	8.01	8			
13	2	C6	ϕ	10	0.018	0	10.018	10			
14	2	D5	D	6	0.02	0	6.02	6			
15	2	F6	D	6.5	0.01	0	6.51	6.5			
16	2	F6	H	46	0.02	−0.02	46.02	45.98			
17	2	C7	ϕ	20	0.021	0	20.021	20			
18	2	B8	L	16	0.02	0	16.02	16			
19	2	B9	L	15	0.07	0.05	15.07	15.05			
20	2	B10	ϕ	12	0.018	0	12.018	12			
21	2	C10	ϕ	70	0.03	0	70.03	70			
22	2	D10	L	26	0	−0.02	26	25.98			
23	2	D10	L	145	0	−0.04	145	144.96			
24	2	G8	L	95	0.03	0	95.03	95			
小计	48										

B-次要尺寸										
序号	配分/分	方位	尺寸类型	公称尺寸	上偏差	下偏差	上极限尺寸	下极限尺寸	实际尺寸	得分/分	修正值
1	1	C7	M	14/10							
2	1	B1	L	80.77	0.1	−0.1	80.87	80.67			
3	1	C1	L	30	0.1	−0.1	30.10	29.90			
4	1	E1	L	48	0.04	−0.04	48.04	47.96			
5	1	E1	L	20	0.04	−0.04	20.04	19.96			
6	1	B4	L	18	0.04	−0.04	18.04	17.96			
7	1	C4	L	15	0.04	−0.04	15.04	14.96			

B-次要尺寸											
序号	配分/分	方位	尺寸类型	公称尺寸	上偏差	下偏差	上极限尺寸	下极限尺寸	实际尺寸	得分/分	修正值
8	1	C5	D	5	0.04	-0.04	5.04	4.96			
9	1	B5	D	17	0.04	-0.04	17.04	16.96			
10	1	E6	D	8	0.04	-0.04	8.04	7.96			
11	1	F5	D	10	0.04	-0.04	10.04	9.96			
12	1	F8	L	15	0.04	-0.04	15.04	14.96			
13	1	F8	L	16	0.04	-0.04	16.04	15.96			
14	1	D7	L	26	0.04	-0.04	26.04	25.96			
15	1	C10	L	33	0.04	-0.04	33.04	32.96			
小计	15										

C-表面质量											
序号	配分/分	方位	尺寸类型	公称尺寸	上偏差	下偏差	上极限尺寸	下极限尺寸	实际尺寸	得分/分	修正值
1	1	F5	Ra	0.8 μm							
2	1	E7	Ra	0.8 μm							
3	1	C6	Ra	0.8 μm							
4	1	C7	Ra	0.8 μm							
5	1	B10	Ra	0.8 μm							
6	1	F7	Ra	0.8 μm							
7	1	F10	Ra	0.8 μm							
小计	7										

D-主观评判				
序号	配分/分	评判要求	情况记录	得分/分
1	5	零件加工要素完整度		
2	5	零件损伤（振纹、夹伤、过切等）		
3	5	倒角（1处未加工扣0.3分，1处毛刺锐边扣0.2分）		
小计	15			

学习笔记

E-职业素养				
序号	配分/分	规范要求	情况记录	得分/分
1	2	工具、量具、刀具分区摆放		
2	2	工具摆放整齐、规范、不重叠		
3	1	量具摆放整齐、规范、不重叠		
4	1	刀具摆放整齐、规范、不重叠		
5	1	防护用具佩戴规范		
6	1	工作服、工作帽、工作鞋穿戴规范		
7	1	加工后清理现场、清洁及其他		
8	1	现场表现		
小计	10			

F-增加毛坯				
序号	配分/分	其他要求	情况记录	得分/分
1	5	增加毛坯		
小计	5			

G-技术总结		
学生总结		教师评价
存在问题	改进方向	
日期		

（2）填写世赛训练题二零件加工不达标尺寸分析表，见表3-2-5。

表3-2-5　世赛训练题二零件加工不达标尺寸分析表

序号	图位	尺寸类型	公称尺寸	实际测量数值	出错原因	解决方案	
						学生分析	教师分析

（3）请总结评价不足与需要改进的地方。

1）通过以上检测，分析所做零件的不足以及解决的办法。

2）写出在操作过程中存在的问题和以后需要改进的地方。

模块四　1+X 中级试题加工

项目一　多面体零件加工

一、项目描述

　　本项目主要学习 Mastercam 软件五轴加工的特点知识，并辅助学习 1+X 中级考核的内容，采用 Mastercam 软件自动编程加工多面体零件，保证零件的尺寸和表面粗糙度。多面体零件加工任务书如图 4-1-1 所示，任务图纸如图 4-1-2 所示，通过完成本项目，学生应学会用 Mastercam 软件自动编程加工复杂零件。

| 零件名称 | 多面体零件 | 材料 | AL2021 | 毛坯尺寸 | $\phi 80$ mm×50 mm |

图 4-1-1　多面体零件加工任务书

二、学习目标

（一）素质目标

1. 培养学生自信心，让学生发挥积极态度；
2. 强化学生职业素养教育，培养学生爱岗敬业的精神。

（二）知识目标

1. 了解多轴数控加工的技巧与方法；

2. 熟悉多轴数控加工的编程策略；

3. 掌握多轴数控加工的刀具路径规划与优化。

（三）能力目标

1. 能够根据给定图纸编制多面体零件的数控加工程序；

2. 能够按照任务书要求，完成多面体零件的加工；

3. 能够根据自检表完成多面体零件的部分尺寸自检。

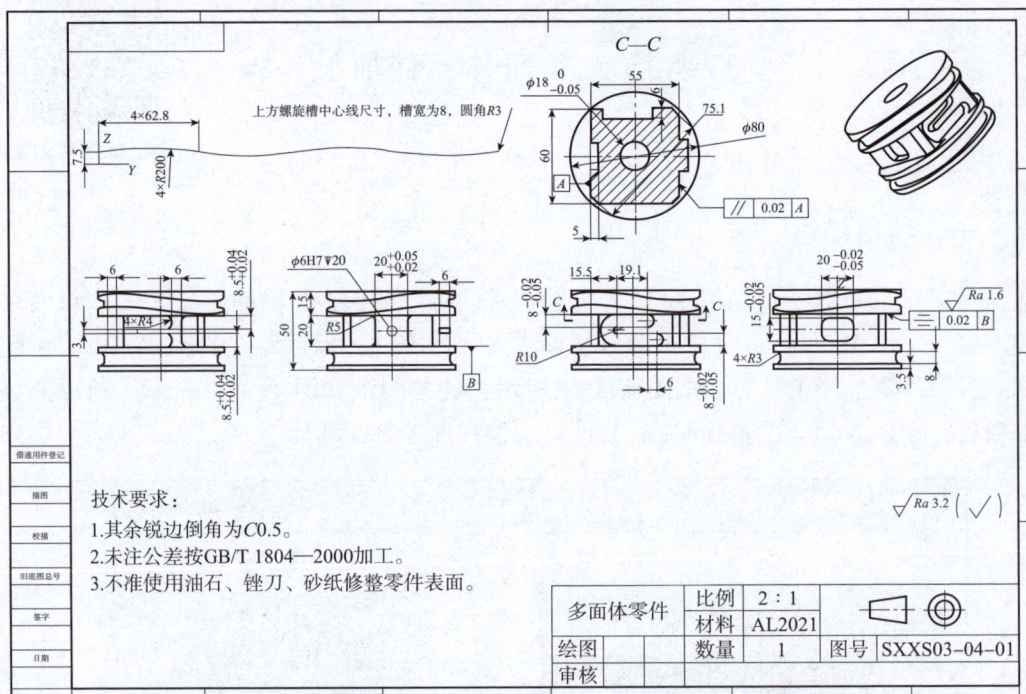

图 4-1-2　多面体零件加工任务图纸

三、知识储备

（一）Mastercam 2023 版本在曲线加工方面的新功能特点

（1）合并多轴刀具路径：用户可以将"变形""平行""沿曲线"和"项目曲线"等刀具路径进行合并，这有助于简化编程流程并提高效率。

（2）优化刀具路径：Mastercam 2023 版本通过引入新的算法和工具，使得刀具路径更加平滑和高效，减少了不必要的空气切割，从而提高了加工效率。

（3）检测凸出余料：新版本能够自动识别并处理剩余的凸出材料，这有助于提高加工精度和减少后续的手工修整工作。

（4）新增 B 轴等角车削刀路：B 轴等角车削是一种多轴加工技术，可以提供更复杂形状的加工能力，适用于需要精密加工的零件。

（5）改进的编程方式：新版本提供了更快、更简单的编程方式，对高效率加工和安全性等方面进行了改进，旨在提高加工生产率和降低生产成本。

（6）实体建模和曲面建模：虽然不是专门针对曲线加工的功能，但实体建模和曲面建模的能力对于设计和准备曲线加工项目同样重要。

（7）高速加工和多轴加工：这些功能提高了加工的精度和效率，尤其是在处理复杂形状的零件和曲面时。

（8）刀具路径优化：新版本还提供了刀具路径优化功能，以确保加工过程中的高效率和高质量完成。

（二）智能综合——刀路延伸

Mastercam 2023 版本将部分多轴加工策略进行合并，推出全新的智能综合策略。新的智能综合策略操作界面更简洁，切削方式更灵活，编程更方便快捷，在简化整体操作流程的同时，其灵活的切削方式设定带来更多的编程思路。

通过分析刀具路径可以发现，目前的刀路边界与加工图形刚好重合，如图 4-1-3 所示，但在实际的切削过程中，由于刀具磨损和其他因素的影响，可能并不能得到理想的加工效果。那么在创建刀路轨迹时该如何去避免这个问题呢？

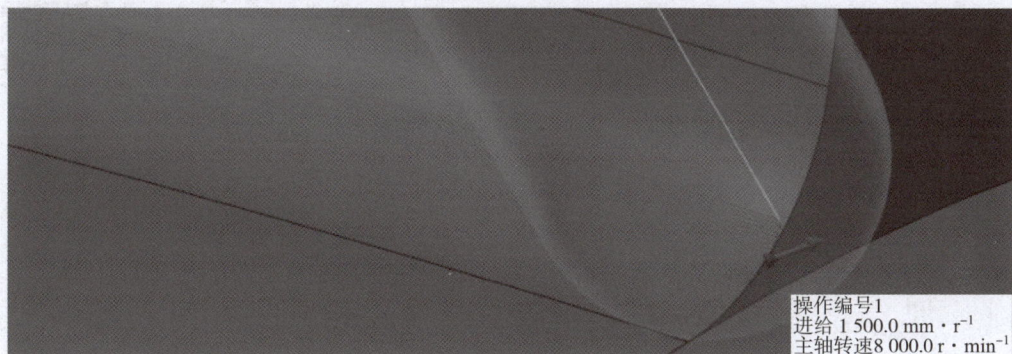

操作编号1
进给 1 500.0 mm · r⁻¹
主轴转速 8 000.0 r · min⁻¹

图 4-1-3　刀具路径分析

在 Mastercam 2023 版本的智能综合策略中存在刀路延伸功能，如图 4-1-4 所示，该功能可直接对刀具路径的加工边界进行延伸，能有效缓解欠切问题的出现，提高产品加工质量。

图 4-1-4　刀路延伸

在 Mastercam 2023 版本的智能综合策略中刀路延伸功能的应用技巧演示如下。

（1）勾选"延伸/修剪"复选框，操作步骤如图4-1-5所示。

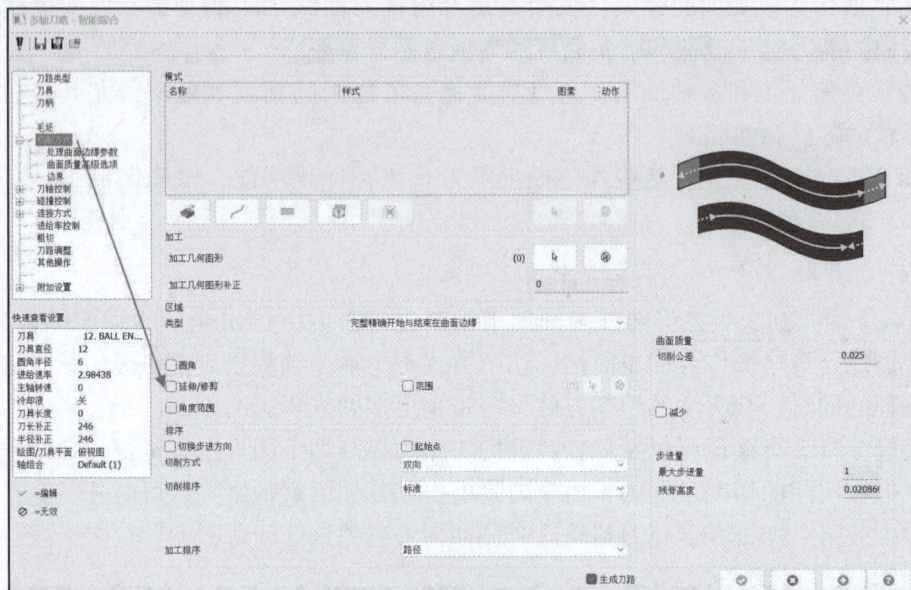

图4-1-5　勾选"延伸/修剪"复选框

（2）根据需求设置延伸方向，操作步骤如图4-1-6所示。

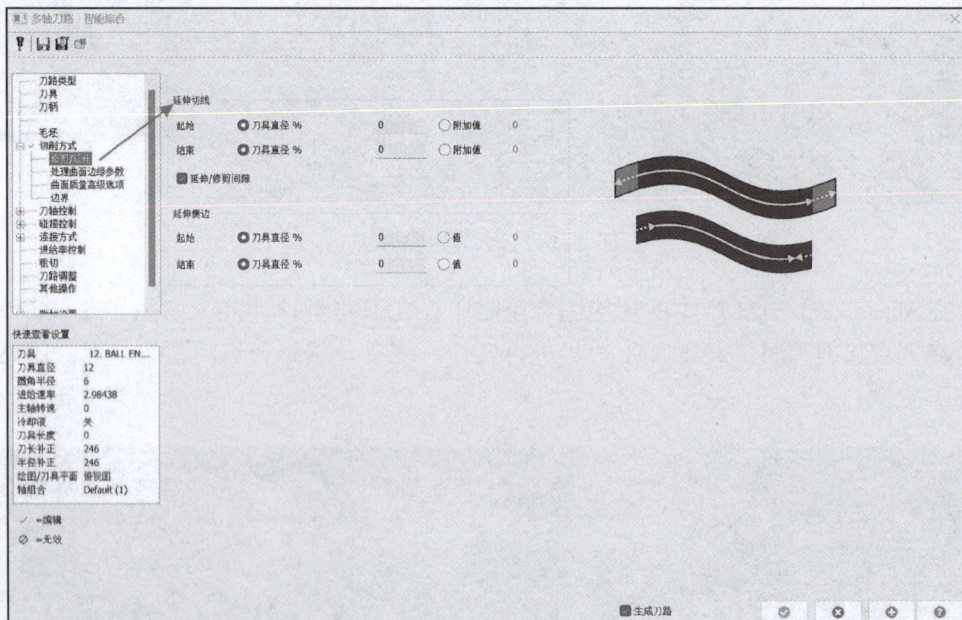

图4-1-6　设置延伸方向

（3）开启刀路延伸的刀路效果后，在该案例中延长的部分有变形，如图4-1-7所示。

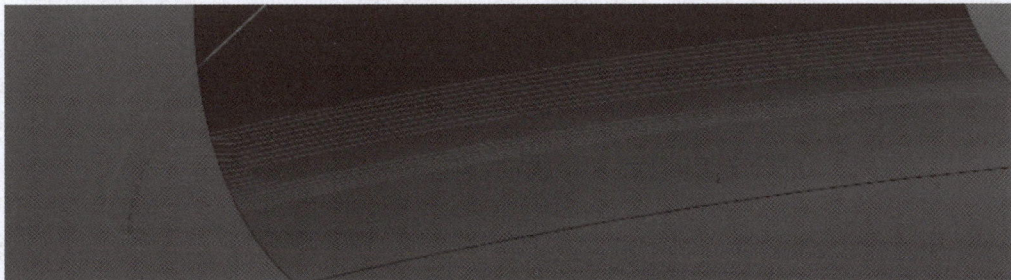

图 4-1-7　刀路延伸效果

（4）勾选"延伸边缘曲线"复选框后生成刀路，操作步骤如图 4-1-8 所示。

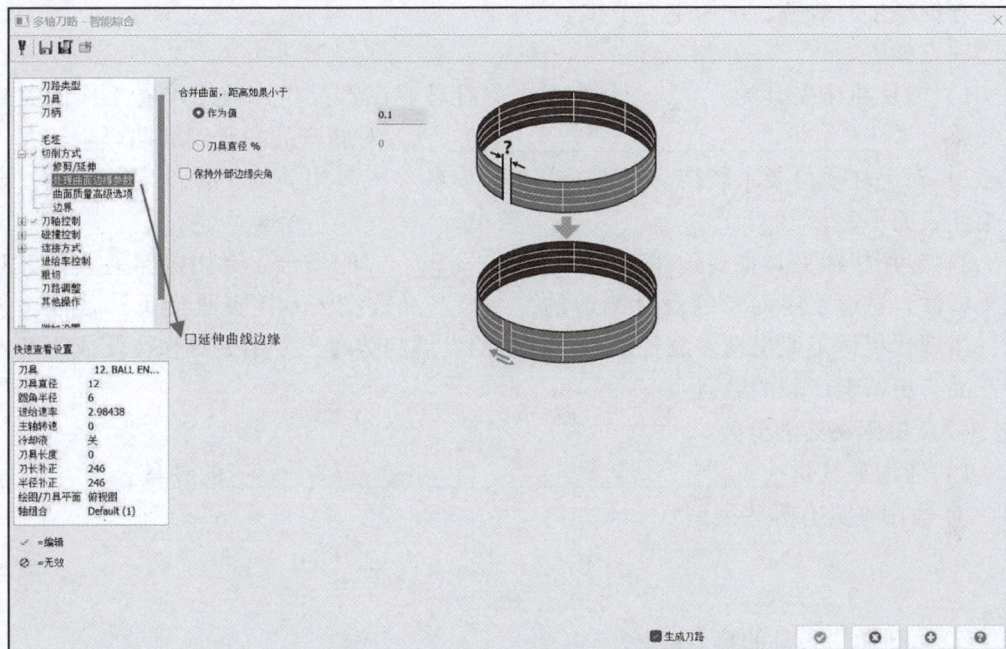

图 4-1-8　勾选"延伸边缘曲线"复选框

四、工作准备

（一）引导问题 1

为了更好地完成 1+X 多轴中级的考核任务，请查找资料，回答下面数控机床夹具的相关知识。

（1）机床夹具在机械加工中有哪些优缺点？

优点如下。

1）缩短辅助时间，提高劳动生产率，降低加工成本。夹具的使用包括两个过程，一是夹具在机床＿＿＿＿＿＿＿＿＿上的＿＿＿＿＿；二是工件在＿＿＿＿＿＿＿＿＿。

2）保证加工精度，稳定加工质量，采用＿＿＿＿安装工件。夹具在机床上的安装位置和工件在夹具中的安装位置均已确定，因而工件在加工过程中的位置精度不会受到各种主观因素以及操作者的技术水平影响，加工精度易于得到保证，并且加工质量稳定。

3）降低对工人的技术要求，减轻工人的劳动强度，保证安全生产。使用夹具安装_____工件，定位方便、准确、快捷，位置精度依靠夹具精度保证，因而可以降低对工人的技术要求；同时夹具又可采用_____等装置，可以降低工人的劳动强度。

4）扩大机床的工艺范围，实现"一机多能"。在批量不大、工件种类和规格较多、机床品种有限的生产条件下，可以通过_____夹具，改变机床的工艺范围，实现"一机多能"。

5）在自动化生产和流水线生产中，便于平衡生产节拍。在工艺加工过程中，特别在自动化生产和流水线生产中，当某些工序所需工时特别长时，可以采用_____夹具等提高生产效率，平衡生产节拍。

缺点如下。

1）专用机床夹具的_____周期长。它往往是新产品生产技术准备工作的关键之一，_____对新产品的研制周期影响较大。

2）对毛坯质量要求较高。因为工件直接安装在夹具中，为了保证定位精度，要求毛坯表面平整，_____较小。

3）专用机床夹具主要适用于_____、_____的场合。专用机床夹具是针对某个零件、某道工序而专门设计制造的，一旦产品改型，专用夹具便无法使用，因此，当现代机械工业出现多品种、中小批量的发展趋势时，专用夹具往往便成为开发新产品、更新老产品的障碍。

（2）机床夹具的分类。

1）通用夹具是_____的夹具。

① 通用夹具有哪些类型？

② 简述通用夹具的特点。

2）专用夹具是_____的夹具，其特点是_____。

3）可调夹具是_____的夹具。

4）成组夹具是_____的夹具。

5）组合夹具是_____。

6）自动线夹具一般分为两种，一种为_____夹具，它与专用夹具相似；另一种为_____夹具，使用时随着工件一起运动，并将工件沿着自动线从一个工位移至下一个工位进行加工。

（3）简述机床夹具的组成。

（4）机床夹具对工艺系统误差的影响。

1）与工件在夹具中安装有关的误差，即＿＿＿＿＿＿＿＿＿＿误差，其中包括＿＿＿＿＿＿＿＿＿＿。

2）与夹具相对刀具和机床上安装的夹具做相对运动有关的加工误差，即＿＿＿＿＿＿误差，其中包括＿＿＿＿＿＿＿＿＿＿。

3）与加工过程有关的加工误差，即＿＿＿＿＿＿＿＿＿＿误差，其中包括＿＿＿＿＿＿＿＿＿＿。

（5）简述现代机械工业的生产特点。

（6）机床夹具的现状有哪些？

（7）简述现代机床夹具的发展方向。

（二）引导问题2

为了更好地完成多轴中级的加工任务，请查找资料，回答下面机械工程材料知识的相关问题。

（1）常用的金属材料有＿＿＿＿＿、＿＿＿＿＿、铸铁、＿＿＿＿＿、＿＿＿＿＿。

（2）金属材料的力学性能包括哪些？

（3）金属材料的工艺性能包括哪些？

（4）工业用钢有哪几大类？

（5）铸铁有哪几类？

（6）铝合金是工业中应用＿＿＿＿＿的一类＿＿＿＿＿材料，在＿＿＿＿＿、＿＿＿＿＿、汽车、＿＿＿＿＿及＿＿＿＿＿中已大量应用。

（7）铜合金以纯铜为基体加入＿＿＿＿＿或＿＿＿＿＿或其他元素所构成的合金。纯铜呈＿＿＿＿＿，又称＿＿＿＿＿。纯铜密度为＿＿＿＿＿，熔点为＿＿＿＿＿℃，具有优良的＿＿＿＿＿、＿＿＿＿＿、延展性和＿＿＿＿＿。

（8）粉末冶金材料具有传统熔铸工艺所无法获得的独特的_____和_____性能，如材料的_____、_____、_____等。

（9）热处理是对_____或_____采用适当方式_____、_____和_____，以获得所需要组织结构与性能的零件加工方法。

（10）热处理的类别有哪些？

小资料

陶瓷材料是用天然或合成化合物经过成形和高温烧结制成的一类无机非金属材料。它具有高熔点、高硬度、高耐磨性、耐氧化等优点，可用作结构材料、刀具材料；由于陶瓷还具有某些特殊的物理性能，其又可作功能材料。常见陶瓷材料见表4-1-1。

表4-1-1　常见陶瓷材料

类别	材料名称	性能介绍	应用举例
普通陶瓷材料	日用陶瓷	主要成分是黏土、氧化铝、高岭土等。硬度较高，但可塑性较差。除了在食器、装饰上的使用，陶瓷在科学技术的发展中也扮演着重要角色	陶瓷茶具
	建筑陶瓷	按制品材质分为粗陶、精陶、半瓷和瓷质4类；按坯体烧结程度分为多孔性、致密性，以及带釉、不带釉制品。其共同特点是强度高、防潮、防火、耐酸、耐碱、不褪色、易清洁、美观等	陶瓷马桶
	电绝缘陶瓷	又称装置陶瓷，是在电子设备中用于安装、固定、支撑、保护、绝缘、隔离的陶瓷材料，具有良好的导热性和力学性能，耐腐蚀，不变形，可在-55 ℃~+860 ℃温度范围内使用	陶瓷热水器
	化工陶瓷	具有优异的耐腐蚀性（除氢氟酸和农热碱外），在所有无机酸和有机酸等介质中，其耐腐蚀性、耐磨性、不污染介质等性能远非耐酸不锈钢所能及	陶瓷抗腐蚀管道

类别	材料名称	性能介绍	应用举例
特种陶瓷材料	结构陶瓷	耐高温，耐腐蚀，高强度，其强度一般为普通陶瓷的 2~3 倍，高者可达 5~6 倍。其缺点是脆性大，不能承受突然的环境温度变化。用途极为广泛，可用作坩埚、发动机火花塞、高温耐火材料、阀门等	陶瓷阀芯
	工具陶瓷	主要以立方氮化硼（CBN）为代表，具有立方晶体结构，其硬度高（仅次于金刚石），热稳定性和化学稳定性比金刚石好，可用于淬火钢、耐磨铸铁、热喷涂材料等材料的切削加工	陶瓷砂轮
	功能陶瓷	功能陶瓷通常具有特殊的物理性能，如热电性、压电性、强介电性、高透明度、电发色效应、硬磁性、阻抗温度变化效应、热电子放射效应等	陶瓷摩擦片

五、计划与实施

（一）引导问题 1

为了更好地完成多轴加工的加工任务，请查找资料，回答下面三爪自定心卡盘知识的相关问题。

（1）三爪自定心卡盘如图 4-1-9 所示，请回答下面问题。

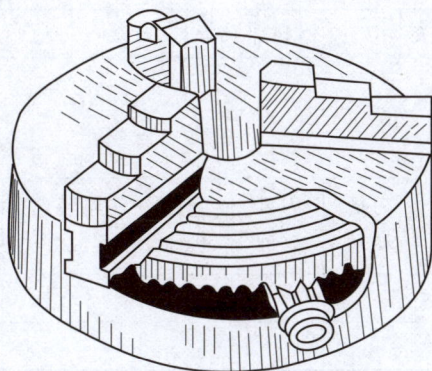

图 4-1-9　三爪自定心卡盘

1）三爪自定心卡盘由_____、_____和_____组成。

2）三爪自定心卡盘上三个卡爪导向部分的下面，有_____与_____背面的平面螺纹相啮合。

3）当用扳手通过四方孔转动小伞齿轮时，碟形齿轮转动，背面的平面螺纹同时带动三个卡爪向_____或_____，用以夹紧不同直径的工件。

4）在三个卡爪上换上三个反爪，用来安装_____的工件。

5）三爪自定心卡盘的自行对中精确度为_____。

6）用三爪自定心卡盘加工工件的精度受_____和_____的影响。

7）三爪自定心卡盘使用久了，随着卡盘的磨损三爪会出现_____形状，三爪也会慢慢偏离车床主轴中心，使所加工零件_____误差增大。

（2）三爪自定心卡盘有哪些功能？

（3）三爪自定心卡盘适用的机床及附件有哪些？

（二）引导问题2

为了更好地完成多面体零件的加工任务，请填写数控加工工序卡。

（1）各小组分析、讨论并制订计划。

1）根据加工要求，考虑现场的实际条件，小组成员共同分析、讨论并确定合理的加工工序，填写表4-1-2。

表4-1-2　数控加工工序卡

零件名称		机械加工工序卡	工序号		工序名称		共　页
							第　页
材料		毛坯种类		机床设备		夹具	

工步号	工步内容	刀具编号	刀具名称	量具名称	主轴转速/ (r·min^{-1})	进给量/ (mm·r^{-1})	背吃刀量/ mm

2）组内及组间对加工工序卡的评价及改进建议。

3）指导教师的评价与结论。

（2）各小组根据计划，完成工量刃具、设备和材料的准备，填写表 4-1-3。

表 4-1-3　工量刃具、设备和材料的准备

序号	工量刃具、设备和材料的名称	规格型号	数量

（三）引导问题 3

（1）参考表 4-1-4 多面体零件的刀路设计表，设置零件的刀路。

表 4-1-4　多面体零件的刀路设计表

序号	加工图示	编程图示	仿真图示	加工参数设置
1				加工刀路：2D 动态铣削 刀具：ϕ10 mm 转速：4 500 r/min 切削速度（F）：2 000 mm/min 余量：0.25 mm
2		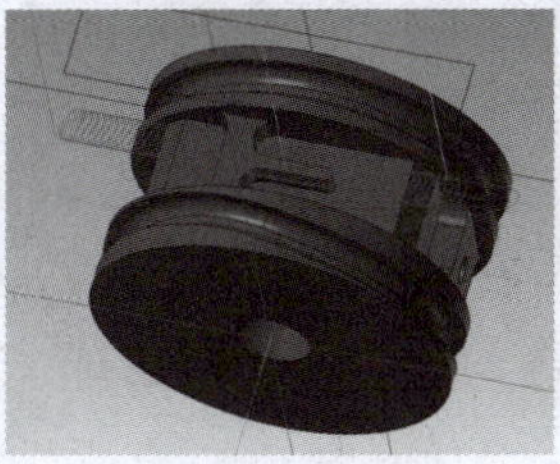		加工刀路：2D 动态铣削 刀具：ϕ10 mm 转速：4 500 r/min 切削速度（F）：2 000 mm/min 余量：0.25 mm

学习笔记

序号	加工图示	编程图示	仿真图示	加工参数设置
3		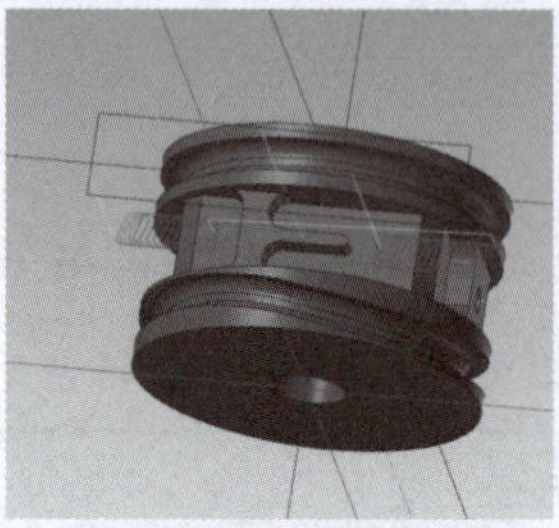		加工刀路：2D 动态铣削 刀具：ϕ10 mm 转速：4 500 r/min 切削速度（F）：2 000 mm/min 余量：0.25 mm
4				加工刀路：2D 动态铣削 刀具：ϕ10 mm 转速：4 500 r/min 切削速度（F）：2 000 mm/min 余量：0.25 mm
5		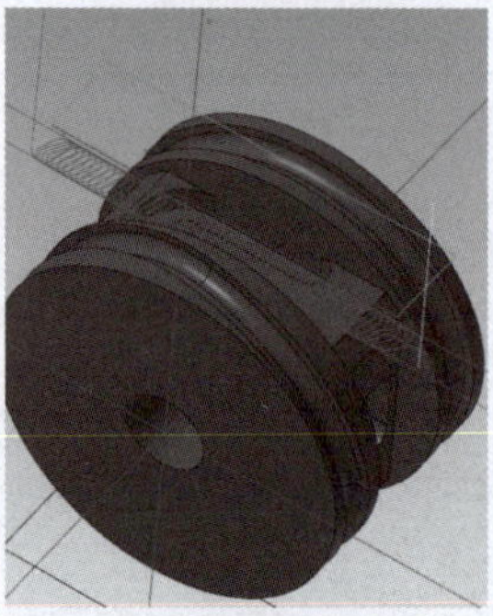		加工刀路：2D 动态铣削 刀具：ϕ10 mm 转速：4 500 r/min 切削速度（F）：2 000 mm/min 余量：0.25 mm
6				加工刀路：2D 动态铣削 刀具：ϕ10 mm 转速：4 500 r/min 切削速度（F）：2 000 mm/min 余量：0.25 mm
7		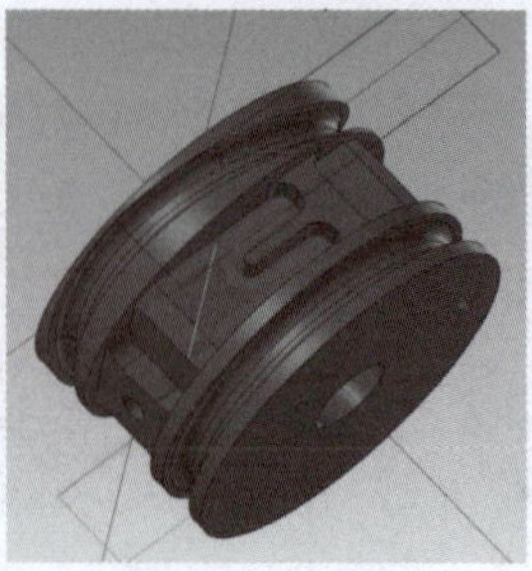	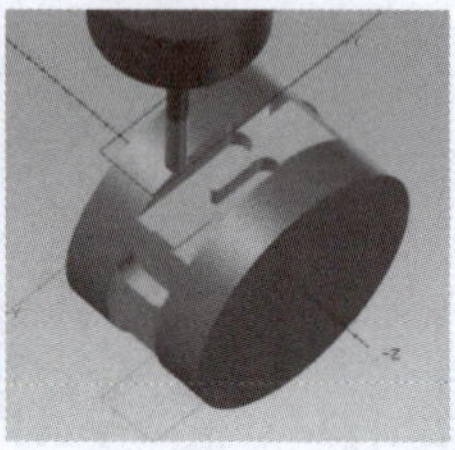	加工刀路：外形铣削（选用斜插进刀策略） 刀具：ϕ6 mm 转速：5 000 r/min 切削速度（F）：2 500 mm/min 余量：0.25 mm

学习笔记

序号	加工图示	编程图示	仿真图示	加工参数设置
8			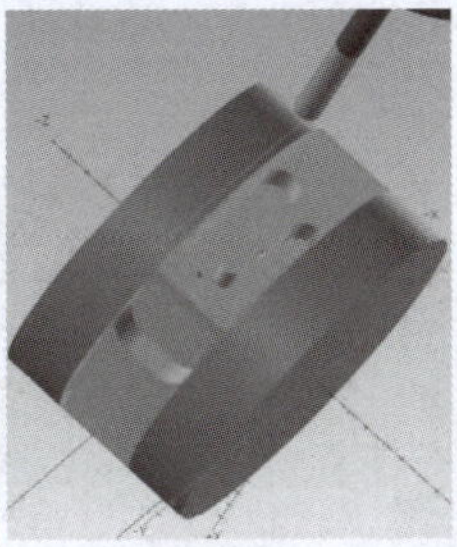	加工刀路：外形铣削（选用斜插进刀策略） 刀具：$\phi6$ mm 转速：5 000 r/min 切削速度（F）：2 500 mm/min 余量：0.25 mm
9		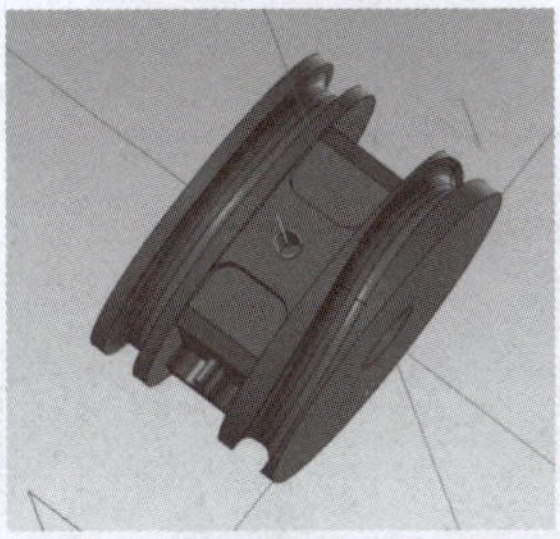	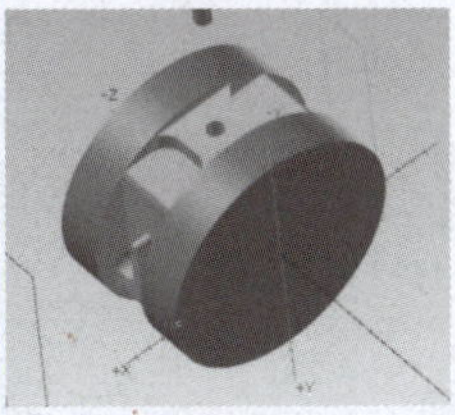	加工刀路：钻孔 刀具：$\phi5.8$ mm 钻头 转速：1 200 r/min 切削速度（F）：100 mm/min
10		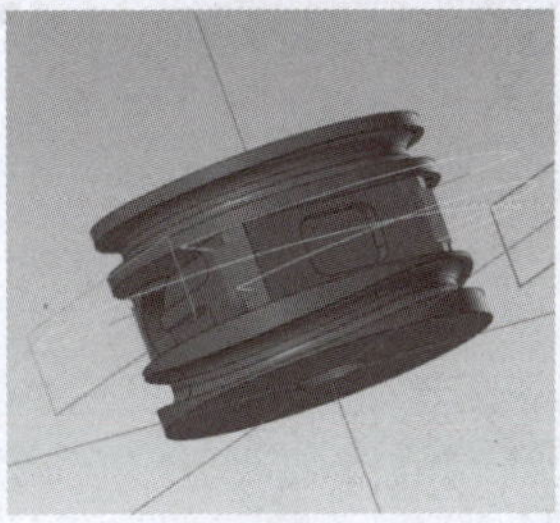	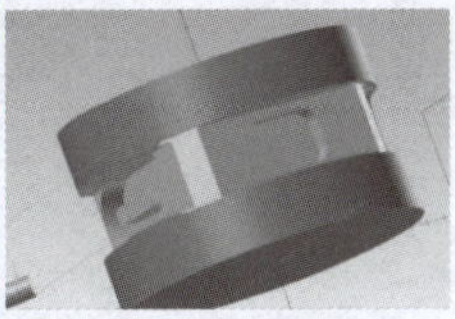	加工刀路：多轴智能综合 刀具：$\phi6$ mm 转速：3 500 r/min 切削速度（F）：2 000 mm/min
11				加工刀路：2D 高速刀路（选用 2D 区域策略） 侧壁余量：0.05 mm 刀具：$\phi6$ mm 转速：5 000 r/min 切削速度（F）：400 mm/min 精加工刀次：1
12				加工刀路：外形铣削（选用 2D 区域策略） 底面余量：0.05 mm 刀具：$\phi6$ mm 转速：5 000 r/min 切削速度（F）：400 mm/min 精加工刀次：3

序号	加工图示	编程图示	仿真图示	加工参数设置
13				加工刀路：2D 高速刀路（选用 2D 区域策略） 侧壁余量：0.05 mm 刀具：$\phi6$ mm 转速：5 000 r/min 切削速度（F）：400 mm/min 精加工刀次：1
14				加工刀路：外形铣削（选用 2D 区域策略） 底面余量：0.05 mm 刀具：$\phi6$ mm 转速：5 000 r/min 切削速度（F）：400 mm/min 精加工刀次：3
15				加工刀路：2D 高速刀路（选用 2D 区域策略） 侧壁余量：0.05 mm 刀具：$\phi6$ mm 转速：5 000 r/min 切削速度（F）：400 mm/min 精加工刀次：1
16				加工刀路：外形铣削（选用 2D 区域策略） 底面余量：0.05 mm 刀具：$\phi6$ mm 转速：5 000 r/min 切削速度（F）：400 mm/min 精加工刀次：3

序号	加工图示	编程图示	仿真图示	加工参数设置
17				加工刀路：2D 高速刀路（选用 2D 区域策略） 侧壁余量：0.05 mm 刀具：ϕ6 mm 转速：5 000 r/min 切削速度（F）：400 mm/min 精加工刀次：1
18				加工刀路：外形铣削（选用 2D 区域策略） 底面余量：0.05 mm 刀具：ϕ6 mm 转速：5 000 r/min 切削速度（F）：400 mm/min 精加工刀次：3
19				加工刀路：曲线铣刀路 余量：0.15 mm 刀具：ϕ6 mm 转速：3 500 r/min 切削速度（F）：2 000 mm/min
20				加工刀路：智能综合导线 刀具：ϕ6 mm 转速：5 000 r/min 切削速度（F）：400 mm/min 精加工刀次：1

序号	加工图示	编程图示	仿真图示	加工参数设置
21				加工刀路：曲线铣刀路 余量：0.15 mm 刀具：φ6 mm 转速：3 500 r/min 切削速度（F）：2 000 mm/min
22				加工刀路：智能综合导线 刀具：φ6 mm 转速：5 000 r/min 切削速度（F）：400 mm/min 精加工刀次：1

（2）安全提示。

1）工作时应穿工作服、戴袖套。长头发同学应戴工作帽，将长发塞入帽子里。夏季禁止穿裙子、短裤和凉鞋上机操作。

2）为防切屑崩碎飞散，对于有防护外罩的封闭型数控铣床必须关闭防护门，对于半开放式数控铣床必须戴防护眼镜。工作时，头部不能离工件加工区域太近，以防切屑伤人。

3）工作时，必须集中精力，注意手、身体和衣服不能靠近正在旋转的机件，如铣床主轴、工件、带轮、皮带、齿轮等。

4）工件和铣刀必须装夹牢固，以防飞出伤人。

5）凡装卸工件、更换刀具、测量加工表面及变换速度时，必须先停机，再进行调整。

6）铣床运转时，不得用手去摸刀具及刀具加工区域。严禁用纱布擦抹转动的铣削刀具。

7）使用专用铁钩清除切屑，严禁用手直接清除。

8）在数控铣床上操作时禁止戴手套。

9）不要随意拆装电气设备，以免发生触电事故。

10）工作中若发现机床、电气设备有故障，要及时申报，由专业人员检修，未修复不得使用。

（四）引导问题 4

（1）毛坯装夹时应注意什么问题？

（2）五轴机床对刀时应注意什么问题？

小资料

（1）对数控铣床夹具的基本要求。

1）为保持零件安装方位与机床坐标系及编程坐标系方向的一致性，夹具应能保证在机床上实现定向安装，还要求能协调零件定位面与机床之间保持一定的坐标尺寸间隙。

2）为保持工件在本工序中所有需要完成的待加工面充分暴露在外，夹具要做得尽可能开敞，因此夹紧机构元件与加工面之间应保持一定的安全距离，同时要求夹紧机构元件能低则低，从而防止夹具与铣床主轴套筒或刀套、刀具在加工过程中发生碰撞，如图 4-1-10 所示。夹具的刚性与稳定性要好。

（2）常用数控铣床夹具种类有组合夹具、专用铣削夹具、多工位夹具、气动或液压夹具、真空夹具。

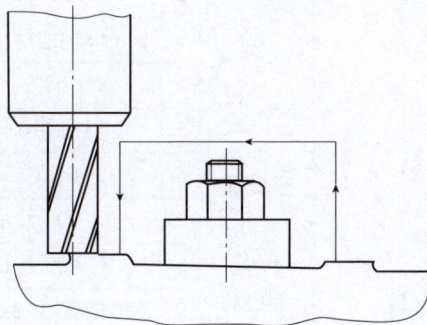

图 4-1-10　防止刀具与夹具元件相碰

六、总结与评价

（一）引导问题 1

如何使用合适的量具检测多面体零件的加工质量？

（1）请把检测结果填写在表 4-1-5 所示多面体零件评分表中。

表 4-1-5　多面体零件评分表

项　目	多轴数控加工	考核变更号码			得分			
评分人								
审核人					等级	高级		

序号	考核项目		考核内容及要求	配分	评分标准	检测结果	扣分	得分	备注
1	零件 (90分)	完成情况 (25分)	1　螺旋线槽	3	未完成不得分				
			2　90°对称阶梯槽	2	未完成不得分				
			3　2-ϕ6 孔	2.5×2	未完成不得分				
			4　U 形槽	2	未完成不得分				
			5　J 形槽	2	未完成不得分				
			6　主视图中央凸台	3	未完成不得分				
			7　E 向视图中央长槽	2	未完成不得分				
			8　4 处 $C5$ 倒角	4×0.5	每完成一处 得 0.5 分				
			9　2 处环形圆弧槽	4	未完成不得分				
		表面粗糙度 (5分)	2 处 $Ra1.6\ \mu m$	5	每处降一 级扣 2 分				
		重要面尺寸精度 (60分)	1　环形圆弧槽 $8^{+0.03}_{0}$ mm	5	超差不得分				
			2　4 ± 0.03 mm	5	超差不得分				
			3　环形槽边距 3.5 mm	4	超差不得分				
			4　螺旋槽 $8^{+0.036}_{0}$ mm	5	超差不得分				
			5　15 ± 0.03 mm	5	超差不得分				
			6　$\phi6^{+0.015}_{0}$ mm	5	超差不得分				
			7　$20^{0}_{-0.05}$ mm	5	超差不得分				
			8　对称度 0.02 mm	5	超差不得分				
			9　J 形槽宽 2-8±0.03 mm	2×0.5	超差不得分				
			10　66 ± 0.03 mm	4	超差不得分				
			11　55 ± 0.03 mm	4	超差不得分				
			12　6 ± 0.03 mm	4	超差不得分				
			13　$20^{+0.03}_{0}$ mm	4	超差不得分				
			14　$\phi10^{+0.03}_{0}$ mm	4	超差不得分				
合　计									

项　　目	多轴数控加工		考核变更号码			得分			
评分人									
审核人						等级		高级	
序号	考核项目		考核内容及要求	配分	评分标准	检测结果	扣分	得分	备注
2	安全文明生产（10分）	文明生产（5分） 1	1. 工作态度好； 2. 着装规范； 3. 未受伤； 4. 刀具、工具、量具放置规范； 5. 工件装夹、刀具安装规范； 6. 正确使用量具； 7. 卫生、设备保养； 8. 关机后机床停放位置合理	5	每违反一条扣 1 分，最多扣 5 分，违反超过 5 条不得分，并记 0 分				
		操作规范（5分） 1	1. 撞刀； 2. 加工中使用锉刀或纱布； 3. 加工场地工量具摆放混乱	5	每违反一条扣 2.5 分，违反超过 2 条不得分，并记 0 分				
		其　　他 1	发生重大事故（人身和设备安全事故等）、严重违反工艺原则和情节严重的野蛮操作等，由考核师决定取消其实操考证资格。						
合计扣分									

（2）填写多面体零件加工不达标尺寸分析表，见表4-1-6。

表 4-1-6　多面体零件加工不达标尺寸分析表

序号	图位	尺寸类型	公称尺寸	实际测量数值	出错原因	解决方案	
						学生分析	教师分析

（二）引导问题2

针对本项目所学的知识进行自我评价与总结。

（1）多面体零件加工学习效果自我评价见表4-1-7。

表4-1-7　多面体零件加工学习效果自我评价表

序号	学习任务内容	学习效果			备注
		优秀	良好	较差	
1	数控机床夹具的知识有哪些				
2	机械工程材料的知识有哪些				
3	三爪自定心卡盘的相关知识有哪些				
4	如何编写数控加工工序卡				
5	如何制订多面体零件的加工工艺				
6	实施过程中要注意哪些问题				
7	如何使用合适的量具检测多面体零件的加工质量				

（2）请总结评价不足与需要改进的地方。

1）通过以上检测，分析所做零件的不足以及解决的办法。

2）写出在操作过程中存在的问题和以后需要改进的地方。

项目二　六面体零件加工

一、项目描述

　　本项目主要学习 Mastercam 软件五轴加工的特点知识，并辅助学习 1+X 中级考核的内容，采用 Mastercam 软件自动编程加工六面体零件，保证零件的尺寸和表面粗糙度。六面体零件加工任务书如图 4-2-1 所示，任务图纸如图 4-2-2 所示。通过完成本项目，学生应学会用 Mastercam 软件自动编程加工复杂零件。

零件名称	六面体零件	材料	AL2021	毛坯尺寸	φ80 mm×80 mm

图 4-2-1　六面体零件加工任务书

二、学习目标

（一）素质目标

1. 培养学生自主学习能力，让学生掌握有效的自主学习方法；
2. 培养学生强烈的社会责任感。

（二）知识目标

1. 掌握多轴数控加工的误差分析、补偿和调整等质量控制策略；
2. 掌握多轴数控加工的加工工艺规划方法；
3. 掌握多轴数控加工切削参数的选择原则与方法。

（三）能力目标

1. 能够根据给定图纸编制六面体零件的数控加工程序；

2. 能够按照任务书要求，完成六面体零件的加工；

3. 能够根据六面体零件加工评分表完成六面体零件的部分尺寸自检。

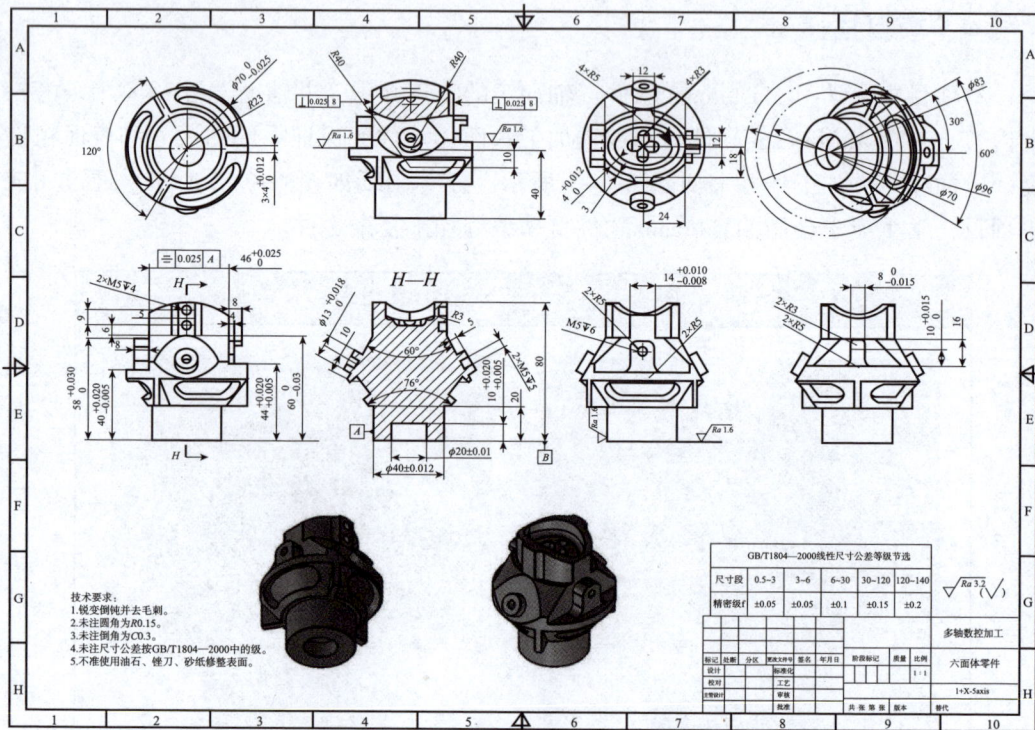

图 4-2-2 六面体零件加工任务图纸

三、知识储备

（一）3D 粗切连接新特点

（1）Mastercam 2022 版本为精修 3D 高速刀路引入了新的"连接参数"界面，如图 4-2-3 所示，其中包括新增和改进的功能。而 Mastercam 2023 版本已将这项工作扩展到优化动态粗切、区域粗切和水平区域刀路。

（2）防止刀具在走刀之间提刀。

勾选"两刀具切削间隙保持在 Z 深度之间"复选框可以控制间隙在 Z 深度之间的移动。在早期版本中，Mastercam 软件始终提刀以在开放路径上的 Z 深度之间移动。现在，如图 4-2-4 所示，可以使用可选的"进给率"控制创建 Z 深度之间的平滑连接移动，还可以为这些移动指定单独的"进给率"。此外，"保持两刀具切削间隙"选项已从切削参数中移除，保持两刀具切削间隙如图 4-2-5 所示。

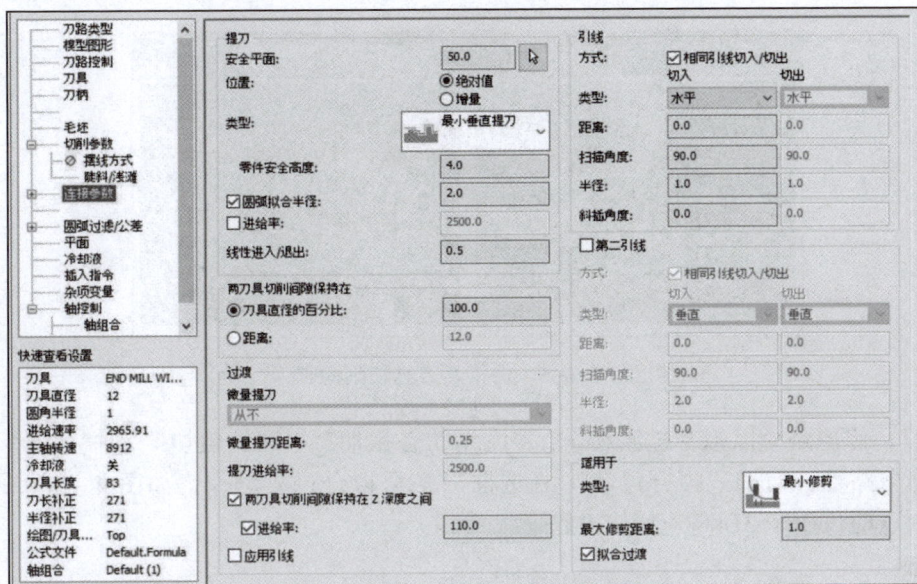

图 4-2-3　"连接参数"界面

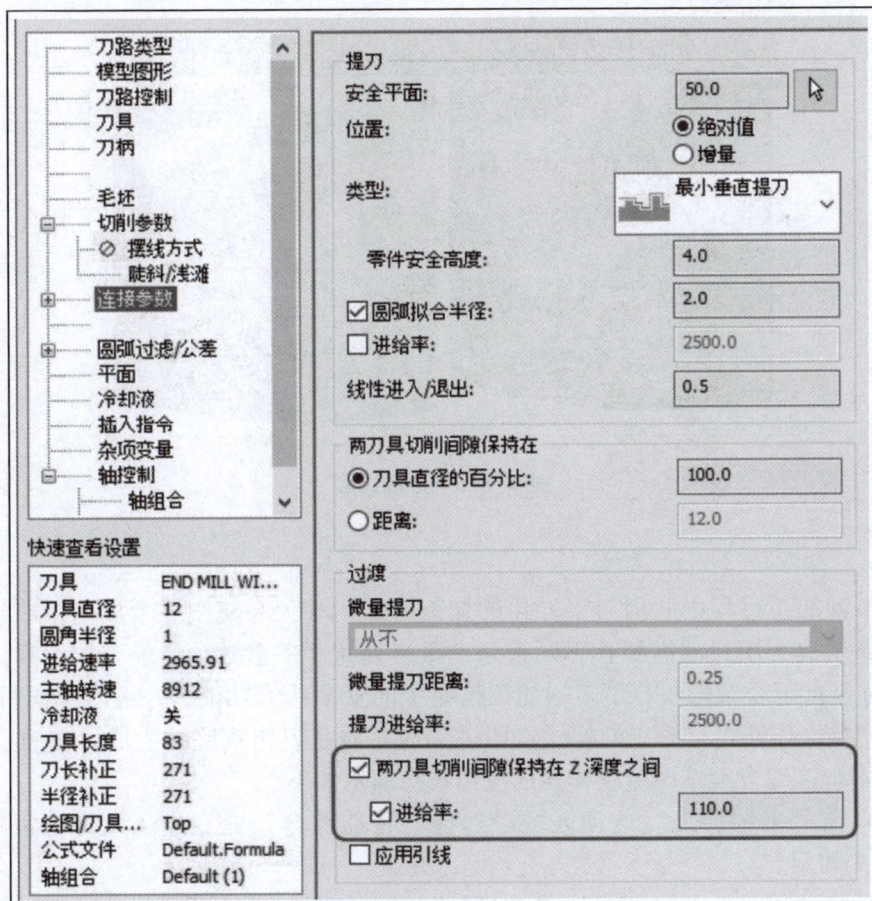

图 4-2-4　设置"进给率"

模块四　1+X 中级试题加工　■　173

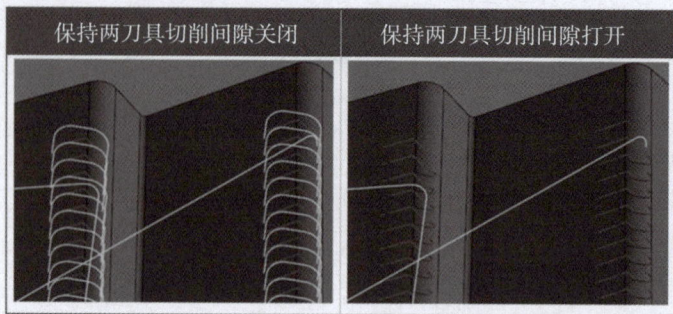

图 4-2-5　保持两刀具切削间隙

（3）修剪路径以拟合过渡动作，"优化动态粗切""区域粗切"和"水平区域"能够修剪路径，勾选"拟合过渡"复选框以安全拟合过渡动作，如图 4-2-6 所示。此选项以前仅用于 3D 高速精修刀路。

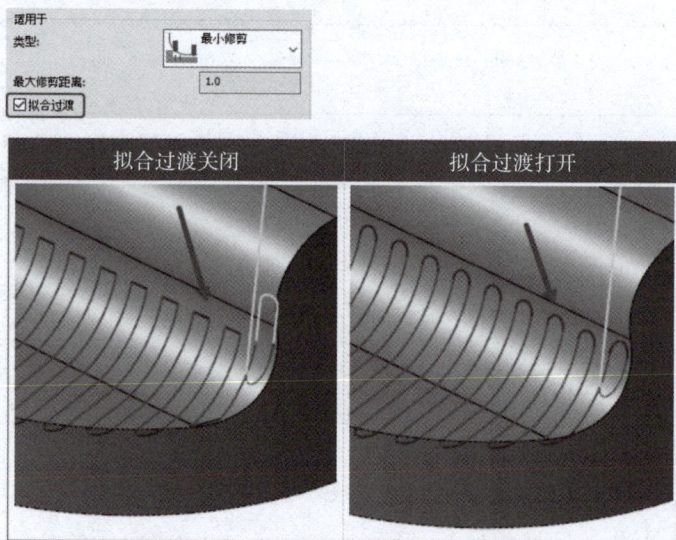

图 4-2-6　拟合过渡

(二) 智能综合——流线

在多轴加工过程中，面对多样化的加工特征，难免会使用多个加工策略实现理想的刀路轨迹，用户就需要在不同策略中重复设置相关参数，影响整体编程流程。

然而智能综合策略集合了多轴加工策略中的众多优秀功能，在应对不同特征时，仅需要调整操作模式与对应的样式，即可实现高质量刀路轨迹的生成。在 Mastercam 2023 版本智能综合策略中流线样式的应用技巧演示如下。

（1）在"多轴加工"选项区域中选择"智能综合"命令进入此加工策略，如图 4-2-7 如示。

（2）将"刀具"与"刀柄"参数进行完善，如图 4-2-8 所示。

（3）选择"加工几何图形"命令，如图 4-2-9 所示。

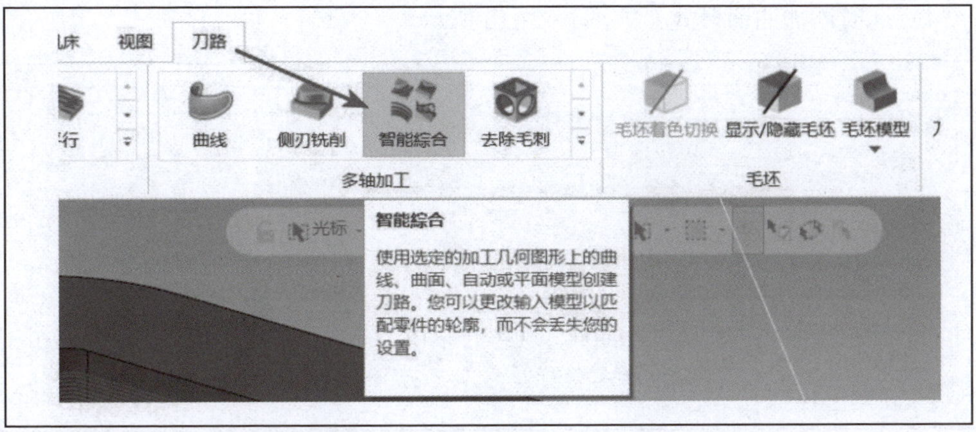

图 4-2-7 选择"智能综合"命令

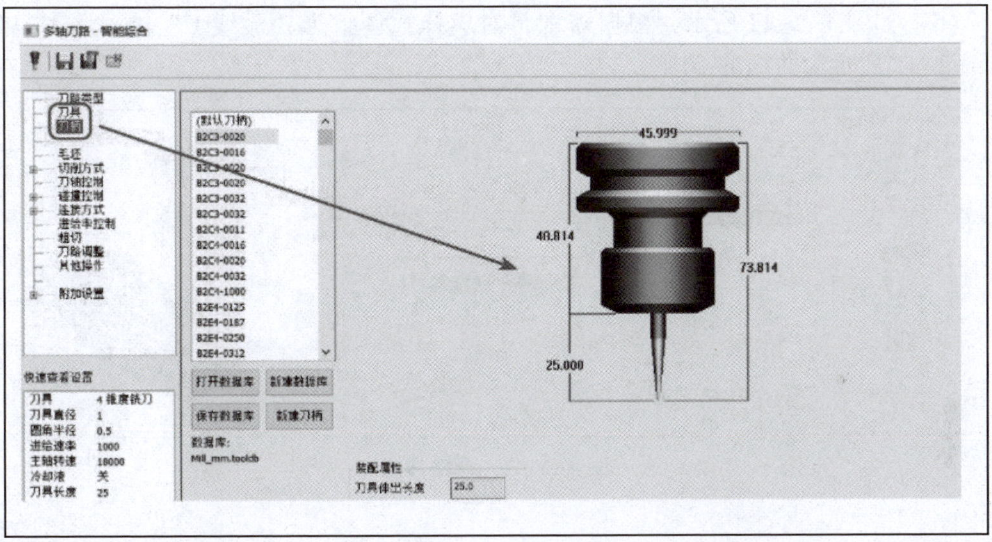

图 4-2-8 完善参数

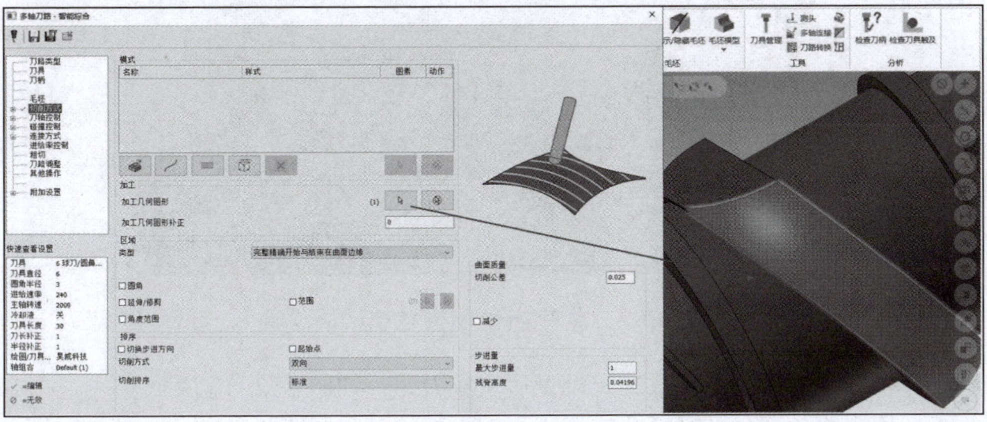

图 4-2-9 选择"加工几何图形"命令

（4）此时添加曲面模式，如图4-2-10所示。

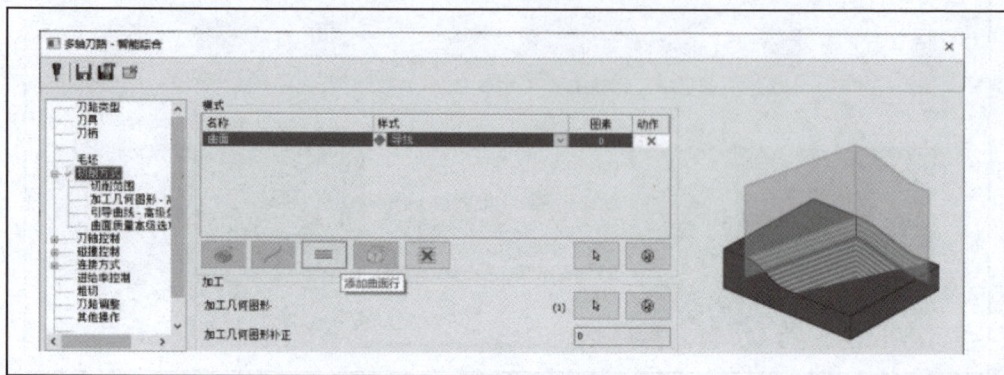

图4-2-10　添加曲面模式

（5）如图4-2-11所示，根据需求将对应样式调整为"流线 U"或"流线 V"，图4-2-12所示为曲面的 *UV* 线。

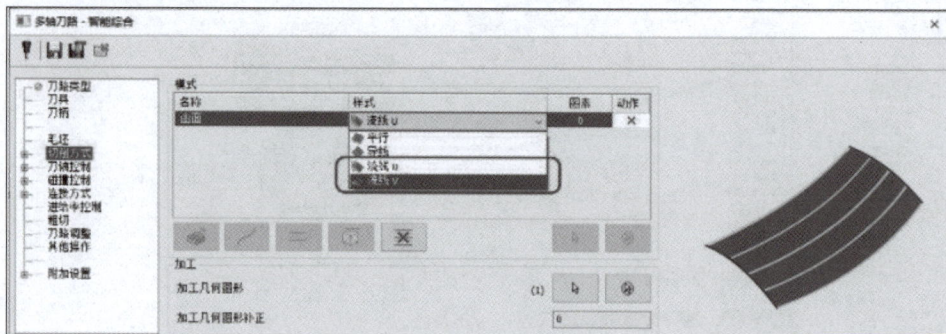

图4-2-11　调整样式

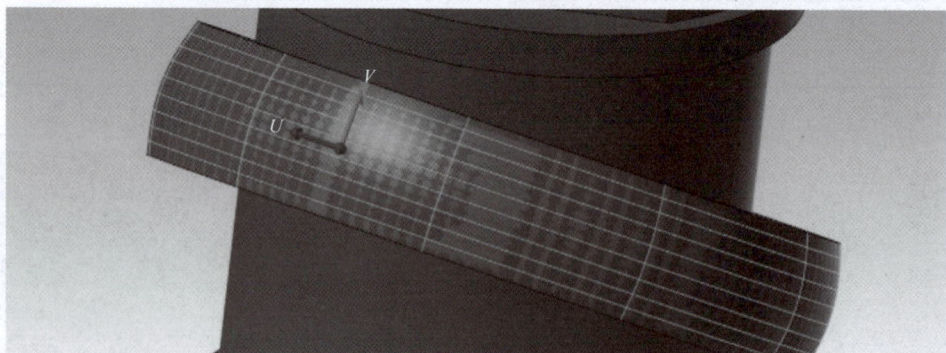

图4-2-12　*UV* 线

（6）根据需求对剩余参数进行设置后生成刀路，如图4-2-13所示。

（7）使用智能综合策略流线样式实现的刀路轨迹如图4-2-14所示。

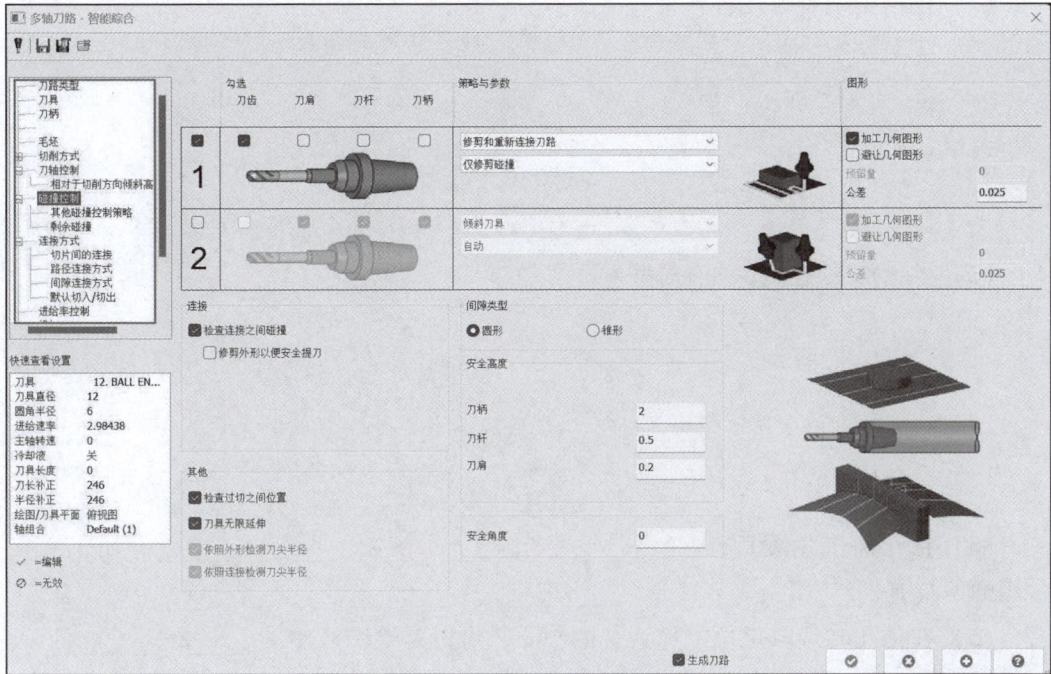
图 4-2-13 设置剩余参数

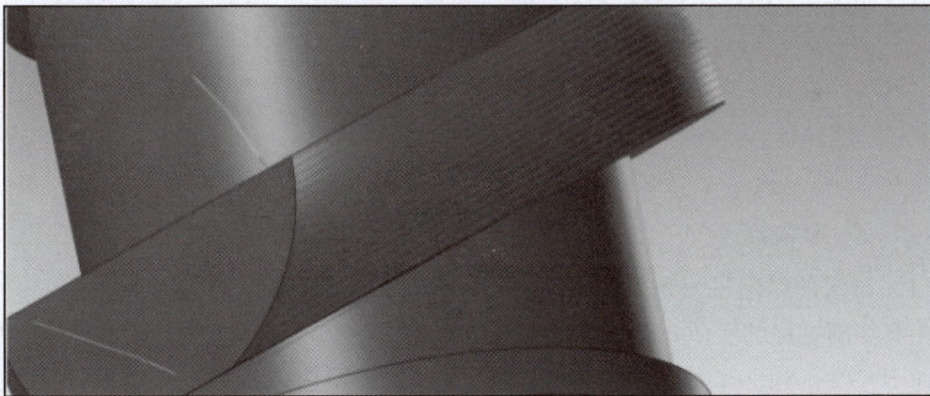
图 4-2-14 使用智能综合策略流线样式实现的刀路轨迹

四、工作准备

（一）引导问题 1

为了更好地完成考核任务，请查找资料，回答下面 Mastercam 软件二维铣削加工知识的相关问题。

（1）挖槽切削加工模块主要用来切削_____或_____切除所包围的材料。在操作过程中，用户定义外形的串连可以是_____串连，也可以是_____串连，但是每个串连必须为_____串连且_____构图面。

（2）挖槽类型有哪几种？

（3）挖槽加工注意事项有哪些？

（4）钻孔加工主要用于_____、_____、_____、_____等加工，其常用的刀具有_____、_____、_____、_____、_____等。

（5）在钻孔时选取定位点作为孔的圆心，可以是绘图区中的_____，也可以构建_____。

（6）钻孔加工注意事项有哪些？

（二）引导问题2

（1）金属的切削过程是如何实现的？

金属切削过程的实质是金属切削层在_____的挤压作用下，产生_____的过程。如图4-2-15所示，金属切削过程的塑性变形通常可以划分三个变形区，在括号中填写它们的名称。

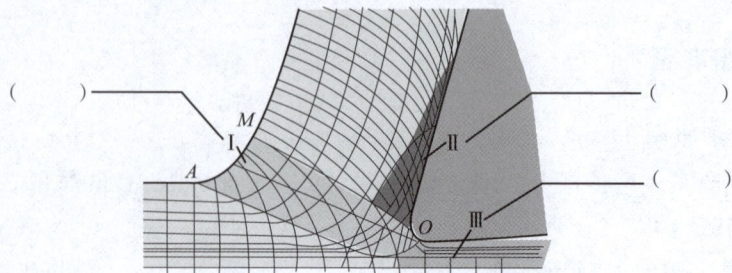

图4-2-15　金属切削过程示意图

（2）简述三个变形区的主要特征。

（3）用_____的切削速度切削_____材料时，有时会发现一小块呈_____形状或_____状的金属块牢固地黏附在刀具的_____面上，如图 4-2-16 所示，这一小块金属就是积屑瘤。

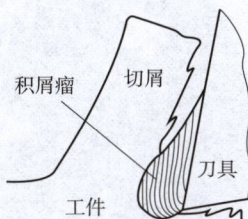

图 4-2-16　积屑瘤

（4）简述积屑瘤形成的原因。

（5）积屑瘤对加工有哪些方面的影响？

（6）防止积屑瘤产生的主要措施有哪些？

（7）影响切削温度的因素有哪些？

（8）如图4-2-17所示，刀具磨损的形式可分为三种：_____、
_____和_____。

图 4-2-17　刀具磨损的形式

（9）刀具磨损的原因有哪些？

（10）影响刀具耐用度的主要因素有哪些？

（11）切削液的作用包括_____、_____、_____和_____。

（12）常见切削液添加剂有_____、_____、_____和_____等。

（13）切削液可分为_____和_____。其中，水基
切削液包括_____、_____和_____；油基切削液主要有_____、_____和
_____。

小 资 料

整体式工具系统（TSG 工具系统）如图 4-2-18 所示，模块式工具系统（TMG 工具系统）如图 4-2-19 所示。

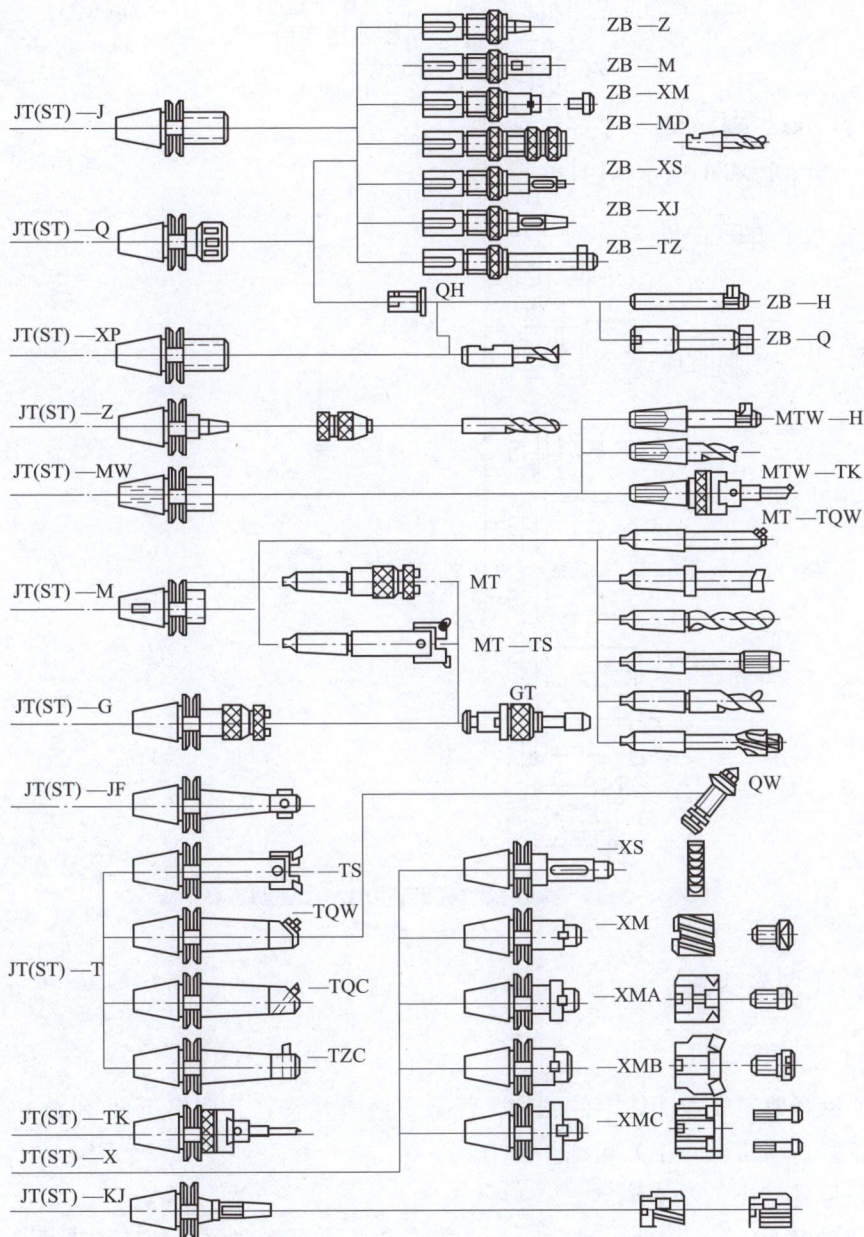

图 4-2-18　整体式工具系统（TSG 工具系统）

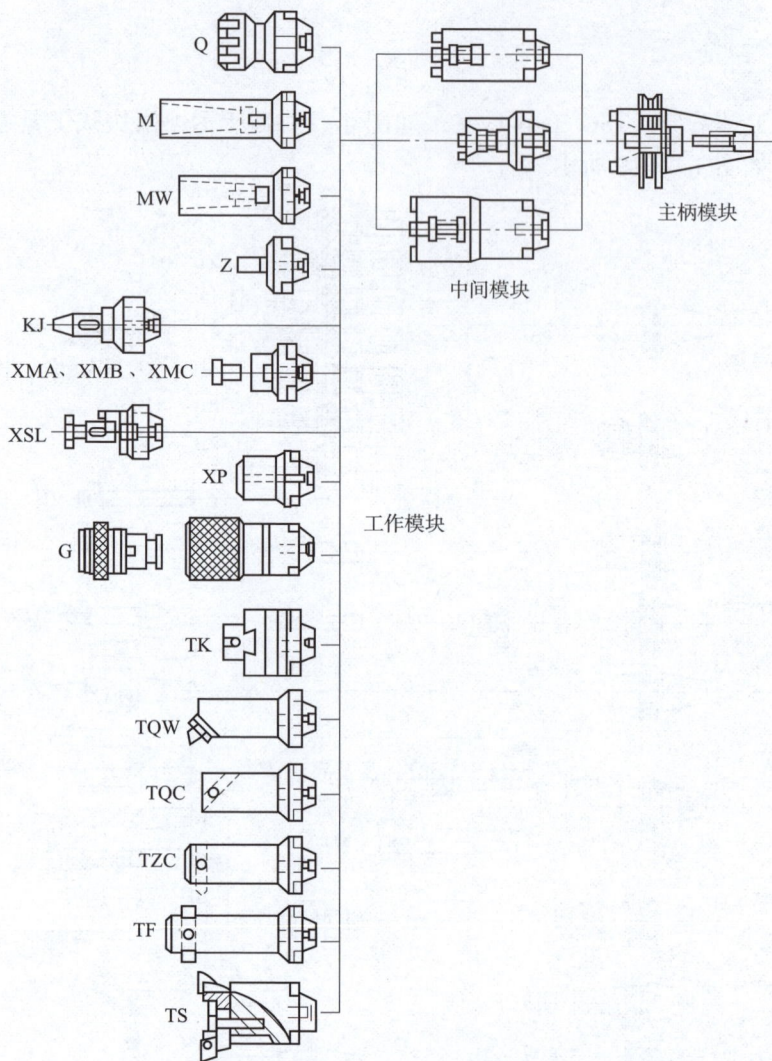

图 4-2-19　模块式工具系统（TMG 工具系统）

五、计划与实施

（一）引导问题 1

为了更好地完成六面体零件的加工任务，请查找资料，回答下面 Mastercam 软件的三维造型基础知识的相关问题。

（1）立体构图的基本概念。

在运用 Mastercam 软件构建＿＿＿＿＿＿＿之前，必须深刻理解视角、构图面、工作深度和坐标系等基本概念。

如图 4-2-20 所示，通过设置视角，可以从不同角度观察所绘制的图形，构图面是绘制二维图形的＿＿＿＿＿＿＿，可以在＿＿＿＿＿＿＿＿＿＿＿＿＿绘制一些图形进行三维造型。工作深度则用来设置当前构图面与经过坐标系原点的构图面之间的_____距离，而设置坐标系可以方便地设置构图面。

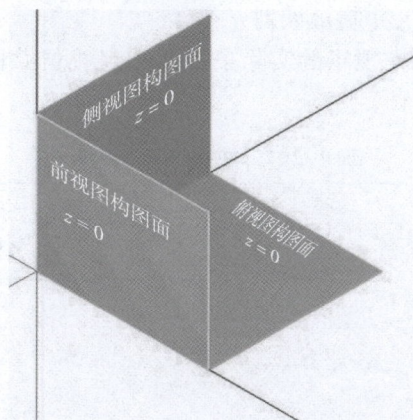

图 4-2-20　三维造型的视角与构图面

（2）坐标系与构图面。

Mastercam 软件的作图环境有两种坐标系：系统坐标系和工作坐标系。系统坐标系是_____的坐标系，遵守右手法则。工作坐标系是用户在_____时建立的坐标系，又称用户坐标系。

如图 4-2-21 所示，在工作坐标系中，不管构图面如何设置，总是_____轴正方向朝右，_____轴正方向朝上，z 轴正方向_____。Mastercam 软件界面左下角的三脚架是系统坐标系，而不是工作坐标系。

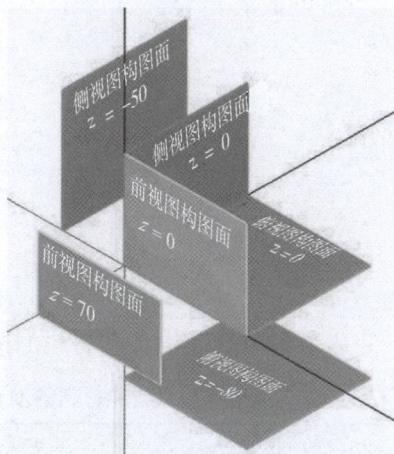

图 4-2-21　工作坐标系

（3）工作深度。

在 Mastercam 软件中，一旦选择好构图面，则只能在_____绘制图形。当需要在空间中具体坐标位置绘制图形时，必须通过_____和_____一起确定图形的绘制位置。

（二）引导问题 2

为了更好地完成多轴中级的加工任务，请填写数控加工工序卡。

（1）各小组分析、讨论并制订计划。

1）根据加工要求，考虑现场的实际条件，小组成员共同分析、讨论并确定合理的加工工序，填写表 4-2-1。

表 4-2-1　数控加工工序卡

零件名称		机械加工工序卡	工序号		工序名称		共　页
							第　页
材料		毛坯种类		机床设备		夹具	
工步号	工步内容	刀具编号	刀具名称	量具名称	主轴转速/($r \cdot min^{-1}$)	进给量/($mm \cdot r^{-1}$)	背吃刀量/mm

2）组内及组间对加工工序卡的评价及改进建议。

3）指导教师的评价与结论。

（2）各小组根据计划，完成工量刃具、设备和材料的准备，填写表 4-2-2。

表 4-2-2　工量刃具、设备和材料的准备

序号	工量刃具、设备和材料的名称	规格型号	数量

（三）引导问题 3

（1）参考表 4-2-3 六面体零件的刀路设计表，设置零件的刀路。

表 4-2-3　六面体零件的刀路设计表

序号	加工图示	编程图示	仿真图示	加工参数设置
1		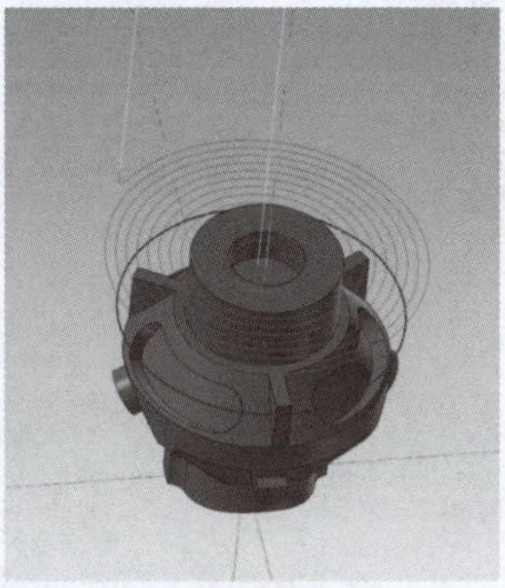	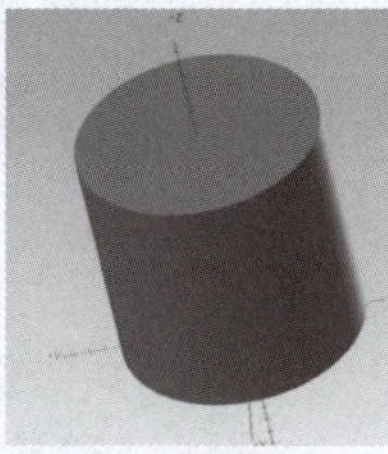	加工刀路：2D 动态铣削 刀具：ϕ10 mm 转速：3 500 r/min 切削速度（F）：2 000 mm/min 余量：0.1 mm
2		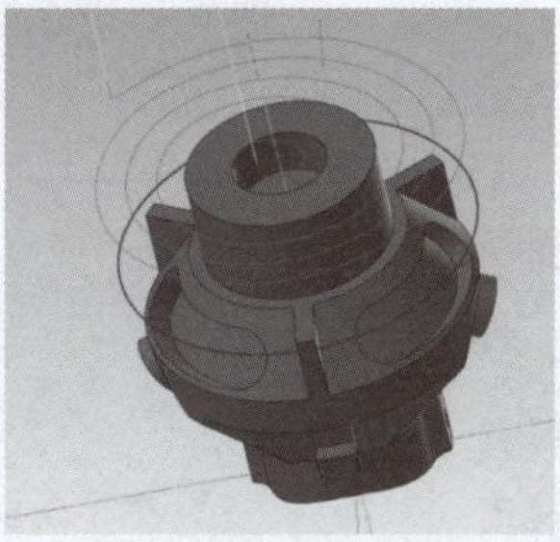	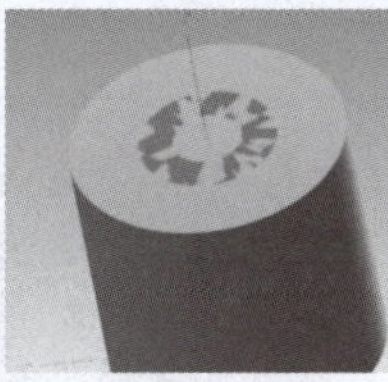	加工刀路：2D 动态铣削 刀具：ϕ10 mm 转速：4 000 r/min 切削速度（F）：2 000 mm/min 精加工刀次：1
3			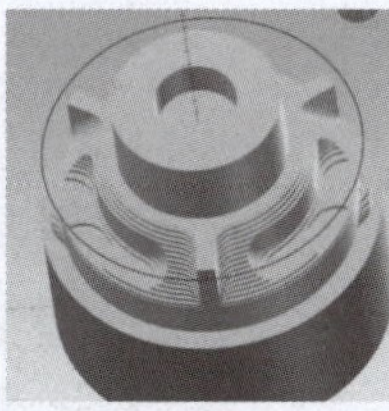	加工刀路：3D 优化动态铣削 刀具：ϕ10 mm 转速：5 000 r/min 切削速度（F）：2 000 mm/min 余量：0.25 mm
4		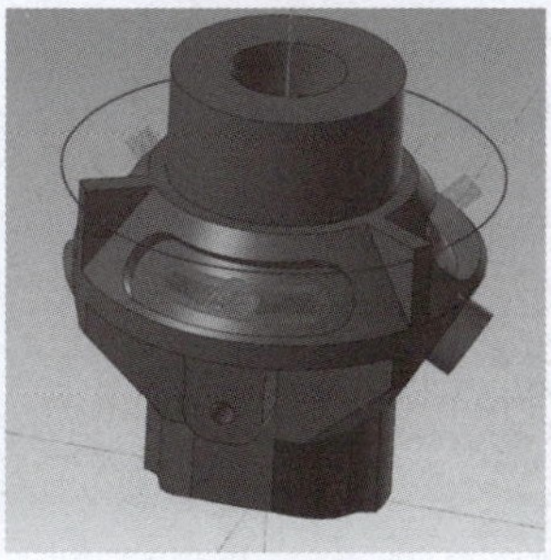		加工刀路：挖槽 刀具：ϕ6 mm 转速：4 500 r/min 切削速度（F）：3 000 mm/min 余量：0.25 mm

序号	加工图示	编程图示	仿真图示	加工参数设置
5				加工刀路：智能综合导线 刀具：$\phi 6$ mm 转速：5 000 r/min 切削速度（F）：400 mm/min 精加工刀次：1
6				加工刀路：侧刃铣削 刀具：$\phi 6$ mm 转速：5 000 r/min 切削速度（F）：400 mm/min 精加工刀次：3
7				加工刀路：侧刃铣削 刀具：$\phi 6$ mm 转速：5 000 r/min 切削速度（F）：400 mm/min 精加工刀次：3
8				加工刀路：2D 高速刀路（2D 区域） 侧壁余量：0.05 mm 刀具：$\phi 6$ mm 转速：5 000 r/min 切削速度（F）：400 mm/min 精加工刀次：1
9				加工刀路：3D 优化动态铣削 刀具：$\phi 10$ mm 转速：5 000 r/min 切削速度（F）：2 000 mm/min 余量：0.25 mm

学习笔记

序号	加工图示	编程图示	仿真图示	加工参数设置
10			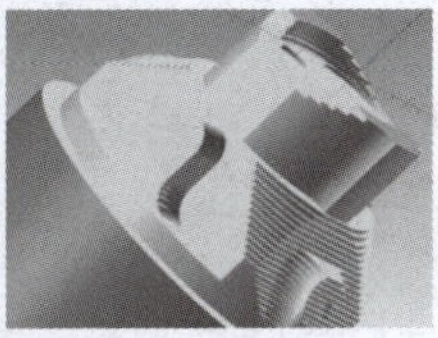	加工刀路：2D 动态铣削 刀具：ϕ10 mm 转速：4 500 r/min 切削速度（F）：2 000 mm/min 余量：0.25 mm
11				加工刀路：2D 动态铣削 刀具：ϕ10 mm 转速：4 500 r/min 切削速度（F）：2 000 mm/min 余量：0.25 mm
12				加工刀路：2D 动态铣削 刀具：ϕ10 mm 转速：4 500 r/min 切削速度（F）：2 000 mm/min 余量：0.25 mm
13				加工刀路：2D 高速刀路（2D 区域） 侧壁余量：0.05 mm 刀具：ϕ6 mm 转速：5 000 r/min 切削速度（F）：400 mm/min 精加工刀次：1

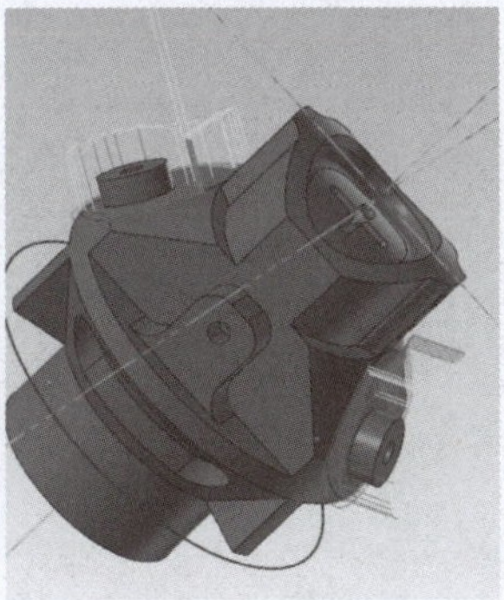

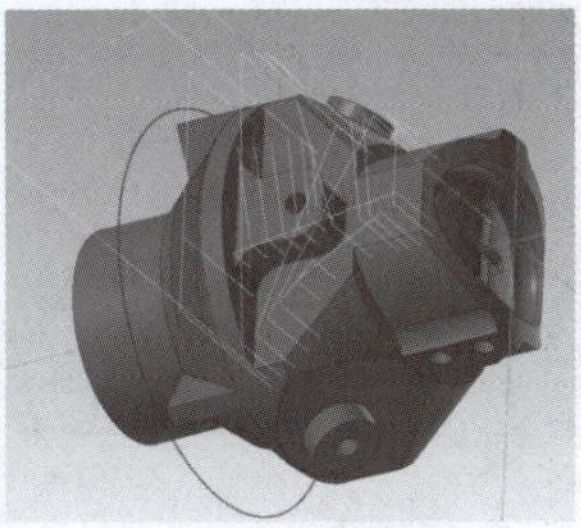

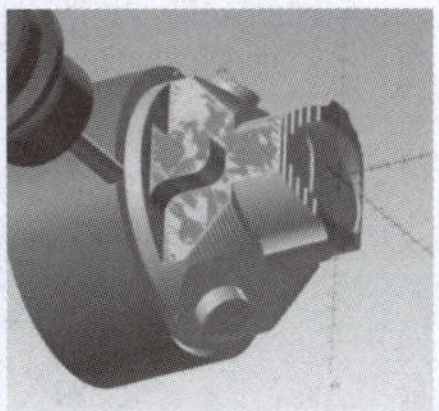

序号	加工图示	编程图示	仿真图示	加工参数设置
14				加工刀路：2D 高速刀路（2D 区域） 侧壁余量：0.05 mm 刀具：ϕ6 mm 转速：5 000 r/min 切削速度（F）：400 mm/min 精加工刀次：1
15				加工刀路：2D 高速刀路（2D 区域） 侧壁余量：0.05 mm 刀具：ϕ6 mm 转速：5 000 r/min 切削速度（F）：400 mm/min 精加工刀次：1
16				加工刀路：钻孔 刀具：ϕ3.8 mm 钻头 转速：1 000 r/min 切削速度（F）：100 mm/min
17				加工刀路：2D 高速刀路（2D 区域） 侧壁余量：0.05 mm 刀具：ϕ6 mm 转速：5 000 r/min 切削速度（F）：400 mm/min 精加工刀次：1

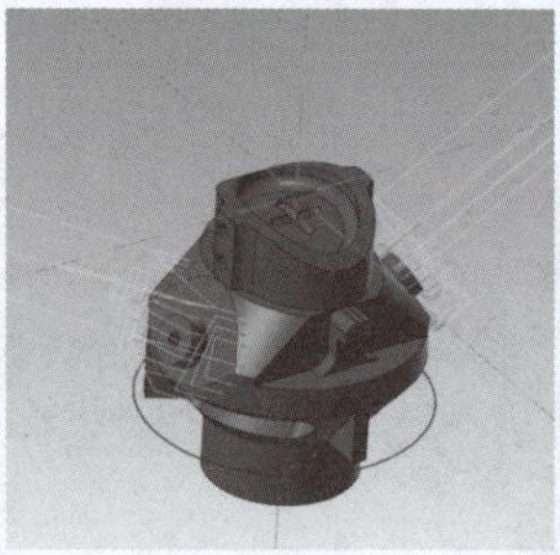

序号	加工图示	编程图示	仿真图示	加工参数设置
18		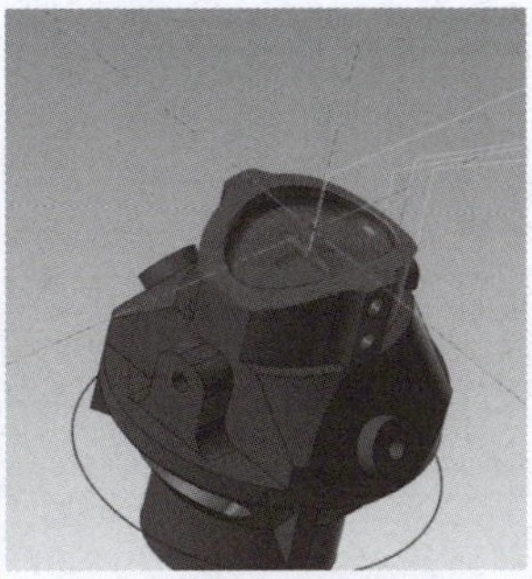		加工刀路：智能综合导线 刀具：$\phi 6$ mm 转速：5 000 r/min 切削速度（F）：400 mm/min 精加工刀次：1
19		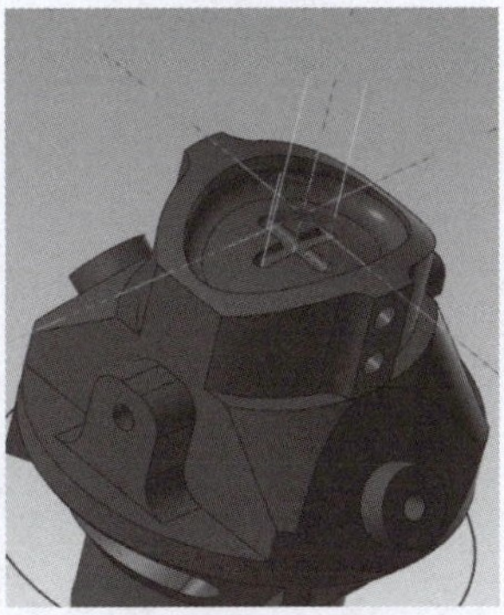		加工刀路：智能综合导线 刀具：$\phi 3$ mm 转速：6 000 r/min 切削速度（F）：400 mm/min 精加工刀次：1
20		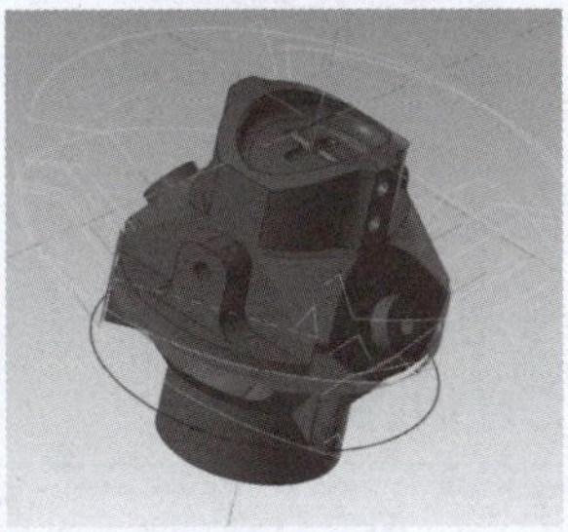	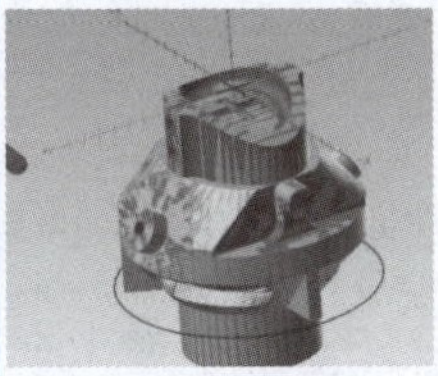	加工刀路：智能综合导线 刀具：$\phi 6$ mm 转速：5 000 r/min 切削速度（F）：400 mm/min 精加工刀次：1

（2）安全提示。

1）工作时应穿工作服、戴袖套。长头发同学应戴工作帽，将长发塞入帽子里。夏季禁止穿裙子、短裤和凉鞋上机操作。

2）为防切屑崩碎飞散，对于有防护外罩的封闭型数控铣床必须关闭防护门，对于半开放式数控铣床必须戴防护眼镜。工作时，头部不能离工件加工区域太近，以防切屑伤人。

3）工作时，必须集中精力，注意手、身体和衣服不能靠近正在旋转的机件，如铣床主轴、工件、带轮、皮带、齿轮等。

4）工件和铣刀必须装夹牢固，以防飞出伤人。

5）凡装卸工件、更换刀具、测量加工表面及变换速度时，必须先停机，再进行调整。

6）铣床运转时，不得用手去摸刀具及刀具加工区域。严禁用纱布擦抹转动的铣削刀具。

7）使用专用铁钩清除切屑，严禁用手直接清除。

8）在数控铣床上操作时禁止戴手套。

9）不要随意拆装电气设备，以免发生触电事故。

10）工作中若发现机床、电气设备有故障，要及时申报，由专业人员检修，未修复不得使用。

（四）引导问题4

（1）标定刀具长度应注意什么问题？

（2）校验G代码应注意什么问题？

小 资 料

（1）切削用量推荐值见表4-2-4。

表4-2-4　切削用量推荐值

刀具材料	工件材料	粗加工			精加工		
		切削速度/ （mm·min⁻¹）	进给量/ （mm·r⁻¹）	背吃刀量/mm	切削速度/ （mm·min⁻¹）	进给量/ （mm·r⁻¹）	背吃刀量/mm
硬质合金或涂层硬质合金	碳钢	220	0.2	3	260	0.1	0.4
	低合金钢	180	0.2	3	220	0.1	0.4
	高合金钢	120	0.2	3	160	0.1	0.4
	铸铁	80	0.2	3	140	0.1	0.4
	不锈钢	80	0.2	2	120	0.1	0.4
	钛合金	40	0.3	1.5	60	0.1	0.4

刀具材料	工件材料	粗加工			精加工		
		切削速度/ (mm·min^{-1})	进给量/ (mm·r^{-1})	背吃刀 量/mm	切削速度/ (mm·min^{-1})	进给量/ (mm·r^{-1})	背吃刀 量/mm
硬质合金或 涂层硬质 合金	灰铸铁	120	0.3	2	150	0.15	0.5
	球墨铸铁	100	0.2	2	120	0.15	0.5
	铝合金	1 600	0.2	1.5	1 600	0.1	0.5

（2）不同切屑特点比较见表 4-2-5，切屑的形状如图 4-2-22 所示。

表 4-2-5　不同切屑特点比较

切屑类型	特点					
	工件材量	刀具 前角	切削 速度	进给量 切削深度	切削力	表面 质量
带状切屑	塑性好	大	高	小	较平稳、波动小	光洁
节状切屑	中等硬度（中碳钢）	小	较低	较大	有波动	粗糙
粒状切屑	中等硬度（中碳钢）	更小	更低	最大	波动较大	更粗糙
崩碎切屑	脆性材料（铸铁）				波动大、振动大	

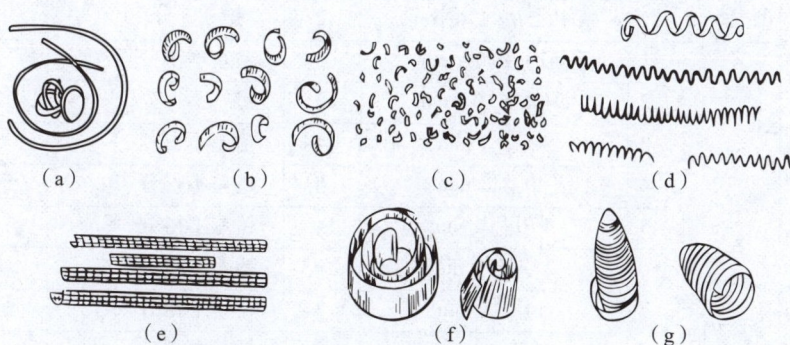

图 4-2-22　切屑的形状

（a）带状屑；（b）C 形屑；（c）崩碎屑；（d）螺卷屑；
（e）长紧卷屑；（f）发条状卷屑；（g）宝塔状卷屑

六、总结与评价

（一）引导问题 1

如何使用合适的量具检测六面体零件的加工质量？

（1）请把检测结果填写在表 4-2-6 六面体零件加工评分表中。

表 4-2-6　六面体零件加工评分表　　　　　　　　　　　　　　　mm

项目		多轴数控加工		考核变更号码			得分		
评分人									
审核人							等级		高级

序号	考核项目	考核内容及要求			配分/分	评分标准	检测结果	得分（扣分）/分	备注
1	零件（95分）	完成情况（20分）	1	1 处 $\phi 20 \pm 0.01$ mm 的内孔	1.5	未完成不得分			
			2	3 处 $4^{+0.012}_{0}$ mm 筋板	1×3	未完成不得分			
			3	3 处直纹圆槽	1×3	未完成不得分			
			4	2 处 $\phi 13^{+0.018}_{0}$ mm 圆台	1×2	未完成不得分			
			5	1 处宽 $8^{0}_{-0.015}$ mm 方台	1	未完成不得分			
			6	1 处宽 $14^{+0.010}_{-0.008}$ mm 方台	1	未完成不得分			
			7	60° 直纹面	1	未完成不得分			
			8	76° 圆锥面	1	未完成不得分			
			9	椭圆槽	1	未完成不得分			
			10	$R3$ 圆形槽	1	未完成不得分			
			11	曲面	1	未完成不得分			
			12	5 处 M5 螺纹孔	0.5×5	未完成不得分			
			13	2 处对称平面	0.5×2	未完成不得分			
		表面粗糙度（5分）	1	整体 Ra 3.2 μm	3	每处降一级扣 0.5 分			
			2	4 处 Ra 1.6 μm	2				
		重要面尺寸精度（70分）	1	$\phi 20 \pm 0.01$ mm	3	超差不得分			
			2	$\phi 40 \pm 0.012$ mm	3	超差不得分			
			3	$44^{+0.020}_{-0.005}$ mm	4	超差不得分			
			4	$40^{+0.020}_{-0.005}$ mm	4	超差不得分			
			5	$\phi 70^{0}_{-0.025}$ mm	4	超差不得分			
			6	$3 \times 4^{+0.012}_{0}$ mm	3×3	超差不得分			
			7	$14^{+0.010}_{-0.008}$ mm	3	超差不得分			
			8	$8^{0}_{-0.015}$ mm	3	超差不得分			
			9	$58^{+0.015}_{0}$ mm	3	超差不得分			
			10	$2 \times \phi 13^{+0.018}_{0}$ mm	3×2	超差不得分			
			11	$10^{+0.020}_{+0.005}$ mm	3	超差不得分			
			12	$58^{+0.030}_{0}$ mm	3	超差不得分			
			13	$60^{0}_{-0.03}$ mm	3	超差不得分			
			14	$4^{+0.012}_{0}$ mm	4	超差不得分			
			15	对称度 0.025 mm	5	超差不得分			
			16	2 处垂直度 0.025 mm	2×5	超差不得分			
	合计得分								

序号	考核项目	考核内容及要求			配分/分	评分标准	检测结果	得分（扣分）/分	备注
2	安全文明生产（10分）	文明生产（5分）	1	1. 工作态度好； 2. 着装规范； 3. 未受伤； 4. 刀具、工具、量具的放置规范； 5. 工件装夹、刀具安装规范； 6. 正确使用量具； 7. 卫生、设备保养； 8. 关机后机床停放位置合理	5	每违反一条扣1分，最多扣5分，扣完为止			
		操作规范（5分）	1	1. 撞刀； 2. 加工中使用锉刀或纱布； 3. 加工场地工量具摆放混乱	5	每违反一条扣2分			
		其他	1	发生重大事故（人身和设备安全事故等）、严重违反工艺原则和情节严重的野蛮操作等，由考核师决定取消其实操考证资格					
	合计得分								

（2）填写六面体零件加工不达标尺寸分析表，见表4-2-7。

表4-2-7 六面体零件加工不达标尺寸分析表

序号	图位	尺寸类型	公称尺寸	实际测量数值	出错原因	解决方案	
						学生分析	教师分析

（二）引导问题2

针对本项目所学的知识进行自我评价与总结。

（1）六面体零件加工学习效果自我评价见表4-2-8。

表4-2-8 六面体零件加工学习效果自我评价表

序号	学习任务内容	学习效果			备注
		优秀	良好	较差	
1	Mastercam 二维铣削加工的知识有哪些				
2	金属切削过程的知识有哪些				
3	Mastercam 三维造型基础知识的相关知识有哪些				
4	如何编写数控加工工序卡				
5	如何制订六面体零件的加工工艺				
6	实施过程中要注意哪些问题				
7	如何使用合适的量具检测六面体零件的加工质量				

（2）请总结评价不足与需要改进的地方。

1）通过以上检测，分析所做零件的不足以及解决的办法。

2）写出在操作过程中存在的问题和以后需要改进的地方。

参考文献

[1] 韩鸿鸾. 数控铣工/加工中心操作工（中级）[M]. 北京：机械工业出版社，2006.

[2] 曾海波，宋爱华，张炼兵. 数控铣床/加工中心编程与实训 [M]. 北京：化学工业出版社，2013.

[3] 刘蔡保. 数控铣床（加工中心）编程与操作 [M]. 北京：化学工业出版社，2020.

[4] 李宗义. 数控铣削编程与操作 [M]. 北京：机械工业出版社，2017.

[5] 史亚贝，杨笋. Mastercam X6 造型与自动编程项目教程 [M]. 北京：机械工业出版社，2015.

[6] 吴光明. Mastercam X7 数控铣削加工基础教程 [M]. 北京：机械工业出版社，2018.

[7] 柴鹏飞. 机械基础（少学时）[M]. 2 版. 北京：机械工业出版社，2020.

[8] 曾德江，朱中仕. 机械基础（少学时）[M]. 3 版. 北京：机械工业出版社，2023.

[9] 吴拓. 机床夹具设计 [M]. 北京：机械工业出版社，2018.

[10] 张福臣. 液压与气压传动 [M]. 北京：机械工业出版社，2016.